"十四五"职业教育国家规划教材

（第二版）

电力电子技术

- 体系清晰，内容精练
- 讲透理论，重在应用
- 强化能力，提升素养
- 资源立体，生动易懂

◉ 王丽华 霍淑珍 / 主 编
董春霞 李 强 高 琳 郑树展 / 副主编
张永飞 / 主 审

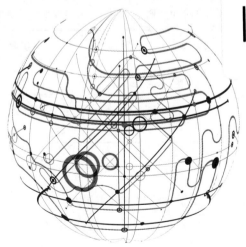

U0245069

微课版

大连理工大学出版社

图书在版编目(CIP)数据

电力电子技术 / 王丽华,霍淑珍主编. -- 2 版. --
大连 : 大连理工大学出版社,2023.1(2024.6 重印)
ISBN 978-7-5685-3893-0

Ⅰ. ①电⋯ Ⅱ. ①王⋯ ②霍⋯ Ⅲ. ①电力电子技术
－高等职业教育－教材 Ⅳ. ①TM76

中国版本图书馆 CIP 数据核字(2022)第 148779 号

大连理工大学出版社出版
地址:大连市软件园路 80 号 邮政编码:116023
发行:0411-84708842 邮购:0411-84708943 传真:0411-84701466
E-mail:dutp@dutp.cn URL:https://www.dutp.cn
辽宁星海彩色印刷有限公司印刷   大连理工大学出版社发行

幅面尺寸:185mm×260mm   印张:17.25   字数:440 千字
2019 年 1 月第 1 版   2023 年 1 月第 2 版
2024 年 6 月第 5 次印刷

责任编辑:唐 爽   责任校对:陈星源
封面设计:张 莹

ISBN 978-7-5685-3893-0   定 价:57.80 元

前 言

《电力电子技术》(第二版)是"十四五"职业教育国家规划教材、"十三五"职业教育国家规划教材。

本教材全面贯彻党的二十大精神,依据高等职业教育应用型人才培养目标,以职业能力培养为目标,以理论知识必要、够用为原则编写而成。全书突破传统的理论教材编写模式,以"理实一体化"的模式呈现,将理论知识学习与实践技能训练融合,专业技能培养与职业素质培养融合,力争做到语言精练,内容层次清晰、通俗易懂。

本教材在编写过程中注重内容的科学性、专业性、实用性、通用性和新颖性,以任务为载体,精心设计了晶闸管调光灯电路的设计与制作、直流调速装置的电路分析与检测、开关电源的电路分析与检测、晶闸管串级调速装置的分析与检测、电风扇无级调速器的分析与检测、变频器的分析与检测六个任务。每个任务都是一个完整的知识体系,使知识的应用更加系统化。每个任务包括"学习目标""任务引入""相关知识""任务实施""仿真实验""巩固训练"等模块。其中,"任务实施"模块还设置了"检查评估"单元,强调实践性和应用性。

本教材由天津职业大学王丽华、霍淑珍任主编,天津职业大学董春霞、李强、高琳、郑树展任副主编。具体编写分工如下:王丽华编写任务一、任务四;霍淑珍编写任务二;董春霞编写任务三;高琳编写任务五;李强编写任务六;全书仿真实验由董春霞和高琳统稿;全书电路图由郑树展统稿。天津职业大学张永飞教授和天津航空机电有限公司副总师刘素捧研高工审阅了全书并提出了许多宝贵意见和建议,在此表示衷心的感谢!

在编写本教材的过程中,我们参考、引用和改编了国内外出版物中的相关资料以及网络资源,在此对这些资料的作者表示深深的谢意。请相关著作权人看到本教材后与出版社联系,出版社将按照相关的法律规定支付稿酬。

　　尽管我们在探索教材特色的建设方面做出了许多努力，但教材中仍可能存在遗漏和不足之处，恳请广大读者批评指正，并将意见和建议反馈给我们，以便修订时改进。

编　者

所有意见和建议请发往：dutpgz@163.com

欢迎访问职教数字化服务平台：https://www.dutp.cn/sve/

联系电话：0411-84707424　84708979

目　录

A——安培；晶闸管阳极

C——电容器；电容量

C——IGBT 集电极

D——MOSFET 漏极

E——IGBT 发射极

E——直流电源电动势

e_L——电感的自感电动势

E_M——电机反电动势

f——频率

G——发电机；MOSFET 栅极；晶闸管门极；GTO 门极；IGBT 栅极

G_{fs}——MOSFET 跨导

I——整流后负载电流的有效值

I_1——变压器一次相电流有效值

i_1——变压器一次相电流瞬时值

I_2——变压器二次相电流有效值

i_2——变压器二次相电流瞬时值

I_C——IGBT 集电极电流

I_D——流过整流管的电流有效值；MOSFET 漏极电流

I_d——整流电路的直流输出电流平均值

I_{dD}——流过整流管的电流平均值

I_{DM}——MOSFET 漏极电流幅值

I_{DR}——流过续流二极管的电流有效值

i_{DR}——流过续流二极管的电流瞬时值

I_{dT}——流过晶闸管的电流平均值

I_G——晶闸管、GTO 的门极电流

I_H——晶闸管的维持电流

I_L——晶闸管的擎住电流

i_o——输出电流

i_p——二组整流桥之间的环流（平衡电流）瞬时值

I_R——整流后输出电流中谐波电流有效值

I_T——流过晶闸管的电流有效值

$I_{T(AV)}$——晶闸管的通态平均电流

$I_{T(SM)}$——晶闸管的浪涌电流

K——晶闸管的阴极

K——常数

L——电感；电感量；电抗器符号

M——电动机

n_N——电动机额定转速

N——线圈匝数

N——负（组）、三相电源中性点

P——功率；有功功率

P_{CM}——IGBT 集电极最大耗散功率

P_d——整流电路输出直流功率

P_G——直流发电机功率

P_M——直流发电机反电动势功率

S——MOSFET 源极；功率开关器件

t_d——晶体管、GTO 开通时的延迟时间；电力二极管关断延迟时间

$t_{d(on)}$——MOSFET、IGBT 开通时的延迟时间

$t_{d(off)}$——MOSFET、IGBT 关断时的延迟时间

t_f——晶体管、GTO、MOSFET 关断时的下

　　降时间；电力二极管电流下降时间

t_{fr}——电力二极管正向恢复时间

t_{gr}——晶闸管正向阻断恢复时间

t_{gt}——晶闸管的开通时间

T_{JM}——电力二极管、晶闸管的最高工作结温

t_{off}——晶体管、GTO、MOSFET、IGBT 的关断时间

t_{on}——晶体管、GTO、MOSFET、IGBT 的开通时间

t_q——晶闸管的关断时间

t_r——晶体管、GTO、MOSFET、IGBT 开通时的上升时间

t_s——晶体管、GTO 关断时的存储时间

t_t——GTO 关断时的尾部时间

U、V、W——逆变器输出端

U——整流电路负载电压有效值

U_1——变压器一次相电压有效值

u_1——变压器一次相电压瞬时值

U_{1L}——变压器一次线电压有效值

U_2——变压器二次相电压有效值

U_{2L}——变压器二次线电压有效值

U_{CES}——IGBT 最大集射极间电压

u_{co}——控制电压

U_d——整流电路输出电压平均值；逆变电路的直流侧电压

u_d——整流电路输出电压瞬时值

u_{DR}——续流二极管两端电压瞬时值

u_{DRM}——晶闸管的断态重复峰值电压

u_{DS}——MOSFET 漏极和源极间电压

u_G——晶闸管门极电压瞬时值

u_{GE}——IGBT 栅极和源极间电压

U_i——斩波电路输入电压

U_o——斩波电路输出电压

U_R——整流电路输出电压中谐波电压有效值

U_{RRM}——电力二极管、晶闸管的反向重复峰值电压

u_s——同步电压

U_T——MOSFET 的开启电压

U_{TO}——电力二极管门槛电压

U_{UN}——逆变电路负载 U 相电压有效值

U_{UV}——逆变电路负载 U 相和 V 相间线电压有效值

V——晶体管；IGBT；功率 MOSFET

VD——整流管

VD_R——续流二极管

VS——硅稳压管

VT——晶闸管；GTO

X——电抗器的电抗值

α——晶闸管的整流触发角

β——晶闸管的逆变角

β_{min}——最小逆变角

γ——换相重叠角

任务一　晶闸管调光灯电路的设计与制作

学习目标

(1)用万用表测试晶闸管和单结晶体管的好坏。

(2)掌握晶闸管的工作原理。

(3)能根据晶闸管的电流定额和电压定额选择晶闸管元件。

(4)会分析单相桥式半控整流电路的工作原理并会用示波器检测波形。

(5)会分析单结晶体管触发电路的工作原理并会用示波器检测波形。

(6)会用示波器检测故障波形并能分析简单故障的原因。

(7)熟悉触发电路与主电路电压同步的基本概念。

(8)掌握相关英文词汇。

哲思课堂1

任务引入

　　调光灯在日常生活中的应用非常广泛,其种类也很多。如图 1-1(a)所示是一种调光灯的外形,旋动调光旋钮便可以调节灯泡的亮度。如图 1-1(b)所示为其电路原理。

　　如图 1-1(b)所示,调光灯电路由主电路和触发电路两部分构成。通过对主电路及触发电路的分析,大家能够理解电路的工作原理,进而掌握分析电路的方法。

(a) 外形

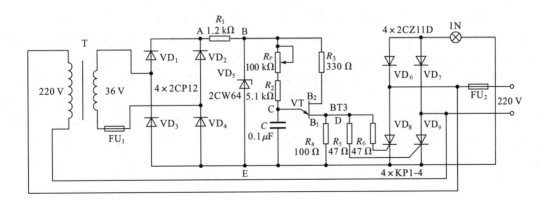

(b)电路原理

图 1-1　调光灯

相关知识

一、晶闸管的结构和工作原理

（一）晶闸管的结构

晶闸管是一种大功率的半导体器件，它具有体积小、质量轻、耐压大、容量大、效率高、使用维护简单、控制灵敏等优点。同时它的功率放大倍数很大，可以用微小功率的信号对大功率的电源进行控制和变换。在脉冲数字电路中也可以作为功率开关使用。它的缺点是过载能力和抗干扰能力较差、控制电路比较复杂等。

晶体二极管组成的整流电路，电路形式一旦确定，则当输入的交流电压不变时，输出的直流电压也是固定的，不能任意控制和改变，因此这种整流电路通常称为不可控整流电路。然而在实际工作中，有时希望整流器的输出直流电压能够根据需要进行调节，如满足交、直流电机的调速，随动系统和变频电源等。这种情况下需要采用可控整流电路，而晶闸管正是可以实现这一要求的可控整流元件。晶闸管的外形如图 1-2 所示。

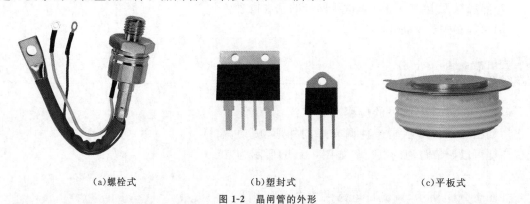

|（a）螺栓式|（b）塑封式|（c）平板式|

图 1-2　晶闸管的外形

每种形式的晶闸管从外部看都有三个引出电极，即阳（A）极、阴（K）极和门（G）极。螺栓式晶闸管的螺栓是阳极，粗辫子线是阴极，细辫子线是门极。螺栓式晶闸管的阳极是紧拴在散热器上的，其特点是安装和更换容易，但由于仅靠散热器散热，散热效果较差，一般适用于额定电流小于 200 A 的晶闸管。

平板式晶闸管又分为凸台形和凹台形。对于凹台形的晶闸管，夹在两台面中间的金属引出端为门极，距离门极近的台面是阴极，距离门极远的台面是阳极。平板式晶闸管的阴极和阳极都带散热器，其散热效果好，但更换麻烦，一般用于额定电流大于 200 A 的晶闸管。

晶闸管的内部结构和符号如图 1-3 所示，它是 PNPN 四层半导体结构，分别标为 P_1、N_1、P_2、N_2 四个区，具有 J_1、J_2、J_3 三个 PN 结。因此晶闸管可以用三个二极管串联电路来等效，如图 1-4（a）所示。另外，为后面分析晶闸管工作原理还可将晶闸管的四层结构中的 N_1 和 P_2 层分成两部分，则晶体管可用一个 PNP（$P_1N_1P_2$）管和一个 NPN（$N_1P_2N_2$）管来等效，如图 1-4（b）所示。

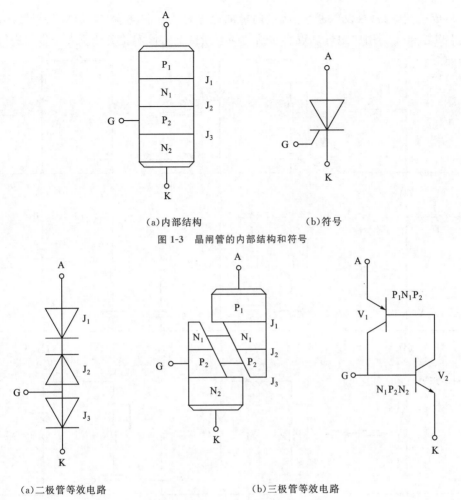

（a）内部结构　　　　　　　　　（b）符号

图 1-3　晶闸管的内部结构和符号

（a）二极管等效电路　　　　　　（b）三极管等效电路

图 1-4　晶闸管的等效电路

（二）晶闸管的引脚及好坏检测

只有了解了晶闸管的内部结构，测试才会有的放矢。对于普通晶闸管，先判别其引脚极性。由晶闸管的等效电路可知，因为门极与阴极之间为一个 PN 结，而门极与阳极之间有两个反向连接的 PN 结，据此可首先判别出阳极。用指针式万用表 $R×1$ k 挡测量三引脚间的阻值，与其余两脚均不通（正、反阻值达几百千欧以上）的为阳极。再测剩余两脚间阻值，阻值较小（几十或几百欧）时，黑表笔所接的为门极，另一引脚为阴极。假如三引脚两两之间均不通或阻值均很小，说明该管子已坏。接着再进一步测试晶闸管的工作情况，万用表置于 $R×100$ 挡，黑表笔接阳极，红表笔接阴极，此时表针应偏转很小，用镊子快速短接一下阳极与门极，表针偏转角度明显变大且能一直保持，说明管子可以正常使用。需要注意的是，对 3 A 或 3 A 以上的可控硅，务必选用万用表的 $R×1$ 挡，否则难以维持导通；而 1 A 的可控硅可以使用 $R×10$ 挡测量。

（三）晶闸管的工作原理

为了说明晶闸管的工作原理，先做一个实验，实验电路如图 1-5 所示。阳极电源 E_a 连接负载（白炽灯）接到晶闸管的阳极与阴极，组成晶闸管的主电路。流过晶闸管阳极的电流称为阳极电流 I_a，晶闸管阳极和阴极两端电压称为阳极电压 U_a。门极电源 E_g 连接晶闸管的门极与阴极,组成控制电路(触发电路)。流过门极的电流称为门极电流 I_g,门极与阴极之间的电压称为门极电压 U_g。用白炽灯来观察晶闸管的通断情况。该实验分如下九个步骤进行:

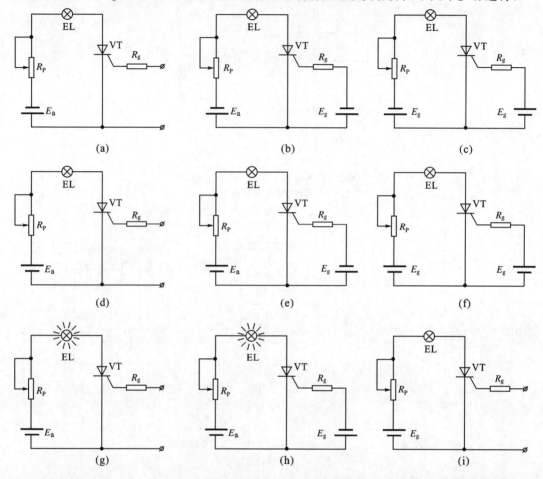

图 1-5　晶闸管导通和关断实验电路

第一步:按图 1-5(a)所示接线,阳极和阴极之间加反向电压,门极和阴极之间不加电压,白炽灯不亮,晶闸管不导通。

第二步:按图 1-5(b)所示接线,阳极和阴极之间加反向电压,门极和阴极之间加反向电压,白炽灯不亮,晶闸管不导通。

第三步:按图 1-5(c)所示接线,阳极和阴极之间加反向电压,门极和阴极之间加正向电压,白炽灯不亮,晶闸管不导通。

第四步:按图 1-5(d)所示接线,阳极和阴极之间加正向电压,门极和阴极之间不加电压,白炽灯不亮,晶闸管不导通。

第五步:按图 1-5(e)所示接线,阳极和阴极之间加正向电压,门极和阴极之间加反向电压,白炽灯不亮,晶闸管不导通。

第六步:按图 1-5(f)所示接线,阳极和阴极之间加正向电压,门极和阴极之间也加正向电压,白炽灯亮,晶闸管导通。

第七步:按图 1-5(g)所示接线,去掉触发电压,白炽灯亮,晶闸管导通。

第八步:按图 1-5(h)所示接线,门极和阴极之间加反向电压,白炽灯亮,晶闸管导通。

　　第九步:按图 1-5(i)所示接线,去掉触发电压,将电位器阻值加大,晶闸管阳极电流减小,当电流减小到一定值时,白炽灯不亮,晶闸管关断。

　　实验现象与结论列于表 1-1。

表 1-1　　　　　　　　　　　　　　晶闸管导通和关断实验的现象与结论

实验顺序		实验前白炽灯的情况	实验时晶闸管条件		实验后白炽灯的情况	结　论
			阳极电压 U_a	门极电压 U_g		
导通实验	1	不亮	反向	反向	不亮	晶闸管在反向阳极电压作用下,不论门极为何电压,它都处于关断状态
	2	不亮	反向	零	不亮	
	3	不亮	反向	正向	不亮	
	1	不亮	正向	反向	不亮	晶闸管同时在正向阳极电压与正向门极电压作用下,才能导通
	2	不亮	正向	零	不亮	
	3	不亮	正向	正向	亮	
关断实验	1	亮	正向	正向	亮	已导通的晶闸管在正向阳极作用下,门极失去控制作用
	2	亮	正向	零	亮	
	3	亮	正向	反向	亮	
	4	亮	正向(逐渐减小到接近于零)	任意	不亮	晶闸管在导通状态时,当阳极电压减小到接近于零时,晶闸管关断

　　实验说明:

　　(1)当晶闸管承受反向阳极电压时,无论门极是否有正向触发电压或者承受反向电压,晶闸管不导通,只有很小的反向漏电流流过晶闸管,这种状态称为反向阻断状态。说明晶闸管像整流二极管一样,具有单向导电性。

　　(2)当晶闸管承受正向阳极电压时,门极加上反向电压或者不加电压,晶闸管不导通,这种状态称为正向阻断状态。这是二极管所不具备的特性。

　　(3)当晶闸管承受正向阳极电压时,门极加上正向触发电压,晶闸管导通,这种状态称为正向导通状态。这就是晶闸管闸流特性,即可控特性。

　　(4)晶闸管一旦导通后维持阳极电压不变,将触发电压撤除,晶闸管依然处于导通状态,即门极对管子不再具有控制作用。

　　由此可知晶闸管的导通条件:要有适当的正向阳极电压,还要有适当的正向门极电压,且晶闸管一旦导通,门极将失去作用。

　　而要使导通的晶闸管关断,只能利用外加电压和外电路的作用使流过晶闸管的电流减小到接近于零的某一数值(维持电流)以下,因此可以采取去掉晶闸管的阳极电压、给晶闸管阳极加反向电压、减小正向阳极电压等方式来使晶闸管关断。

　　(四)晶闸管的导通关断原理

　　晶闸管导通的工作原理可以用一对互补三极管代替晶闸管的等效电路来解释,如图 1-4(b)所示。

　　按照上述等效原则,导通原理表示为图 1-6 所示形式。图中用 V_1 和 V_2 代替了晶闸管 VT。在晶闸管承受反向阳极电压时,V_1 和 V_2 处于反压状态,无法工作,所以无论有没有门极电压,晶闸管都不能导通。只有在晶闸管承受正向阳极电压时,V_1 和 V_2 才能得到正确接法的工作电源，同时为使晶闸管导通必须使承受反压的 PN 结失去阻挡作用。由图 1-6 可清楚地看出，每个晶体管的集电极电流同时又是另一个晶体管的基极电流，即有 $I_{b1} = I_{c2}$，$I_G + I_{c1} = I_{b2}$。在满足上述条件的前提下，合上开关 S，门极就流入触发电流 I_G，并在管子内部形成了强烈的正反馈过程，即

$$I_G \uparrow \rightarrow I_{b2} \uparrow \rightarrow I_{c2}(= \beta_2 I_{b2}) \uparrow \rightarrow I_{b1} \uparrow \rightarrow I_{c1}(= \beta_1 I_{b1}) \uparrow \rightarrow I_{b2} \uparrow$$

从而使 V_1、V_2 迅速饱和，晶闸管导通。而对于已导通的晶闸管，若去掉门极触发电流，由于晶闸管内部已完成了强烈的正反馈，所以它仍会维持导通。

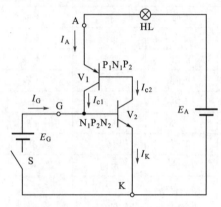

图 1-6　晶闸管的工作原理

若把 V_1、V_2 看成广义节点，且设 α_1 和 α_2 分别是两管的共基极电流增益，I_{cbo1} 和 I_{cbo2} 分别是 V_1 和 V_2 的共基极漏电流，晶闸管的阳极电流为 I_A，阴极电流为 I_K，则可根据节点电流方程，列出方程：

$$I_A = I_{c1} + I_{c2} \tag{1-1}$$

$$I_K = I_A + I_G \tag{1-2}$$

$$I_{c1} = \alpha_1 I_A + I_{cbo1} \tag{1-3}$$

$$I_{c2} = \alpha_2 I_K + I_{cbo2} \tag{1-4}$$

由式（1-1）～式（1-4）可以推出：

$$I_A = \frac{\alpha_2 I_G + I_{cbo1} + I_{cbo2}}{1 - (\alpha_1 + \alpha_2)} \tag{1-5}$$

晶体管的电流放大系数 α 随着晶体管发射极电流的增大而增大，可以由此来说明晶闸管的几种状态。

1. 正向阻断

当晶闸管加正向电压 E_A，且其值不超过晶闸管的额定电压时，门极未加电压的情况下，$I_G = 0$，此时正向漏电流 I_{cbo1} 和 I_{cbo2} 很小，所以 $\alpha_1 + \alpha_2 \ll 1$，式（1-5）中的 $I_A \approx I_{cbo1} + I_{cbo2}$。

2. 触发导通

加正向阳极电压 E_A 的同时加正向门极电压 E_G，当门极电流 I_G 增大到一定程度，发射极电流也增大，$\alpha_1 + \alpha_2$ 增大到接近于 1 时，I_A 将急剧增大，晶闸管处于导通状态，I_A 的值由外接负载限制。

3. 硬开通

若给晶闸管加正向阳极电压 E_A，但不加门极电压 E_G。此时若增大正向 E_A，则正向漏电流 I_{cbo1} 和 I_{cbo2} 也会随着 E_A 的增大而增大，当增大到一定程度时，$\alpha_1 + \alpha_2$ 接近于 1，晶闸管也会导

通。这种使晶闸管导通的方式称为硬开通。多次硬开通会造成晶闸管永久性损坏。

4. 晶闸管关断

当流过晶闸管的电流 I_A 减小至小于维持电流 I_H，α_1 和 α_2 迅速减小，使 $\alpha_1 + \alpha_2 \ll 1$，式(1-5)中 $I_A \approx I_{cbo1} + I_{cbo2}$，晶闸管恢复阻断状态。

5. 反向阻断

当晶闸管加反向阳极电压时，由于 VT_1、VT_2 处于反压状态，不能工作，无论有无门极电压，晶闸管都不会导通。

另外，还有几种情况可以使晶闸管导通，例如：温度较高；晶闸管承受的阳极电压上升率 du/dt 过大；光的作用，即光直接照射在硅片上等。但所有使晶闸管导通的情况中，除光触发可用于光控晶闸管外，只有门极触发是精确、迅速、可靠的控制手段，而其他情况均属非正常导通情况。

二、晶闸管的特性与主要参数

（一）晶闸管的阳极伏安特性

晶闸管的阳极和阴极间的电压与晶闸管的阳极电流之间的关系，称为晶闸管的阳极伏安特性，简称伏安特性，如图 1-7 所示。

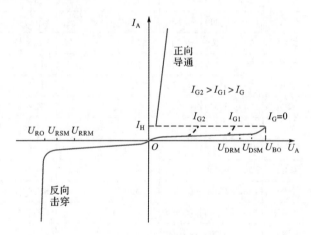

图 1-7　晶闸管的伏安特性

第 Ⅰ 象限为晶闸管的正向特性，第 Ⅲ 象限为晶闸管的反向特性。当门极断开 $I_G = 0$ 时，若在晶闸管两端施加正向阳极电压，由于 J_2 结受反压阻挡，则晶闸管处于正向阻断状态，只有很小的正向漏电流流过。随着正向阳极电压的增大，漏电流也相应增大。正向电压达到极限即正向转折电压 U_{BO} 时，漏电流急剧增大，特性由高阻区到达低阻区，晶闸管即由正向阻断状态转入导通状态。导通状态时的晶闸管特性和二极管的正向特性相似，即通过较大的阳极电流，而晶闸管本身的压降却很小。

正常工作时，不允许把正向阳极电压加到正向转折电压 U_{BO}，而是给门极加上正向电压，即 $I_G > 0$，则晶闸管的正向转折电压就会减小。I_G 越大，所需转折电压就会越小。当 I_G 足够大时，晶闸管的正向转折电压就很小了。此时的晶闸管特性可以看成与整流二极管一样。

导通后的晶闸管的导通状态压降很小，为 1 V 左右。若导通期间的门极电流为零，则当晶闸管阳极电流小至维持电流 I_H 以下时，晶闸管就又回到正向阻断状态。

晶闸管加反向阳极电压(第Ⅲ象限特性)时,晶闸管的反向特性与一般二极管的伏安特性相似。由于此时晶闸管的 J_1、J_3 结均为反向偏置,因此晶闸管只有很小的反向漏电流通过,晶闸管处于反向阻断状态。但当反向电压增大到一定程度,超过反向转折电压 U_{RO} 后,则反向漏电流会急剧增大而导致晶闸管发热损坏。

(二)晶闸管的主要参数

在实际使用的过程中,往往要根据实际的工作条件进行管子的合理选择,以达到满意的技术经济效果。怎样才能正确地选择管子呢?一方面要根据实际情况确定所需晶闸管的额定值,另一方面要根据额定值确定晶闸管的型号。

晶闸管的各项额定参数在晶闸管生产后,由厂家经过严格测试而确定,作为使用者来说,只需要能够正确地选择就可以了。表1-2列出了晶闸管的主要参数。

表1-2　　　　　　　　　　　　　　晶闸管的主要参数

型 号	通态平均电流 / A	通态峰值电压 / V	断态正 / 反向重复峰值电流 / mA	断态正 / 反向重复峰值电压 / V	门极触发电流 / mA	门极触发电压 / V	断态电压临界上升率 / %	推荐用散热器	安装力 / kN	冷却方式
KP5A	5	≤2.2	≤8	100～2 000	<60	<3.0		SZ14		自然冷却
KP10A	10	≤2.2	≤10	100～2 000	<100	<3.0	250～800	SZ15		自然冷却
KP20A	20	≤2.2	≤10	100～2 000	<150	<3.0		SZ16		自然冷却
KP30A	30	≤2.4	≤20	100～2 400	<200	<3.0	50～1 000	SZ16		强迫风冷水冷
KP50A	50	≤2.4	≤20	100～2 400	<250	<3.0		SL17		强迫风冷水冷
KP100A	100	≤2.6	≤40	100～3 000	<250	<3.5		SL17		强迫风冷水冷
KP200A	200	≤2.6	≤0	100～3 000	<350	<3.5		SL18	11	强迫风冷水冷
KP300A	300	≤2.6	≤50	100～3 000	<350	<3.5		SL18B	15	强迫风冷水冷
KP500A	500	≤2.6	≤60	100～3 000	<350	<4.0	100～1 000	SF15	19	强迫风冷水冷
KP800A	800	≤2.6	≤60	100～3 000	<350	<4.0		SF16	24	强迫风冷水冷
KP1000A	1 000	≤2.6	≤80	100～3 000	<350	<4.0		SF16		强迫风冷水冷
KP1500A	1 500	≤2.6	≤80	100～3 000	<350	<4.0		SF14	30	强迫风冷水冷
KP2000A	2 000	≤2.6	≤80	100～3 000	<350	<4.0		SS14		强迫风冷水冷

1.晶闸管的电压定额

(1)断态重复峰值电压 U_{DRM}

在图1-7所示,规定当门极断开,晶闸管处在额定结温时,允许重复加在管子上的正向峰值电压为晶闸管的断态重复峰值电压,用 U_{DRM} 表示。它是由伏安特性中的正向转折电压 U_{BO} 减去一定裕量,成为晶闸管的断态不重复峰值电压 U_{DSM},然后再乘以90%而得到的。至于断态不重复峰值电压 U_{DSM} 与正向转折电压 U_{BO} 的差值,则由生产厂家自定。这里需要说明的是,该参数中提到的阻断状态(断态)和导通状态(通态)一定是正向的,因此,"正向"两字可以省去。

(2)反向重复峰值电压 U_{RRM}

相似地,规定当门极断开,晶闸管处在额定结温时,允许重复加在管子上的反向峰值电压为反向重复峰值电压,用 U_{RRM} 表示。它是由伏安特性中的反向击穿电压 U_{RO} 减去一定裕量,成为晶闸管的反向不重复峰值电压 U_{RSM},然后再乘以90%而得到的。至于反向不重复峰值电压 U_{RSM} 与反向转折电压 U_{RO} 的差值,则由生产厂家自定。一般晶闸管若承受反向电压,它一定是阻断的,因此参数中"断态"两字可以省去。

（3）额定电压 U_{Tn}

因为晶闸管的额定电压是瞬时值,若晶闸管工作时外加正向电压的峰值超过正向转折电压,就会使晶闸管硬开通,多次硬开通会造成晶闸管的损坏;而外加反向电压的峰值超过反向转折电压,则会造成晶闸管永久损坏。因此,所谓晶闸管的额定电压 U_{Tn} 通常是指 U_{DRM} 和 U_{RRM} 中的较小值,再取相应的标准电压等级中偏小的电压值。例如,一晶闸管实测 $U_{DRM} = 812\ \text{V}$, $U_{RRM} = 756\ \text{V}$,将两者中较小的 756 V 按表 1-3 取较小值得 700 V,则该晶闸管的额定电压为 700 V。

在晶闸管的铭牌上,额定电压是以电压等级的形式给出的,通常标准电压等级规定:电压在 1 000 V 以下,每 100 V 为一级;1 000 ～ 3 000 V,每 200 V 为一级。用百位数或千位和百位数表示级数。晶闸管标准电压等级见表 1-3。

表 1-3　　　　　　　　　　　　　晶闸管标准电压等级

级别	断态正 / 反向重复 峰值电压 / V	级别	断态正 / 反向重复 峰值电压 / V	级别	断态正 / 反向重复 峰值电压 / V
1	100	7	700	16	1 600
2	200	8	800	20	2 000
3	300	9	900	22	2 200
4	400	10	1 000	24	2 400
5	500	12	1 200	26	2 600
6	600	14	1 400	28	2 800

另外,散热不良或环境温度升高均能使正 / 反向转折电压减小,而且在使用中还会出现一些异常电压,因此,在实际选用晶闸管时,其额定电压要留有一定的裕量,一般选择的额定电压应为实际工作时晶闸管所承受的峰值电压的 2 ～ 3 倍,并按表 1-3 选取相应的电压等级。注意,此时要按标准电压等级取较大的值。

$$U_{Tn} \geqslant (2 \sim 3)U_{TM} \tag{1-6}$$

（4）通态平均电压 $U_{T(AV)}$

在规定环境温度、标准散热条件下,晶闸管通以额定电流时,阳极和阴极间电压降的平均值,称为通态平均电压(一般称管压降),其组别见表 1-4。从减小损耗和发热量来看,应选择 $U_{T(AV)}$ 较小的管子。实际当晶闸管流过较大的恒定直流电流时,其 $U_{T(AV)}$ 比出厂时定义的值要大,约为 1.5 V。

表 1-4　　　　　　　　　　　　　晶闸管通态平均电压组别

组　别	A	B	C	D	E
通态平均电压 /V	$U_{T(AV)} \leqslant 0.4$	$0.4 < U_{T(AV)} \leqslant 0.5$	$0.5 < U_{T(AV)} \leqslant 0.6$	$0.6 < U_{T(AV)} \leqslant 0.7$	$0.7 < U_{T(AV)} \leqslant 0.8$

组　别	F	G	H	I	
通态平均电压 /V	$0.8 < U_{T(AV)} \leqslant 0.9$	$0.9 < U_{T(AV)} \leqslant 1.0$	$1.0 < U_{T(AV)} \leqslant 1.1$	$1.1 < U_{T(AV)} \leqslant 1.2$	

2.晶闸管的电流定额

（1）额定电流 I_{Tn}

由于整流设备的输出端所接负载常用平均电流来表示,晶闸管额定电流的标定与其他电气设备不同,采用的是平均电流,而不是有效值。额定通态平均电流 $I_{T(AV)}$ 指在环境温度为

40 ℃和规定的冷却条件下,晶闸管在导通角不小于170°电阻性负载电路中,当不超过额定结温且稳定时,所允许通过的工频正弦半波电流的平均值。将该电流按晶闸管标准电流系列(1 A、5 A、10 A、20 A、30 A、50 A、100 A、200 A、300 A、400 A、500 A、600 A、700 A、800 A、1 000 A……)取值,即晶闸管的额定电流 I_{Tn}。

但是决定晶闸管结温的是管子损耗的发热效应,表征热效应的电流是以有效值表示的,两者的关系为

$$I_{\text{Tn}} = 1.57 I_{\text{T(AV)}} \tag{1-7}$$

例如,额定电流为 100 A 的晶闸管,其允许通过的电流有效值为 157 A。

由于电路、负载、导通角不同,流过晶闸管的电流波形不一样,从而它的电流平均值和有效值的关系也不一样。晶闸管在实际选择时,其额定电流的确定一般按以下原则:晶闸管在额定电流时的电流有效值大于其所在电路中可能流过的最大电流的有效值,同时取 1.5 ~ 2.0 倍的余量,即

$$I_{\text{Tn}} = 1.57 I_{\text{T(AV)}} \geqslant (1.5 \sim 2.0) I_{\text{Tm}}$$

即

$$I_{\text{T(AV)}} \geqslant (1.5 \sim 2.0) \frac{I_{\text{Tm}}}{1.57} \tag{1-8}$$

(2)维持电流 I_{H}

在室温下门极断开时,晶闸管从较大的通态电流减小到刚好能保持导通的最小阳极电流,称为维持电流 I_{H}。维持电流与晶闸管容量、结温等因素有关,额定电流大的管子维持电流也大;同一管子结温低时维持电流增大;维持电流大的管子容易关断。同一型号的晶闸管的维持电流也各不相同。

(3)擎住电流 I_{L}

在晶闸管加上触发电压,当晶闸管从阻断状态刚转为导通状态就去除触发信号,此时要保持导通所需要的最小阳极电流,称为擎住电流 I_{L}。对同一晶闸管来说,通常 I_{L} 为 I_{H} 的 2 ~ 4 倍。

(4)断态重复峰值电流 I_{DRM} 和反向重复峰值电流 I_{RRM}

断态重复峰值电流 I_{DRM} 和反向重复峰值电流 I_{RRM} 分别对应于晶闸管承受断态重复峰值电压 U_{DRM} 和反向重复峰值电压 U_{RRM} 时的峰值电流。

3. 门极参数

(1)门极触发电流 I_{GT}

室温下,在晶闸管的阳极 — 阴极加上 6 V 的正向阳极电压,管子由阻断状态转为导通状态所必需的最小门极电流,称为门极触发电流 I_{GT}。

(2)门极触发电压 U_{GT}

产生门极触发电流 I_{GT} 所必需的最小门极电压,称为门极触发电压 U_{GT}。

由于门极伏安特性的分散性,同一厂家生产的同一型号的晶闸管的触发电流和触发电压相差很大,所以只规定其下限值。对于晶闸管的使用者来说,为使触发电路适用于所有型号的晶闸管,触发电路送出的电压和电流要适当地大于型号规定的标准值,但不应超过门极的可加信号的峰值 I_{FGM} 和 U_{FGM},功率不能超过门极平均功率 P_{G} 和门极峰值功率 P_{GM}。

4.动态参数

(1)断态电压临界上升率 du/dt

du/dt 是在额定结温和门极开路的情况下,不导致从阻断状态到导通状态转换的最大阳极电压上升率。实际使用时的电压上升率必须小于此规定值。

限制正向电压上升率的原因:在正向阻断状态下,反偏的 J_2 结相当于一个结电容,如果阳极电压突然增大,便会有一充电电流流过 J_2 结,相当于有触发电流。若 du/dt 过大,即充电电流过大,就会造成晶闸管的误导通。所以在使用时,采取保护措施,使正向电压上升率不超过规定值。

(2)通态电流临界上升率 di/dt

di/dt 是在规定条件下,晶闸管能承受而无有害影响的最大导通状态电流上升率。如果阳极电流增大太快,则晶闸管刚一开通时,会有很大的电流集中在门极附近的小区域内,造成 J_2 结局部过热而使晶闸管损坏。因此,在实际使用时要采取保护措施,使其被限制在允许值内。

5.普通晶闸管的型号含义

根据国家的有关规定,普通晶闸管的型号含义如图1-8所示。

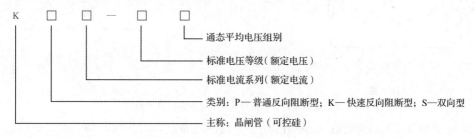

图1-8 普通晶闸管的型号含义

例如,KP1-2表示额定电流为 1 A、额定电压为 200 V 的普通反向阻断型晶闸管。

三、单相半波可控整流电路

(一) 电阻性负载

在生产实际中,有一些负载是电阻性的,如电炉、白炽灯等。电阻性负载的特点:负载两端的电压和流过负载的电流成一定的比例关系,且两者的波形相似;负载电压和电流均允许突变。

如图1-9(a)所示,单相半波可控整流电路带电阻性负载主要由晶闸管 VT、负载电阻 R_d 和变压器 T组成。变压器 T 主要用来变换电压,此外还有隔离一、二次侧的作用。u_1、u_2 分别表示一次侧和二次侧电压的瞬时值;U_1 为一次侧电压有效值,U_2 为二次侧电压有效值,U_2 的大小由负载所需要的直流输出平均电压值 U_d 来决定;u_d、i_d 分别为整流后的输出电压、电流的瞬时值;u_T、i_T 分别为晶闸管两端电压的瞬时值和流过晶闸管电流的瞬时值;i_1、i_2 分别为流过变压器一次侧绕组和二次侧绕组电流的瞬时值。

在分析电路工作原理之前,先介绍几个名词术语和概念。

(1)控制角 α:也称为触发角或移相角,是指从晶闸管开始承受正向电压,到其加上触发脉冲的这一段时间所对应的电角度($0° \sim \omega t_1$)。

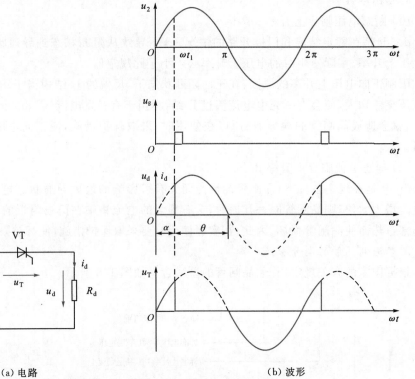

（a）电路　　　　　　　　　　　　　（b）波形

图 1-9　单相半波可控整流电路带电阻性负载

（2）导通角 θ_T：指晶闸管在一周期内处于导通的电角度（$\omega t_1 \sim \pi$），即 $\theta_T = \pi - \alpha$。

（3）移相：指改变触发脉冲出现的时刻，即改变控制角 α 的大小。

（4）移相范围：指一个周期内触发脉冲的移动范围，它决定了输出电压的变化范围。单相半波可控整流电路理论上移相范围为 $0° \sim 180°$。

直流输出电压的平均值 U_d 为

$$U_d = \frac{1}{2\pi}\int_x^\pi \sqrt{2}U_2\sin(\omega t)\mathrm{d}(\omega t) = \frac{\sqrt{2}U_2}{2\pi}(1 + \cos\alpha) = 0.45U_2 \cdot \frac{1 + \cos\alpha}{2} \tag{1-9}$$

由式（1-9）可见，U_d 是 α 的函数，改变 α 的大小就可以达到调节 U_d 的目的。当 $\alpha = 0°$ 时，u_d 波形为一完整的正弦半波波形，此时 U_d 为最大，用 U_{d0} 表示，$U_d = U_{d0} = 0.45U_2$。随着 α 的增大，U_d 将减小，至 $\alpha = 180°$ 时，$U_d = 0$。所以该电路 α 的移相范围为 $0° \sim 180°$。

直流输出电流的平均值 I_d 为

$$I_d = \frac{U_d}{R_d} = 0.45\frac{U_2}{R_d} \cdot \frac{1 + \cos\alpha}{2} \tag{1-10}$$

而负载上得到的直流输出电压有效值 U 和电流有效值 I 分别为

$$U = \sqrt{\frac{1}{2\pi}\int_x^\pi [\sqrt{2}U_2\sin(\omega t)]^2\mathrm{d}(\omega t)} = U_2\sqrt{\frac{\pi - \alpha}{2\pi} + \frac{\sin(2\alpha)}{4\pi}} \tag{1-11}$$

$$I = \frac{U}{R_d} = \frac{U_2}{R_d}\sqrt{\frac{\pi - \alpha}{2\pi} + \frac{\sin(2\alpha)}{4\pi}} \tag{1-12}$$

又因为在单相可控整流半波电路中，晶闸管与负载电阻以及变压器二次侧绕组是串联的，故流过负载的电流平均值即流过晶闸管的电流平均值 I_{dT}；流过负载的电流有效值 I 即流过晶

闸管电流的有效值 I_T，同时也是流过变压器二次侧绕组电流的有效值 I_2，即存在如下关系：

$$I_{dT} = I_d = \frac{U_d}{R_d} = \frac{\sqrt{2}}{2\pi} \frac{U_2}{R_d}(1 + \cos\alpha) \tag{1-13}$$

$$I_T = I_2 = I = \frac{U_2}{R_d}\sqrt{\frac{\pi-\alpha}{2\pi} + \frac{\sin(2\alpha)}{4\pi}} \tag{1-14}$$

流过晶闸管的电流的波形系数 K_f 为

$$K_f = \frac{I_T}{I_{dT}} = \frac{\sqrt{\dfrac{\pi-\alpha}{2\pi} + \dfrac{\sin(2\alpha)}{4\pi}}}{\dfrac{\sqrt{2}}{2\pi}(1+\cos\alpha)} = \frac{\sqrt{2\pi(\pi-\alpha) + \pi\sin(2\alpha)}}{\sqrt{2}(1+\cos\alpha)} \tag{1-15}$$

当 $\alpha = 0°$ 时，即单相半波波形，$K_f = \frac{\pi}{2} \times 1.57$，与晶闸管额定电流定义的情况一致。

根据图 1-9(b) 中 u_T 的波形可知，晶闸管可能承受的正／反向峰值电压均为

$$U_{TM} = \sqrt{2}U_2 \tag{1-16}$$

另外，对于整流电路而言，通常还要考虑功率因数 $\cos\varphi$ 及对电源容量 S 的要求。忽略损耗，变压器二次侧所供给的有功功率为 $P = I^2 R_d = UI$（注意此时不是 $U_d I_d$），变压器二次侧的视在功率为 $S = U_2 I_2$。因此，电路的功率因数为

$$\cos\varphi = \frac{P}{S} = \frac{UI}{U_2 I_2} = \frac{UI}{U_2 I} = \sqrt{\frac{\pi-\alpha}{2\pi} + \frac{\sin(2\alpha)}{4\pi}} \tag{1-17}$$

当 $\alpha = 0°$ 时，$\cos\varphi$ 最大为 0.707，可见单相半波可控整流电路，尽管带电阻性负载，但由于谐波的存在，功率因数很小，变压器的利用率也差。α 越大，$\cos\varphi$ 越小。

在单相半波可控整流电路中，改变 α 的大小即改变触发脉冲在每周期内出现的时刻，则 u_d 和 i_d 的波形也随之改变，但是输出电压瞬时值 u_d 的极性不变，其波形只在 u_2 的正半周出现，这种通过对触发脉冲的控制来实现控制输出电压大小的控制方式称为相位控制方式，简称相控方式。

例　有一电阻性负载要求 0～24 V 连续可调的直流电压，其最大负载电流 $I_d = 30$ A，若由交流电网 220 V 供电与用整流变压器降压至 60 V 供电，都采用单相半波可控整流电路，是否都能满足要求？比较两种方案所选晶闸管的导通角、额定电压、额定电流值以及电源和变压器二次侧的功率因数和对电源的容量的要求等有何不同，两种方案哪种更合理（考虑 2 倍裕量）？

解　(1) 采用 220 V 电源直接供电，当 $\alpha = 0°$ 时，有

$$U_{d0} = 0.45 U_2 = 0.45 \times 220 = 99 \text{ V}$$

采用整流变压器降压至 60 V 供电，当 $\alpha = 0°$ 时，有

$$U_{d0} = 0.45 U_2 = 0.45 \times 60 = 27 \text{ V}$$

所以只要适当调节 α，上述两种方案均能满足输出 0～24 V 直流电压的要求。

(2) 采用 220 V 电源直接供电，$U_d = 0.45 U_2 \cdot \dfrac{1 + \cos\alpha}{2}$，在输出最大时，$U_2 = $

$220\ \text{V}, U_\text{d} = 24\ \text{V}$，则计算得 $\alpha \approx 121°, \theta_\text{T} = 180° - 121° = 59°$。

晶闸管承受的最大电压为

$$U_\text{TM} = \sqrt{2}U_2 = \sqrt{2} \times 220 = 311.1\ \text{V}$$

考虑 2 倍裕量，晶闸管额定电压为

$$U_\text{Tn} = 2U_\text{TM} = 2 \times 311.1 = 622.2\ \text{V}$$

由式(1-14)知流过晶闸管的电流有效值是 $I_\text{T} = \dfrac{U_2}{R_\text{d}}\sqrt{\dfrac{\pi - \alpha}{2\pi} + \dfrac{\sin(2\alpha)}{4\pi}}$，其中，$\alpha \approx$ $121°, R_\text{d} = \dfrac{U_\text{d}}{I_\text{d}} = \dfrac{24}{30} = 0.8\ \Omega$，则

$$I_\text{Tm} = \frac{U_2}{R_\text{d}}\sqrt{\frac{\pi - \alpha}{2\pi} + \frac{\sin(2\alpha)}{4\pi}} = \frac{220}{0.8}\sqrt{\frac{180° - 121°}{360°} + \frac{\sin(2 \times 121°)}{4\pi}} \approx 84.1\ \text{A}$$

考虑 2 倍裕量，则晶闸管额定电流应为

$$I_\text{T(AV)} = \frac{I_\text{T}}{1.57} = \frac{84.1 \times 2}{1.57} \approx 107.1\ \text{A}$$

因此，所选晶闸管的额定电压要大于 622.2 V，额定电流要大于 107.1 A。

电源提供的有功功率为

$$P = I^2 R_\text{d} = 84.1^2 \times 0.8 = 5\,658.2\ \text{W}$$

电源的视在功率为

$$S = U_2 I_2 = U_2 I = 220 \times 84.1 = 18\,502\ \text{V} \cdot \text{A}$$

电源侧功率因数为

$$\cos\varphi = \frac{P}{S} = \frac{5\,658.2}{18\,502} \approx 0.306$$

（3）采用整流变压器降压至 60 V 供电，$U_2 = 60\ \text{V}, U_\text{d} = 24\ \text{V}$，由式(1-13)可解得 $\alpha \approx 39°, \theta_\text{T} = 180° - 39° = 141°$。

晶闸管承受的最大电压为

$$U_\text{TM} = \sqrt{2}U_2 = \sqrt{2} \times 60 = 84.9\ \text{V}$$

考虑 2 倍裕量，晶闸管额定电压为

$$U_\text{Tn} = 2U_\text{TM} = 2 \times 84.9 = 169.8\ \text{V}$$

流过晶闸管的最大电流有效值是

$$I_\text{Tm} = \frac{U_2}{R_\text{d}}\sqrt{\frac{\pi - \alpha}{2\pi} + \frac{\sin(2\alpha)}{4\pi}} = \frac{60}{0.8}\sqrt{\frac{180° - 39°}{360°} + \frac{\sin(2 \times 39°)}{4\pi}} \approx 51.4\ \text{A}$$

考虑 2 倍裕量，则晶闸管额定电流应为

$$I_\text{T(AV)} = \frac{I_\text{T}}{1.57} = \frac{51.4 \times 2}{1.57} \approx 65.5\ \text{A}$$

因此，所选晶闸管的额定电压要大于 169.8 V，额定电流要大于 65.5 A。

电源提供的有功功率为

$$P = I^2 R_\text{d} = 51.4^2 \times 0.8 = 2\,113.6\ \text{W}$$

电源的视在功率为

$$S = U_2 I = 60 \times 51.4 = 3\,084\ \text{V} \cdot \text{A}$$

变压器侧功率因数为

$$\cos\varphi = \frac{P}{S} = \frac{2\,113.6}{3\,084} \approx 0.685$$

　　通过以上计算可以看出,增加了变压器后,整流电路的控制角减小,所选的晶闸管的额定电压、额定电流都减小,而且对电源容量的要求减小,功率因数增大。所以,采用整流变压器降压的方案更合理。

　　通过上面的例题还可看出,为了尽可能地增大功率因数,应尽量使晶闸管电路工作在小控制角的状态。

(二) 电感性负载

　　直流负载的感抗 ωL_d 和电阻 R_d 的大小相比不可忽略时,这种负载称为电感性负载,如工业电机的励磁线圈、输出串联电抗器的负载等。电感性负载与电阻性负载有很大的不同。电阻性负载的电压和电流均允许突变,但对于电感性负载而言,由于电感本身为储能元件,而能量的储存与释放是不能瞬间完成的,因而流过电感的电流是不能突变的。当电感中流过的电流发生变化时,在其两端就会产生自感电动势 e_L,以阻碍电流的变化。当电流增大时,e_L 的极性是阻碍电流增大的,为上正下负;反之,当电流减小时,e_L 的极性是阻碍电流减小的,为上负下正。

1. 无续流二极管时

　　如图 1-10(b) 所示为电感性负载无续流二极管时某一控制角 α 输出电压、电流的理论波形,从波形图上可以看出:

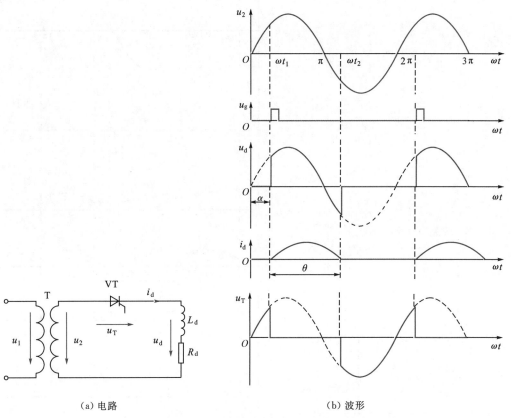

　　　　　　(a) 电路　　　　　　　　　　　　　　(b) 波形

图 1-10　单相半波可控整流电路带电感性负载、无续流二极管

(1) $0 \sim \omega t_1$ 期间

　　电源电压 u_2 为正,使晶闸管承受正向的阳极电压,但没有触发脉冲,故晶闸管不会导通。负载上电压 u_d 和流过负载电流 i_d 的值均为零,晶闸管承受电源电压 u_2。

（2）$\omega t_1 \sim \pi$ 期间

在 ωt_1 时刻，即控制角 α 处，由于触发脉冲的到来，晶闸管被触发导通，电源电压 u_2 经晶闸管可突加在负载上，但由于感性负载电流不能突变，i_d 只能从零开始逐步增大。同时由于电流的增大，在电感两端产生了阻碍电流增大的自感电动势 e_L，方向为上正下负。此时，交流电源的能量一方面提供给电阻 R_d 消耗掉了，另一方面供给电感 L_d 作为磁场能储存起来了。

（3）$\pi \sim \omega t_2$ 期间

在 π 时刻，即电源电压 u_2 过零变负时，电流 i_d 虽然处于减小的过程，但还没有减小为零，此时电感两端的自感电动势 e_L 是阻碍电流减小的，方向为上负下正。只要 e_L 比 u_2 大，晶闸管就仍然承受正压而处于导通状态。此时，电感释放磁场能，其中一部分供给电阻消耗掉，而另一部分供给电源即被变压器二次侧绕组吸收。

（4）ωt_2 时刻

电感中的磁场能量释放完毕，电流 i_d 减小为零，晶闸管关断且立即承受反向的电源电压。直到下一个周期的正半周，即 $2\pi + \alpha$ 时刻，晶闸管再次被触发导通。如此循环，其输出电压、电流波形如图 1-10(b) 所示。

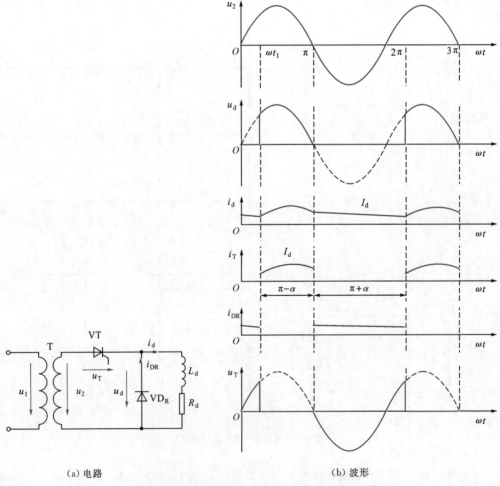

（a）电路　　　　　　　　　　　　　　　　　（b）波形

图 1-11　单相半波可控整流电路带电感性负载、接续流二极管

结论：由于电感的存在，负载电流 i_d 的波形不再与电压相似，而且由于关断时刻的延迟，晶闸管承受电压 u_T 的波形与电阻性负载时相比少了负半波的一部分；而负载上的电压 u_d 出现了负值，结果是使其平均值 U_d 比电阻性负载时减小了。

控制角 α 不同或负载阻抗角 $\varphi[\varphi = \tan^{-1}(\omega L/R)]$ 不同，都会导致晶闸管的导通角 θ_T 不同。若 φ 为定值，α 越大，那么在电源 u_2 正半周 L_d 储存的能量就越少，则晶闸管的导通角 θ_T 就越小。当 α 为定值时，φ 越大，即 L_d 储存的能量就越大，则导通角 θ_T 就越大。若负载中 R_d 为一定值，电感 L_d 越大，即 φ 越大，则 u_d 的负值部分所占的比例就越大，U_d 的值就越小。当 $\omega L_d \gg R_d$（一般 10 倍以上）时，认为是大电感性负载，此时 u_d 的波形中正、负面积近似相等，晶闸管的导通角 $\theta_T \approx 2\pi - 2\alpha$，$U_d \approx 0$，为了解决上述问题，可以在电路的负载两端并联一个整流二极管。

2. 接续流二极管时

（1）电路结构

为了使电源电压过零变负时能及时地关断晶闸管，使 U_d 波形不出现负值，又能给电感线圈 L_d 提供续流的旁路，可以在整流输出端并联二极管，如图 1-11 所示。由于该二极管的作用是为电感性负载在晶闸管关断时提供续流回路，故称为续流二极管。

（2）工作原理

① 在电源电压正半周（$0 \sim \pi$），晶闸管承受正向电压，触发脉冲在 ωt_1 时刻到来，晶闸管被触发导通，负载上有输出电压和电流通过。在此期间续流二极管 VD_R 承受反向电压（$-u_2$）而关断。

② 在电源电压负半周（$\pi \sim 2\pi$），当电源 u_2 过零变负时，续流二极管 VD_R 承受正向电压导通，此时晶闸管将由于 VD_R 的导通而承受反压关断。电感 L_d 的自感电动势 e_L 的方向为上负下正，经过续流二极管 VD_R 使负载电流 i_d 继续流通，而没有流经变压器二次侧，因此，若忽略 VD_R 的压降，此时输出电压 u_d 为零。如果电感足够大，续流二极管一直导通到下一周期，晶闸管导通，使电流 i_d 连续，且 i_d 波形近似为一条直线。

结论：加续流二极管后，输出电压波形与电阻性负载波形相同，可见续流二极管的作用是为了增大输出电压。但是负载电流 i_d 的波形就大不一样了，对于大电感性负载，i_d 的波形不仅连续而且基本上波动很小。电感越大，电流波形就越接近于一条水平线，其值为 $I_d = \dfrac{U_d}{R_d}$。设晶闸管的控制角为 α，则其导通角为 $\theta_T = \pi - \alpha$，续流二极管的导通角为 $\theta_{DR} = \pi + \alpha$。

（3）基本的物理量计算

因为输出电压 u_d 的波形与电阻性负载时是一样的，所以电感性负载在加续流二极管 VD_R 后的直流输出电压 U_d 仍为式（1-9），直流输出电流的平均值 I_d 为式（1-10）。但流过晶闸管电流平均值和有效值分别为

$$I_{dT} = \frac{\theta_T}{2\pi} = \frac{\pi - \alpha}{2\pi} I_d \tag{1-18}$$

$$I_T = \sqrt{\frac{1}{2\pi} \int_{\alpha}^{\pi} I_d^2 \mathrm{d}(\omega t)} = I_d \sqrt{\frac{\pi - \alpha}{2\pi}} \tag{1-19}$$

流过续流二极管的电流平均值和有效值分别为

$$I_{dDR} = \frac{\theta_{DR}}{2\pi} = \frac{\pi + \alpha}{2\pi} I_d \tag{1-20}$$

$$I_{DR} = \sqrt{\frac{1}{2\pi}\int_0^{\pi+\alpha} I_d^2 \mathrm{d}(\omega t)} = I_d \sqrt{\frac{\pi+\alpha}{2\pi}} \tag{1-21}$$

由图 1-11(b) 中晶闸管承受的电压 u_T 波形还可以看出,晶闸管承受的最大正、反向电压 U_{TM} 仍为 $\sqrt{2}U_2$;而续流二极管承受的最大反向电压 U_{DM} 也为 $\sqrt{2}U_2$。晶闸管的最大移相范围仍是 $0° \sim 180°$。

四、单相桥式半控整流电路

为了克服单相半波可控整流电路电源只工作半个周期的缺点,可以采用单相桥式半控整流电路。如图 1-12(a) 所示,单相桥式半控整流电路主电路由两个晶闸管 VT_1、VT_2 和两个整流二极管 VD_3、VD_4 组成,在电源的半个周期内,它由一个晶闸管来控制导通时刻,与一个整流二极管组成导电回路。

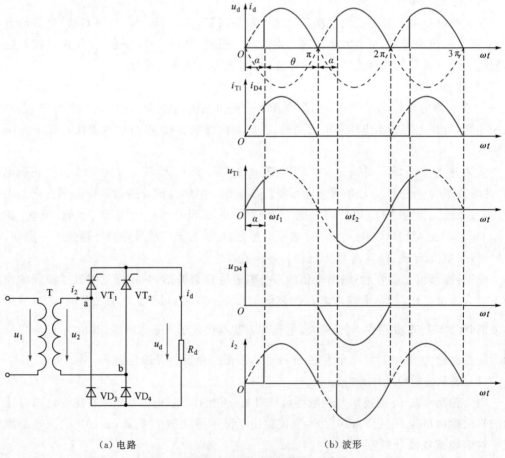

(a)电路　　　　　　　　　(b)波形

图 1-12　单相桥式半控整流电路带电阻性负载

(一)电阻性负载

单相桥式半控整流电路中,两个晶闸管是共阴极连接,即使同时触发两个管子,也只能是阳极电位高的晶闸管导通。而两个整流二极管是共阳极连接,总是阴极电位低的整流二极管导通,因此,在电源 u_2 正半周一定是 VD_4 正偏,在 u_2 负半周一定是 VD_3 正偏。所以,在电源正半周时,触发晶闸管 VT_1 导通,整流二极管 VD_4 正偏导通,电流由电源 a 端经 VT_1 和负载 R_d 及

VD$_4$,回电源 b 端,若忽略两管的正向导通压降,则负载上得到的直流输出电压就是电源电压 u_2,即 $u_d = u_2$。在电源负半周时,触发晶闸管 VT$_2$ 导通,电流由电源 b 端经 VT$_2$ 和负载 R_d 及 VD$_3$,回电源 a 端,输出仍是 $u_d = u_2$,只不过在负载上的方向没变。在负载上得到的输出波形如图 1-12(b) 所示。

由图 1-12(b) 中 u_{T1} 的波形可知,晶闸管 VT$_1$ 所承受的电压分为四种情况。除其本身导通($\omega t_1 \sim \pi$)时不承受电压,以及当晶闸管 VT$_2$ 导通($\omega t_2 \sim \pi$)时将电源电压加到了 VT$_1$ 的两端外,再就是当四个管子都不导通时,还分为两种情况:一是在电源正半周 VT$_1$ 还没导通之前,即在 $0 \sim \omega t_1$,此时由电源的正端(a 端),经 VT$_1$、R_d 和 VD$_4$ 回到电源的负端(b 端)的回路存在漏电流,此时 VT$_1$ 的正向漏电阻远大于 VD$_4$ 的正向漏电阻与 R_d 之和,这就相当于电源电压全都加在了 VT$_1$ 上,即 $u_{T1} = u_2$;二是在电源负半周 VT$_2$ 还没有导通之前,即在 $\pi \sim \omega t_2$,和上述分析一样,只不过此时所受的电源电压为负值,由电源正端(b 端),经 VT$_2$、R_d 和 VD$_3$ 回到电源的负端(a 端),相当于电源电压全都加在了 VT$_2$ 上,因而 VT$_1$ 两端电压约为 0,即 $u_{T1} = 0$。整流二极管承受的电压就比较简单了,因为二极管只会承受负电压,如图 1-12 (b) 中 u_{D4} 的波形所示。由波形图可知,晶闸管所承受的最大的正、反向峰值电压和整流二极管所承受的最大反向电压的峰值均为 $\sqrt{2}U_2$。因在电源正、负半周均有一组管子导通,且电流均流经变压器,所以变压器二次侧电流 i_2 的波形是正负对称的缺角正弦波。

单相桥式半控整流电路带电阻性负载参数的计算如下:

输出电压平均值的计算公式为

$$U_d = \frac{1}{\pi} \int_{\alpha}^{\pi} \sqrt{2}U_2 \sin(\omega t) \mathrm{d}(\omega t) = 0.9U_2 \cdot \frac{1+\cos\alpha}{2} \tag{1-22}$$

负载电流平均值的计算公式为

$$I_d = \frac{U_d}{R_d} = 0.9\frac{U_2}{R_d} \cdot \frac{1+\cos\alpha}{2} \tag{1-23}$$

输出电压有效值的计算公式为

$$U = \sqrt{\frac{1}{\pi} \int_{\alpha}^{\pi} \left[\sqrt{2}U_2 \sin(\omega t)\right]^2 \mathrm{d}(\omega t)} = U_2\sqrt{\frac{1}{2\pi}\sin(2\alpha) + \frac{\pi-\alpha}{\pi}} \tag{1-24}$$

负载电流有效值的计算公式为

$$I = \frac{U_2}{R_d}\sqrt{\frac{1}{2\pi}\sin(2\alpha) + \frac{\pi-\alpha}{\pi}} \tag{1-25}$$

流过每个晶闸管的电流的平均值的计算公式为

$$I_{dT} = \frac{1}{2}I_d = 0.45\frac{U_2}{R_d} \cdot \frac{1+\cos\alpha}{2} \tag{1-26}$$

流过每个晶闸管的电流的有效值的计算公式为

$$I_T = \sqrt{\frac{1}{2\pi} \int_{\alpha}^{\pi} \left[\frac{\sqrt{2}U_2}{R_d}\sin(\omega t)\right]^2 \mathrm{d}(\omega t)} = \frac{U_2}{R_d}\sqrt{\frac{1}{4\pi}\sin(2\alpha) + \frac{\pi-\alpha}{2\pi}} = \frac{1}{\sqrt{2}}I \tag{1-27}$$

晶闸管可能承受的最大电压为

$$U_{TM} = \sqrt{2}U_2 \tag{1-28}$$

流过整流二极管的电流平均值和有效值与流过晶闸管的电流平均值和有效值相同,即

$$I_{dD} = I_{dT} = 0.45 \frac{U_2}{R_d} \cdot \frac{1 + \cos\alpha}{2} \tag{1-29}$$

$$I_D = I_T = \frac{U_2}{R_d} \sqrt{\frac{1}{4\pi}\sin(2\alpha) + \frac{\pi - \alpha}{2\pi}} = \frac{1}{\sqrt{2}} I \tag{1-30}$$

(二) 电感性负载

单相桥式半控整流电路带电感性负载如图 1-13(a) 所示。在交流电源的正半周区间内,整流二极管 VD$_4$ 处于正偏状态,在相当于控制角 α 的时刻给晶闸管 VT$_1$ 加触发脉冲,则电源由 a 端经 VT$_1$ 和 VD$_4$ 向负载供电,负载上得到的电压 u_d 仍为电源电压 u_2,方向为上正下负。至电源 u_2 过零变负时,由于电感自感电动势的作用,晶闸管 VT$_1$ 继续导通,但此时整流二极管 VD$_4$ 的阴极电位比 VD$_3$ 的要高,所以电流由 VD$_4$ 换流到了 VD$_3$。此时,负载电流经 VT$_1$、R_d 和 VD$_3$ 续流,而没有经过交流电源,因此,负载上得到的电压为 VT$_1$ 和 VD$_3$ 的正向压降之和,若忽略导通压降,其值接近为零,这就是单相桥式半控整流电路的自然续流现象。同理,在 u_2 负半周相同 α 角处,触发晶闸管 VT$_2$,因为 VT$_2$ 的阳极电位高于 VT$_1$ 的阳极电位,所以 VT$_1$ 换流给了 VT$_2$,电源经 VT$_2$ 和 VD$_3$ 向负载供电,直流输出电压 u_d 为电源电压 u_2,方向为上正下负。同样当 u_2 由负变正时,又改为 VT$_2$ 和 VD$_4$ 续流,输出又为零。

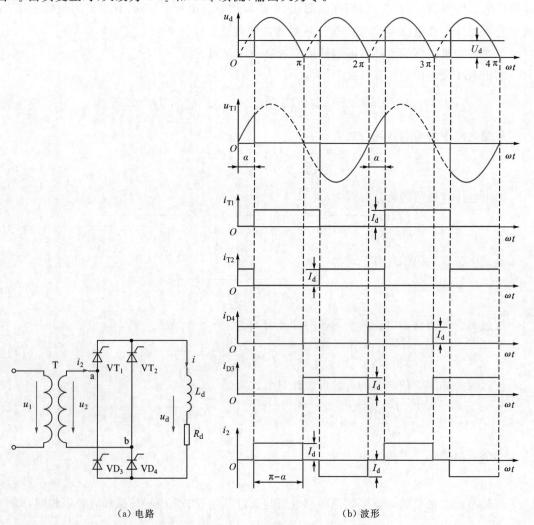

(a) 电路   (b) 波形

图 1-13   单相桥式半控整流电路带电感性负载

由图 1-13(b) 的各个波形图可以看出,单相桥式半控整流电路带大电感性负载时的直流输出电压 u_d 的波形和其带电阻性负载时的波形一样。但直流输出电流 i_d 的波形由于电感的平波作用而变为一条直线。晶闸管所承受电压 u_T 的波形没变,而流过晶闸管电流的波形变成了方波,其导通角为 π。流过整流二极管的电流也是方波,其导通角也为 π。变压器二次侧的电流 i_2 为正负对称的方波。

因此可知单相桥式半控整流电路带大电感性负载时的工作特点:晶闸管在触发时刻换流,整流二极管则在电源过零时刻换流;电路本身就具有自然续流作用,负载电流可以在电路内部换流,所以,即使没有续流二极管,输出也没有负电压。虽然此电路看起来不用接续流二极管也能工作,但实际上若突然关断触发电路或突然把控制角 α 增大到 $180°$,电路会发生失控现象。例如,VT_1 和 VD_4 处于导通状态时,关断触发电路,当电源 u_2 过零变负时,VD_4 关断,VD_3 导通,形成内部续流。若 L_d 中所储存的能量在整个电源 u_2 负半周都没有释放完,VT_1 和 VD_3 的内部续流可以维持整个负半周。而当又到了 u_2 的正半周时,VD_3 关断,VD_4 导通,VT_1 和 VD_4 又构成单相半波可控整流。失控后,即使去掉触发电路,电路也会出现正在导通的晶闸管一直导通,而两个整流二极管轮流导通的情况,使 u_d 仍会有输出,但波形是单相半波不可控的整流波形,这就是所谓的失控现象。为解决失控现象,单相桥式半控整流电路带电感性负载时,仍需在负载两端并联续流二极管 VD_R。这样,当电源电压 u_2 过零变负时,负载电流经续流二极管 VD_R 续流,使直流输出为 VD_R 的管压降,接近于零,迫使原晶闸管和整流二极管串联的回路中的电流减小到维持电流以下使其关断,这样就不会出现因晶闸管一直导通而出现的失控现象了。加了续流二极管的电路如图 1-14(b) 所示,输出电压 u_d 和输出电流 i_d 的波形没变,所以直流输出电压 U_d 和直流输出电流 I_d 的公式同式(1-22)和式(1-23)一样。但原先经过同一桥臂续流的电流都转移到了续流二极管上。在一个周期中晶闸管和整流二极管导通的电角度为 $\theta_T = \theta_D = \pi - \alpha$,而续流二极管 VD_R 因为每个周期导通两次,所以其导通角 $\theta_{DR} = 2\alpha$,α 的移相范围是 $0° \sim 180°$。

流过一个晶闸管和整流二极管的电流的平均值和有效值分别为

$$I_{dT} = I_{dD} = \frac{\pi - \alpha}{2\pi} I_d \tag{1-31}$$

$$I_T = I_D = \sqrt{\frac{\pi - \alpha}{2\pi}} I_d \tag{1-32}$$

流过续流二极管的电流的平均值和有效值分别为

$$I_{dDR} = \frac{2\alpha}{2\pi} I_d = \frac{\alpha}{\pi} I_d \tag{1-33}$$

$$I_{DR} = \sqrt{\frac{\alpha}{\pi}} I_d \tag{1-34}$$

晶闸管承受的最大正、反向电压以及整流二极管、续流二极管所承受的最大反向电压均为 $\sqrt{2}U_2$。

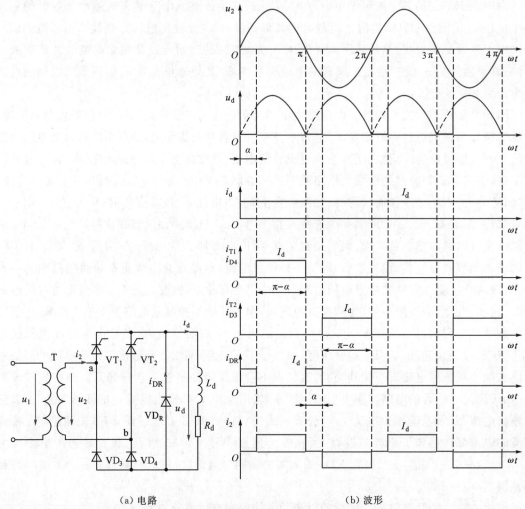

（a）电路　　　　　　　　　　　（b）波形

图 1-14　单相桥式半控整流电路带电感性负载、加续流二极管

五、单结晶体管触发电路

　　前面已知要使晶闸管由阻断状态转入导通状态,晶闸管在承受正向阳极电压的同时,还需要在门极加上适当的触发电压。控制晶闸管导通的电路称为触发电路。对晶闸管触发电路来说,首先触发信号应该具有足够的触发功率(触发电压和触发电流),以保证晶闸管可靠导通;其次触发脉冲应有一定的宽度,脉冲的前沿要陡峭;晶闸管的触发电压必须与其主回路的电源电压保持某种固定的相位关系,即实现同步;触发脉冲的移相范围应能满足主电路的要求。

　　如图 1-15 所示为单相桥式半控整流调光灯电路的触发电路,该电路是从图 1-1(b)中分解出来的,采用单结晶体管同步触发,其中单结晶体管的型号为 BT33。

(一) 单结晶体管

1.单结晶体管的结构

　　单结晶体管的结构如图 1-16(a)所示,图中 E 为发射极,B_1 为第一基极,B_2 为第二基极。在一块高电阻率的 N 型硅片上引出两个基极 B_1 和 B_2,两个基极之间的电阻就是硅片本身的电

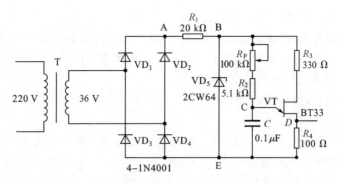

图 1-15　单结晶体管触发电路

阻,一般为 2～12 kΩ。在两个基极之间靠近 B_1 的地方用合金法或扩散法掺入 P 型杂质并引出电极,为发射极 E。这是一种特殊的半导体器件,有三个电极,却只有一个 PN 结,因此称为单结晶体管,又因为管子有两个基极,所以又称为双极二极管。

单结晶体管的等效电路如图 1-16(b) 所示,两个基极之间的电阻 $r_{BB} = r_{B1} + r_{B2}$,在正常工作时,r_{B1} 随发射极电流大小而变化,相当于一个可变电阻。PN 结可等效为二极管 VD,它的正向导通压降常为 0.7 V。单结晶体管的符号如图 1-16(c) 所示,其外形和引脚排列如图 1-16(d) 所示。

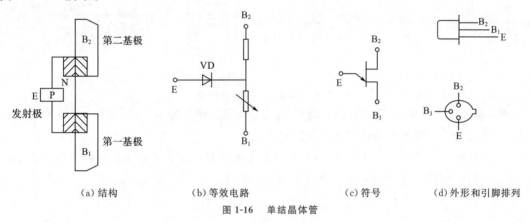

（a）结构　　　　　（b）等效电路　　　　　（c）符号　　　　（d）外形和引脚排列

图 1-16　单结晶体管

2.单结晶体管的引脚及好坏检测

(1) 单结晶体管引脚的判别方法

判断单结晶体管发射极 E 的方法:把万用表置于 $R \times 100$ 挡或 $R \times 1$ k 挡,黑表笔接假设的发射极,红表笔依次接另外两极,当出现两次小电阻时,黑表笔接的就是单结晶体管的发射极。

判断单结晶体管基极 B_1 和 B_2 的方法:把万用表置于 $R \times 100$ 挡或 $R \times 1$ k 挡,用黑表笔接发射极,红表笔依次接另外两极,两次测量中,电阻大的一次,红表笔接的就是 B_1 极。

应当说明的是,上述判别 B_1、B_2 极的方法,不一定对所有的单结晶体管都适用,有个别管子的 E、B_1 极间正向电阻值较小。不过准确地判断哪极是 B_1 极,哪极是 B_2 极,在实际使用中并不特别重要。即使 B_1、B_2 极用颠倒了,也不会使管子损坏,只会影响输出脉冲的幅度(单结晶体管多作为脉冲发生器使用)。当发现输出的脉冲幅度偏小时,只要将原来假定的 B_1、B_2 极对调过来就可以了。

(2) 单结晶体管性能好坏的判断

单结晶体管性能的好坏可以通过测量其各极间的电阻值是否正常来判断。用万用表

$R \times 1$ k 挡，将黑表笔接发射极，红表笔依次接两个基极，正常时均应有几千欧至十几千欧的电阻值。再将红表笔接发射极，黑表笔依次接两个基极，正常时阻值为无穷大。单结晶体管两个基极（B_1 和 B_2）之间的正、反向电阻值均为 $2 \sim 10$ kΩ，若测得某两极之间的电阻值与上述正常值相差较大，则说明该单结晶体管已损坏。

3. 单结晶体管的伏安特性及主要参数

(1) 单结晶体管的伏安特性

单结晶体管的伏安特性：如图 1-17(a) 所示，在单结晶体管两个基极 B_2 和 B_1 间加一固定直流电压 U_{BB} 时，所测得的发射极电流 I_E 与发射极正向电压 U_E 之间的关系称为单结晶体管的伏安特性 $I_E = f(U_E)$，如图 1-17(b) 所示。改变直流电压 U_{bb} 的值，可以得到一组伏安特性，如图 1-17(c) 所示。

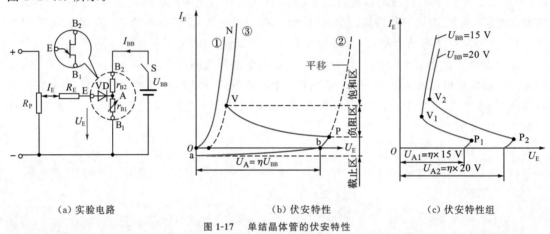

(a) 实验电路 (b) 伏安特性 (c) 伏安特性组

图 1-17 单结晶体管的伏安特性

将 S 断开，I_{BB} 为零，在发射极加上电压 U_E，U_E 由零开始逐渐增大，如图 1-17(b) 中曲线① 所示。这条曲线与二极管正向伏安特性曲线相接近。

① 截止区——aP 段 将 S 闭合，外加的基极电压 U_{BB} 经单结晶体管内部等效电路中的 r_{B1} 与 r_{B2} 分压，可得到 A 点电位 U_A 为

$$U_A = \frac{r_{B1}}{r_{B1} + r_{B2}} U_{BB} = \eta\, U_{BB} \tag{1-35}$$

式中，η 称为单结晶体管的分压比，是单结晶体管的主要参数，其值一般为 $0.3 \sim 0.9$，由管子内部结构决定。

将 U_E 由零逐渐增大，在 $U_E < U_A$ 时，单结晶体管的 PN 结反向偏置，只有很小的反向漏电流，$I_E < 0$。当 U_E 增至与 U_A 相等时，管内 PN 结零偏，$I_E = 0$，如图 1-17(b) 中 b 点所示。进一步增大 U_E，$U_E > U_A$，PN 结开始正偏，出现正向漏流，但 PN 结还未充分导通，I_E 数值很小。直到 U_E 比 ηU_{BB} 大出一个 PN 结正向导通压降 U_D，即 $U_E = U_P = \eta U_{BB} + U_D$ 时，等效二极管 VD 才导通，此时单结晶体管由截止状态进入导通状态，如图 1-17(b) 中 P 点所示，将该转折点称为峰点。P 点对应的电压称为峰点电压 U_P，显然，$U_P = \eta U_{BB} + U_D$，所对应的电流称为峰点电流 I_P。

② 负阻区——PV 段 当 $U_E > U_P$ 时，由于等效二极管 VD 充分导通，I_E 增大，此时大量的空穴载流子不断从发射极注入 A 点到 B_1 极的硅片，因此 r_{B1} 迅速减小。r_{B1} 的减小使硅片上的分压也减小，导致 U_A 减小，因而 U_E 也减小。U_A 的减小使 PN 结承受更大的正偏电压，因而有更多的空穴注入硅片，促使 r_{B1} 进一步减小，I_E 又进一步增大，这是一个强烈的增强式正反馈

过程。从外电路看,在此区间,U_E 减小而 I_E 增大,动态电阻 $\Delta r_{EB1} = \Delta U_E/\Delta I_E$ 为负值,称单结晶体管的这一特性为负阻特性。曲线上 P、V 两点之间的一段称为负阻区。当 I_E 增大到一定程度时,硅片中载流子的浓度趋于饱和,r_{B1} 已减小至最小值,A 点的分压 U_A 最小,因而 U_E 也最小,得到曲线上的 V 点。V 点称为谷点,谷点所对应的电压和电流分别称为谷点电压 U_V 和谷点电流 I_V。当 $U_E > U_P$ 后,单结晶体管从截止区迅速经过负阻区到达谷点,在负阻区不能停留。

③ 饱和区——VN 段　当硅片中载流子饱和后,欲使 I_E 继续增大,必须增大电压 U_E,因此在谷点 V 之后,元件又恢复正阻特性,U_E 随 I_E 的增大而增大,此区间为元件的饱和区。显然,谷点电压是维持单结晶体管导通的最小电压,一旦 $U_E < U_V$,单结晶体管将由导通转变为截止。改变 U_{BB},等效电路中的 U_A 和伏安特性中的 U_P 也随之改变,从而可获得一组单结晶体管伏安特性,如图 1-17(c) 所示。

(2) 单结晶体管的主要参数

单结晶体管的主要参数有基极间电阻 R_{BB}、分压比 η、峰点电流 I_P、谷点电压 U_V、谷点电流 I_V 及耗散功率等。国产单结晶体管的型号主要有 BT31、BT33、BT35 等,BT 表示特种半导体管的意思。部分型号单结晶体管的主要参数见表 1-5。

表 1-5　　　　　　　　　　　　部分型号单结晶体管的主要参数

参数名称		分压比 η	基极间电阻 $R_{BB}/\mathrm{k\Omega}$	峰点电流 $I_P/\mu A$	谷点电流 $I_V/\mu A$	谷点电压 U_V/V	饱和电压 U_{Es}/V	最大基极电压 U_{BBmax}/V	耗散功率 P_{max}/mW
测试条件		$U_{BB} = 20\ V$	$U_{BB} = 3\ V$ $I_E = 0$	$U_{BB} = 0$	$U_{BB} = 0$	$U_{BB} = 0$	$U_{BB} = 0$ $I_E = I_{Emax}$	—	—
BT33	A	0.45～0.90	2.0～4.5	<4.0	>1.5	<3.5	<5.0	≥30	300
	B							≥60	
	C	0.30～0.90	>4.5～12.0			<4.0	<4.5	≥30	
	D							≥60	
BT35	A	0.45～0.90	2.0～4.5			<3.5	<4.0	≥30	500
	B					>3.5		≥60	
	C	0.30～0.90	>4.5～12.0			>4.0	<4.5	≥30	
	D							≥60	

(二) 单结晶体管自激振荡电路

利用单结晶体管的负阻特性和 RC 电路的充放电特性,可以组成单结晶体管自激振荡电路,产生频率可调的脉冲。单结晶体管自激振荡电路及波形如图 1-18 所示。

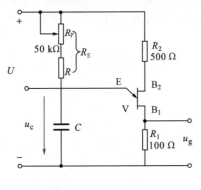
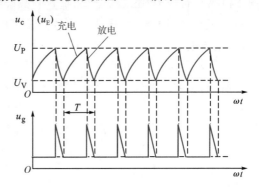

(a) 电路　　　　　　　　　　　　　　(b) 波形

图 1-18　单结晶体管自激振荡电路

　　设初始时电容 C 两端电压为零。电路接通以后，单结晶体管是截止的，电源经电阻 R、R_P 对电容 C 进行充电，电容电压从零开始按指数规律增大，充电时间常数为 $R_E C$；当电容两端电压达到单结晶体管的峰点电压 U_P 时，单结晶体管进入负阻区，并迅速饱和导通，电容经 E、B_1 极向电阻 R_1 放电，由于放电回路的电阻很小，因此放电很快，放电电流在电阻 R_1 上产生了尖脉冲。随着电容放电，电容电压减小，当电容电压减小到谷点电压 U_V 以下，单结晶体管截止，R_1 上的脉冲电压结束。接着电源又重新对电容进行充电，充电到 U_P 时，单结晶体管又导通。如此周而复始，形成振荡，在电容 C 两端会产生一系列锯齿波，在电阻 R_1 两端将产生一系列尖脉冲波，如图 1-18(b) 所示。R_2 是温度补偿电阻，其作用是维持振荡频率不随温度而变。例如，当温度升高时，一方面，管子 PN 结具有负温度系数会使 U_D 减小；另一方面，由于 R_{BB} 具有正温度系数，R_{BB} 增大，R_2 上的压降略有减小，则加在管子 B_1、B_2 极上的电压略有增大，从而使得 U_A 略有增大，以此来补偿因 U_D 减小对峰点电压 $U_P = U_A + U_D$ 的影响，使 U_P 基本不随温度而变。

（三）单结晶体管触发电路原理

　　上述单结晶体管自激振荡电路输出的尖脉冲可以用来触发晶闸管，但不能直接用作触发电路，为了使晶闸管每次导通的控制角 α 都相同，从而得到稳定的直流电压，触发脉冲必须在电源电压每次过零后滞后 α 角出现，因此首先需要解决触发脉冲与主电路的同步问题。

　　如图 1-15 所示为单结晶体管触发电路，由同步电路和脉冲移相与形成两部分组成。

1. 同步电路

（1）电路组成

　　图 1-15 中同步电路由同步变压器、整流桥以及稳压管组成。变压器一次侧接主电路电源，二次侧经整流、稳压削波，得到梯形波，作为触发电路电源，也用作同步信号。当主电路电压过零时，触发电路的同步电压也过零，单结晶体管的 U_{BB} 也为零，管内 A 点电压 $U_A = 0$，保证电容电荷很快放完，在下一个半波开始时能从零开始充电，从而使各半周的控制角 α 一致，起到同步作用。

（2）波形分析

　　单结晶体管触发电路的调试以及在使用过程中的检修主要是通过几个关键点的波形来分析各个元器件是否正常。

　　① 桥式整流后电压波形　　如图 1-15 所示，将示波器探头的测试端接于 A 点，接地端接于 E 点，调节扫描时间旋钮"time/div"和垂直衰减旋钮"volts/div"，使示波器稳定显示至少一个周期的完整波形，测得波形。由电子技术的知识可以知道，该波形为由 $VD_1 \sim VD_4$ 四个二极管构成的桥式整流电路输出波形，如图 1-19 所示。

　　② 削波后电压波形　　如图 1-15 所示，将示波器探头的测试端接于 B 点，测得 B 点的波形如图 1-20 所示，该波形是经稳压管削波后得到的梯形波。

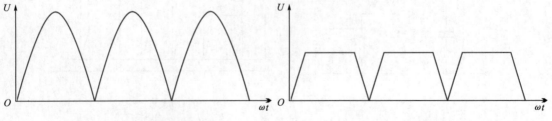

图 1-19　桥式整流后电压波形　　　　　　　　　图 1-20　削波后电压波形

2.脉冲移相与形成

(1)电路组成

脉冲移相与形成电路实际上就是图1-18所示自激振荡电路。脉冲移相由电阻R_E和电容C组成,脉冲形成由单结晶体管、温补电阻R_2、输出电阻R_1组成。

改变自激振荡电路中电容C的充电电阻的阻值,就可以改变充电的时间常数,图中用电位器R_P来实现这一变化,例如:

$$R_P \uparrow \rightarrow \tau_C \uparrow \rightarrow 出现第一个脉冲的时间后移 \rightarrow \alpha \uparrow \rightarrow U_d \downarrow$$

(2)波形分析

① 电容电压波形　　如图1-15所示,将示波器探头的测试端接于C点,测得C点的波形如图1-21所示。由于电容每半个周期在电源电压过零点从零开始充电,当电容两端的电压增大到单结晶体管峰点电压时,单结晶体管导通,触发电路输出脉冲,电容的容量和充电电阻R_e的大小决定了电容两端的电压从零增大到单结晶体管峰点电压的时间,因此触发电路无法实现在电源电压过零时输出触发脉冲,即不能实现$\alpha = 0°$。

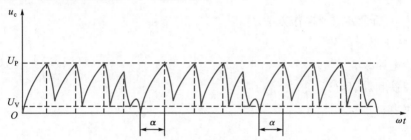

图 1-21　电容电压波形

② 输出脉冲波形　　如图1-15所示,将示波器探头的测试端接于D点,测得D点的波形如图1-22所示。单结晶体管导通后,电容通过单结晶体管的E、B_1极迅速向输出电阻R_4放电,在R_4上得到很窄的尖脉冲。调节电位器R_P的旋钮,可以观察D点的波形的变化范围。

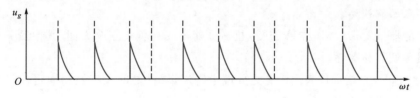

图 1-22　输出脉冲波形

3.触发电路各元件的选择

(1)充电电阻R_e的选择

改变充电电阻R_e的大小,就可以改变自激振荡电路的频率,但是频率的调节有一定的范围,如果充电电阻R_e选择不当,将使单结晶体管自激振荡电路无法形成振荡。

充电电阻R_e的取值范围为

$$\frac{U - U_V}{I_V} < R_e < \frac{U - U_P}{I_P} \tag{1-36}$$

式中　　U—— 加于图1-15中B-E两端的触发电路电源电压;

U_V —— 单结晶体管的谷点电压;

I_V —— 单结晶体管的谷点电流;

　　U_P—— 单结晶体管的峰点电压；

　　I_P—— 单结晶体管的峰点电流。

（2）电阻 R_3 的选择

电阻 R_3 用来补偿温度对峰点电压 U_P 的影响，通常取值范围为 $200 \sim 600\ \Omega$。

（3）输出电阻 R_4 的选择

输出电阻 R_4 的大小将影响输出脉冲的宽度与幅值，通常取值范围为 $50 \sim 100\ \Omega$。

（4）电容 C 的选择

电容 C 的大小与脉冲宽窄和 R_E 的大小有关，通常取值范围为 $0.1 \sim 1.0\ \mu F$。

任务实施

一、调光灯电路的焊接与检测

（一）实施准备

了解焊接的质量要求及操作方法。

（二）实施所用设备及仪器

（1）实验电路板。

（2）电焊铁和焊锡丝。

（3）万用表。

（4）示波器。

（三）实施过程及方法

1. 焊接的概念

焊接就是利用加热或其他方法，使焊料与焊接金属原子之间相互吸引（相互扩散），依靠原子间的内聚力使两种金属永久地牢固结合。

2. 对焊点的质量要求

对焊点的质量要求包括电接触良好、机械性能牢固和美观三个方面。其中最关键的一点，就是必须避免假焊和虚焊。

（1）虚焊、假焊是指焊件表面没有充分镀上锡层，焊件之间没有被锡固定住，这是焊件表面没有清除干净或焊剂用得太少所引起的。

（2）夹生焊是指锡未被充分熔化，焊件表面堆积着粗糙的锡晶粒，焊点的质量大为降低，这是电烙铁温度不够或电烙铁留焊时间太短所引起的。

假焊使电路完全不通。虚焊使焊点成为有接触电阻的连接状态，从而使电路工作时噪声增大，产生不稳定状态，电路的工作状态时好时坏没有规律，给电路检修带来很大的困难。所以，虚焊是电路可靠性的一大隐患，必须尽力避免。

3. 焊接操作要点

焊接的具体操作可用刮、镀、测、焊四个字来概括，具体还要做好以下几点：

（1）注意焊接时的姿势和手法。焊接时要把桌椅的高度调整适当，挺胸端坐，操作者鼻尖与电烙铁尖的距离应在 $20\ cm$ 以上，选好电烙铁头的形状，采用恰当的电烙铁的握法。电烙铁的握法有握笔式和拳握式，如图 1-23 所示。握笔式握法使用的电烙铁头是直型，适合电子设备和印刷线路板的焊接；拳握式握法使用的电烙铁功率较大，电烙铁头为弯型，适合电气设备的焊接。

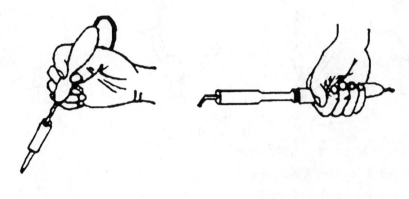

(a) 握笔式　　　　　　　　　　(b) 拳握式

图 1-23　电烙铁的握法

（2）做好被焊处表面的焊前清洁和搪锡清洁。焊接元器件引线的工具，可用废锯条做成的刮刀。焊接前，应先刮去引线上的油污、氧化层和绝缘漆，直到露出紫铜表面、上面不留一点脏物为止。对于有些镀金、镀银的合金引出线，因为基材难于搪锡，所以不能把镀层刮掉，可用粗橡皮擦去表面的脏物。引线做清洁处理后，应尽快搪好锡，以防止表面重新氧化。搪锡前应将引线先蘸上焊剂。直排式集成块的引线，一般在焊前不做清洁处理，但在使用前不要弄脏引线。

（3）控制好电烙铁工作温度和焊接时间。根据不同的焊接对象，电烙铁需要的工作温度是不同的。焊接导线接头时，工作温度以 $306 \sim 480$ ℃ 为宜；焊接印刷线路板上的元件时，工作温度以 $430 \sim 450$ ℃ 为宜；焊接细线条印刷线路板或极细导线时，工作温度以 $290 \sim 370$ ℃ 为宜；而在焊接热敏元件时，工作温度至少要 480 ℃，这样才能保证电烙铁头接触器件的时间尽可能短。电源电压为 220 V 时，20 W 电烙铁的工作温度为 $290 \sim 400$ ℃，40 W 电烙铁的工作温度为 $400 \sim 510$ ℃。焊接时间 $3 \sim 5$ s 较佳。

（4）恰当掌握焊点形成的火候。焊接时，不要将电烙铁头在焊点上来回磨动，应将电烙铁头的搪锡面紧贴焊点。等到焊锡全部熔化，并因表面张力紧缩而使表面光滑后，迅速将电烙铁头从斜上方约 45° 的方向移开。这时，焊锡不会立即凝固，不要移动被焊元件，也不要向焊锡吹气，待其慢慢冷却凝固。电烙铁头移开后，如果使焊点带出尖角，说明焊接时间过长，是由焊剂气化引起的，应重新焊接。

（5）焊完后应清洁焊好的焊点，经检查后，用无水酒精把焊剂清洗干净。

4. 焊接步骤

焊接前先清洁电烙铁头，可将电烙铁头放在松香或石棉毡上摩擦，擦掉电烙铁头上的氧化层及污物，并观察电烙铁头的温度是否适宜。焊接中，工具安放整齐，电烙铁要拿稳对准，一手拿电烙铁，另一手拿焊锡丝，先放电烙铁头置于焊点处，随后跟进焊锡，待锡液在焊点四周充分熔开后，快速向上提起电烙铁头，如图 1-24 所示。

图 1-24　焊接步骤

5. 本任务的焊接工艺要求与焊接步骤

按图 1-1(b) 所示,焊接实验电路板。

(1) 先进行电烙铁头的清洁,挂锡。

(2) 元器件引脚焊接前必须进行清洁处理。

(3) 焊接时加热时间与用锡量要适中,否则会造成焊点不美观或出现虚焊、假焊。

(4) 焊点形状为近似圆锥形,而且表面微微凹陷、光泽、平滑、无裂纹、气孔等。

(5) 按工艺要求先焊电阻、电容、二极管、晶闸管等,其操作是先将引脚折弯,插入相应的孔,再焊接、剪腿。要求排列整齐,焊接牢固。

(四) 检查评估

1. 目视检测

在焊接以前,首先进行元器件的检测。按照前面介绍的判断晶闸管和单结晶体管引脚及好坏的方法检测晶闸管和单结晶体管。检测二极管时,用万用表测量二极管的正、反向电阻,若正向有数值,反向阻值为无穷大,则说明二极管良好。检测变压器时,应检测初、次级之间的阻值,应为无穷大。在通电以前,按原理图及工艺要求检查焊接情况,即是否存在反接、错焊、漏焊、管腿搭线等情况,以及是否存在假焊和虚焊;检查输出线是否正确、可靠。重点检查晶闸管的引脚和二极管的极性是否正确、焊点间是否有短路现象等。如果 A、G、K 三个引脚连接错误,会直接造成电源的短路,烧毁熔断器。任意一个主电路的二极管极性接错也将造成电源短路,会导致变压器侧或电源侧熔断器烧毁。如果整流电路主电路中任意一个二极管开路,则整流电路会变成半波整流,整流输出电压减小,灯泡变暗。

2. 通电检测

通电后,若发生故障,应根据故障现象,按照从主电路到从电路,由输入端到输出端的原则进行检测。

(1) 故障现象:通电后,灯不亮。

检修方法:① 检查主电路中 220 V 电源电压是否已经接进来,即检查电源线是否连接,以及电源侧的熔断器是否完好。

② 若步骤 ① 没有问题,再检查触发电路部分,用万用表的 ～ V×200 挡测变压器二次侧电压,若没有读数,则说明变压器或变压器二次侧熔断器有问题。

③ 用万用表的 － V×100 挡测四个二极管组成的整流电路输出端电压,正常值应为 20 V 左右。

④ 断电检测二极管电阻,用万用表的二极管挡测其阻值,正向有阻值,反向为无穷大。再

通电检测二极管两端的电压,若没有读数,则说明二极管存在着虚焊或假焊,应重新焊接。

⑤若前面步骤均没有问题,再检测稳压管两端的电压,若小于18 V(如零点几伏),则说明稳压管接反;若大于18 V,则说明稳压管已坏或稳压管以及R_1电阻存在假焊或虚焊,此时若用示波器检测稳压管两端电压波形,可以看到已不再是梯形波,而变成了全波整流的输出波形。

⑥用示波器检测电容两端的波形,若波形不是锯齿波(如梯形波),则说明电容或单结晶体管的 E 极没有焊好。

⑦检测晶闸管的门、阴极之间或R_4两端的波形是否为尖脉冲,若不是,说明单结晶体管两个基极连接的电阻存在假焊或虚焊。

(2)故障现象:通电后,灯亮了一下又突然熄灭。

故障原因:说明触发电路没有问题,主电路中存在着短路现象。造成短路的原因是主电路中二极管接反了。

(3)故障现象:通电后,灯亮,但是调节电位器的旋钮不能将其调灭。

故障原因:说明触发角α不能调大,意味着可能有三方面的原因:电容 C 的充电时间常数太小(如 $C < 0.1~\mu F$);R_4太大,造成门、阴极之间总是高电位;稳压管已坏或未焊好,使得α提前。

(4)故障现象:通电后,灯较暗,但是调节电位器的旋钮不能将其调得更亮。

故障原因:说明触发角α不能调小,说明电容 C 的充电时间常数太大(如 $C > 0.1~\mu F$)或R_3阻值太大。

(5)故障现象:晶闸管发生爆炸。

故障原因:说明两个晶闸管的阳、阴极都反接(此故障应在目测阶段排除)。

二、晶闸管和单结晶体管的简单测试及晶闸管的导通、关断

(一) 实施准备

了解晶闸管和单结晶体管的测试方法及晶闸管的导通、关断条件。

(二) 实施所用设备及仪器

(1)晶闸管导通关断实验电路板。

(2)直流稳压电源。

(3)万用表、电流表。

(4)晶闸管、单结晶体管及导线若干。

(三) 实施过程及方法

1.晶闸管电极和好坏的判定

(1)晶闸管电极的判定

晶闸管从外观上判断,三个电极形状各不相同,无须做任何测量就可以识别。小功率晶闸管的门极比阴极细,大功率的门极则用金属编织套引出,像一根辫子。有的在阴极上另引出一根较细的引线,以便和触发电路连接,这种晶闸管虽有四个电极,也无须测量就能识别。

(2)晶闸管好坏的判定

在实际的使用过程中,很多时候需要对晶闸管的好坏进行简单的判断,通常采用万用表法

进行判别。

①万用表置于 $R \times 100$ 挡,将红表笔接晶闸管的阳极,黑表笔接晶闸管的阴极,观察指针摆动情况,如图 1-25 所示。

②将黑表笔接晶闸管的阳极,红表笔接晶闸管的阴极,观察指针摆动情况,如图 1-26 所示。

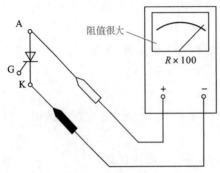

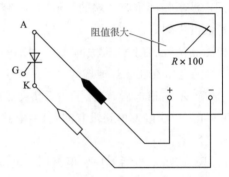

图 1-25　测量晶闸管阳极与阴极间反向电阻　　　　图 1-26　测量晶闸管阳极与阴极间正向电阻

结果:正、反向电阻值均很大。

原因:晶闸管是四层三端半导体器件,在阳极和阴极之间有三个 PN 结,无论如何加电压,总有一个 PN 结处于反向阻断状态,因此正、反向电阻值均很大。

③将红表笔接晶闸管的阴极,黑表笔接晶闸管的门极,观察指针摆动情况,如图 1-27 所示。

④将黑表笔接晶闸管的阴极,红表笔接晶闸管的门极,观察指针摆动情况,如图 1-28 所示。

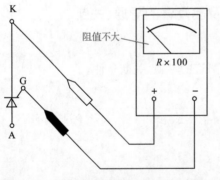

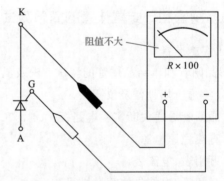

图 1-27　测量晶闸管门极与阴极间正向电阻　　　　图 1-28　测量晶闸管门极与阴极间反向电阻

理论结果:当黑表笔接门极,红表笔接阴极时,阻值很小;当红表笔接门极,黑表笔接阴极时,阻值较大。

实测结果:两次测量的阻值均不大。

原因:在晶闸管内部门极与阴极之间反并联了一个二极管,对加到控制极与阴极之间的反向电压进行限幅,防止晶闸管门极与阴极之间的 PN 结反向击穿。

2.单结晶体管电极和好坏的判定

（1）单结晶体管电极的判定

在实际使用时，可以用万用表来测试单结晶体管的三个电极，方法如下：

① 万用表置于 $R \times 1$ k 挡，将红表笔接单结晶体管的 E 极，黑表笔接单结晶体管的 B_1 极，测量 E、B_1 两极间的电阻，测量结果如图 1-29 所示。

② 将黑表笔接单结晶体管的 B_2 极，红表笔接单结晶体管的 E 极，测量 B_2、E 两极间的电阻，测量结果如图 1-30 所示。

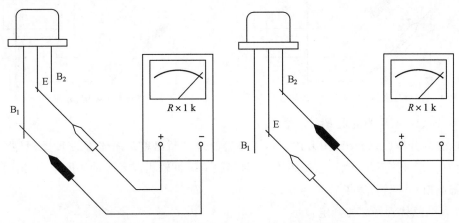

图 1-29　测量单结晶体管 E、B_1 极间反向电阻　　图 1-30　测量单结晶体管 E、B_2 极间反向电阻

结果：两次测量的电阻值均较大（通常在几十千欧）。

③ 将黑表笔接单结晶体管的 E 极，红表笔接单结晶体管的 B_1 极，再次测量 B_1、E 两极间的电阻，测量结果如图 1-31 所示。

④ 将黑表笔接单结晶体管的 E 极，红表笔接单结晶体管的 B_2 极，再次测量 B_2、E 两极间的电阻，测量结果如图 1-32 所示。

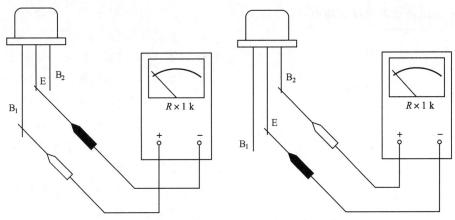

图 1-31　测量单结晶体管 E、B_1 极间正向电阻　　图 1-32　测量单结晶体管 E、B_2 极间正向电阻

结果：两次测量的电阻值均较小（通常在几千欧），且 $R_{B1} > R_{B2}$。

⑤ 将红表笔接单结晶体管的 B_1 极，黑表笔接单结晶体管的 B_2 极，测量 B_2、B_1 两极间的电阻，测量结果如图 1-33 所示。

⑥ 将黑表笔接单结晶体管的 B_1 极，红表笔接单结晶体管的 B_2 极，测量 B_1、B_2 两极间的电

阻,测量结果如图 1-34 所示。

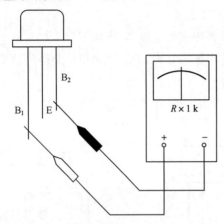
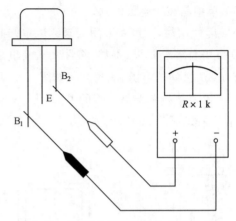

图 1-33　测量单结晶体管 B_2、B_1 极间的电阻　　图 1-34　测量单结晶体管 B_1、B_2 极间的电阻

结果：B_1、B_2 极间的电阻 R_{BB} 为固定值。

由以上的分析可以看出,用万用表可以很容易地判断出单结晶体管的 E 极,只要 E 极对了,即使 B_1、B_2 极接反了,也不会烧坏管子,只是没有脉冲输出或者脉冲幅度很小,这时只要将两个引脚调换一下就可以了。

(2) 单结晶体管好坏的判定

一般可以通过测量单结晶体管极间电阻或负阻特性的方法来判定单结晶体管的好坏。

① 测量 PN 结正、反向电阻大小　将万用表置于 $R\times100$ 挡或 $R\times1\,k$ 挡,黑表笔接 E 极,红表笔接 B_1、B_2 极,测得 PN 结的正向电阻一般应为几至几十千欧,要比普通二极管的正向电阻稍大一些。再将红表笔接 E 极,黑表笔分别接 B_1 或 B_2 极,测得 PN 结的反向电阻趋近 ∞(无穷大)。一般来说,反向电阻与正向电阻的比值应大于 100 为好。

② 测量基极间电阻 R_{BB}　将红、黑表笔分别接 B_1 和 B_2 极,测量 B_1、B_2 极间的电阻,应为 $2\sim12\,k\Omega$,阻值过大或过小都不好。

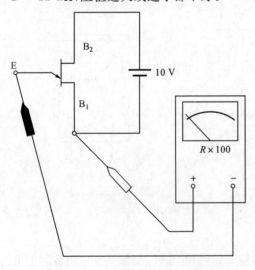

图 1-35　单结晶体管负阻特性测量电路

③ 测量负阻特性　单结晶体管负阻特性测量电路如图 1-35 所示。在 B_1、B_2 极之间外接 10 V 直流电源,将万用表置于 $R\times100$ 挡或 $R\times1\,k$ 挡,红表笔接 B_1 极,黑表笔接 E 极,因这时接通了仪表内部电池,相当于在 E、B_1 极之间加上 1.5 V 正向电压。由于此时管子的输入电压(1.5 V)远小于峰点电压 U_P,管子处于截止状态且远离负阻区,所以发射极电流 I_E 很小(微安级电流),仪表指针应偏向左侧,表明管子具有负阻特性。如果指针偏向右侧,即 I_E 相当大(毫安级电流),与普通二极管伏安特性类似,则表明被测管无负阻特性,不宜使用。

3.晶闸管的导通与关断条件测试

如图1-36所示,当S_5闭合时,3 V的直流电加在晶闸管的门极与阴极之间,而晶闸管的阳极与阴极之间有15 V的正向电压,于是晶闸管导通,灯亮。断开S_5,灯没有熄灭,晶闸管没有关断,门极失去作用。然后闭合S_1、S_2,C_1充电,左正右负,闭合S_4,C_1的电压加在晶闸管,晶闸管阳极承受负电压,经一定的关断时间,晶闸管关断,灯熄灭。如果没有关断,说明电容的放电时间太短,要换一个电容值大一些的电容,即C_2,可使灯熄灭。

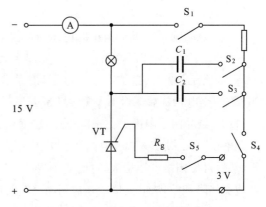

图1-36　晶闸管的导通与关断条件测试电路

测试时应注意:

(1)用万用表测试晶闸管极间电阻时,特别在测量门极与阴极间的电阻时,不要用$R×10$ k挡以防损坏门极,一般应放在$R×10$挡测量为准。

(2)测维持电流时,晶闸管导通后,要去掉门极电压,再减小阳极电压。

(3)测维持电流时,电流表换挡时,注意要先插入小挡插销,再拔出大挡插销。

(四)检查评估

1.判断晶闸管的好坏

用万用表$R×1$ k挡测量两个晶闸管的阳极与阴极之间以及用$R×10$或$R×100$挡测量两个晶闸管的门极与阴极之间的正、反向电阻,并将所测数据填入表1-6,以判断被测晶闸管的好坏。

表1-6　　　　　　　　　　　　　　　　晶闸管的测试

晶闸管	R_{AK}	R_{KA}	R_{GK}	R_{KG}	结　　论
VT_1					
VT_2					

2.判断单结晶体管的好坏

用万用表$R×1$ k挡测量单结晶体管的E与B_1、E与B_2、B_1与B_2极间的正、反向电阻,并将所测数据填入表1-7,以判断被测单结晶体管的好坏。

表1-7　　　　　　　　　　　　　　　　单结晶体管的测试

单结晶体管	R_{EB_1}	R_{B_1E}	R_{EB_2}	R_{B_2E}	$R_{B_1B_2}$	结　　论
V_1						

3.晶闸管的导通条件的测试

(1)按图1-36所示接线,当15 V直流电源电压的负极加到晶闸管的阳极,正极加到晶闸管的阴极时,给门极加上负压或正压,观察灯是否亮。

(2)当15 V直流电源电压的正极加到晶闸管的阳极,负极加到晶闸管的阴极时,不接门极电压或接上反向电压,观察灯是否亮;当门极承受正向电压时,观察灯是否亮。

(3)当灯亮时,切断门极电源,观察灯是否继续亮。

(4)当灯亮时,给门极加反向电压,观察灯是否继续亮。

4.晶闸管的关断条件的测试

(1)给晶闸管阳极加上正向电压,接通门极正向电压,晶闸管导通,灯亮。

(2)合上 S_1 和 S_2,电源对 C_1 充电,2 s 后闭合 S_4,观察灯是否熄灭。

(3)给晶闸管阳极加上正向电压,接通门极正向电压,晶闸管导通,灯亮。合上 S_1 和 S_3,电源对 C_2 充电,2 s 后闭合 S_4,观察灯是否熄灭。

(4)给晶闸管阳极加上正向电压,接通门极正向电压,晶闸管导通,灯亮。断开 S_5,减小稳压电源输出电压,使流过晶闸管的阳极电流逐渐减小到某值(一般几十毫安),电流表指针突然降到零,然后再使阳极电压增大,这时灯不再亮,这说明晶闸管已完全关断,恢复阻断状态。电流表从某值突然降到零,该电流值就是被测晶闸管的维持电流 I_H。

5.实施记录分析

(1)根据实验记录判断被测晶闸管和单结晶体管的好坏,写出简易判断的方法。

(2)根据实验内容写出晶闸管的导通条件和关断条件并记录维持电流 I_H。

(3)说明关断电容的作用以及电容值大小对晶闸管关断的影响。

(4)写出本实验的心得与体会。

三、单结晶体管触发电路和单相半波可控整流电路的实施

(一)实施准备

了解单结晶管触发电路的工作原理和单相半波可控整流电路带电阻性负载和带电阻、电感性负载时工作情况,以及续流二极管的作用。

(二)实施所用设备及仪器

(1)MCL 系列教学实验台主控制屏。

(2)MCL-18 组件(适合 MCL-Ⅱ)或 MCL-31 组件(适合 MCL-Ⅲ)。

(3)MCL-33(A)组件或 MCL-53 组件(适合 MCL-Ⅱ、Ⅲ、Ⅴ)。

(4)MCL-05(A)组件。

(5)MEL-03 可调电阻器或自配滑线变阻器。

(6)双踪示波器。

(7)万用表。

(三)实施过程及方法

将单结晶管触发电路的输出端 G、K 端分别接至晶闸管 VT_1 的门极、阴极,即可构成如图 1-37 所示实施线路。

1.单结晶体管触发电路调试及各点波形的观察

将 MCL-05 面板左上角的同步电压输入接 MCL-18 的 U、V 端,"触发电路选择"拨至"单结晶体管"。按照图 1-37 正确接线,但由单结晶体管触发电路连至晶闸管 VT_1 的脉冲不接(将 MCL-05 面板中 G、K 端悬空),而将触发电路 2 端与脉冲输出 K 端相连,以便观察脉冲的移相范围。

三相调压器逆时针调到底,合上主电源,即按下主控制屏绿色"闭合"按钮,这时主控制屏 U、V、W 端有电压输出,大小通过三相调压器调节。调节 $U_{UV} = 220$ V,这时 MCL-05 内部的同步变压器原边接有 200 V,原边输出分别为 60 V(单结晶触发电路)、30 V(正弦波触发电路)、

7 V(锯齿波触发电路),通过直键开关选择。

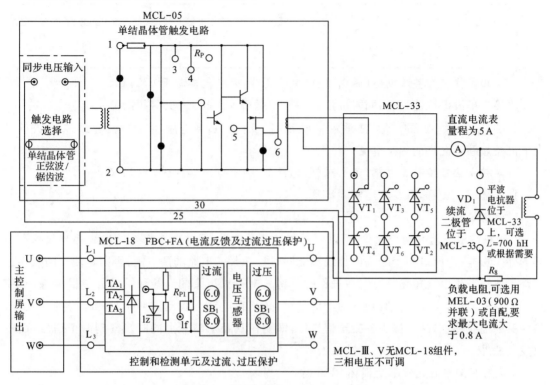

图 1-37　单结晶体管触发电路及单相半波可控整流电路的实施线路

合上 MCL-05 面板的右下角船形开关,用双踪示波器观察触发电路单相半波可控整流输出(1)、梯形电压(3)、锯齿波电压(4)及单结晶体管输出电压(5、6)和脉冲输出(G、K)等波形。

调节移相可调电位器 R_P,观察输出脉冲的移相范围能否在 $30°\sim 180°$。

注意:由于在以上操作中,脉冲输出未接晶闸管的门极和阴极,所以在用双踪示波器观察触发电路各点波形时,特别是观察脉冲的移相范围时,可用导线把触发电路的地(2)端和脉冲输出 K 端相连。但一旦脉冲输出接至晶闸管,则不可把触发电路和脉冲输出相连,否则会造成短路事故,烧毁触发电路。

采用正弦波触发电路、锯齿波触发电路或其他触发电路,同样需要注意,谨慎操作。

2.单相半波可控整流电路(带电阻性负载)的调试

断开触发电路 2 端与脉冲输出 K 端的连线,G、K 端分别接至 MCL-33 的晶闸管 VT_1 的门极和阴极,注意不可接错。负载 R_d 接可调电阻(可把 MEL-03 的 900 Ω 电阻盘并联,即最大电阻为 450 Ω,电流达 0.8 A),并调至阻值最大。

合上主电源,调节主控制屏输出电压至 $U_{UV}=220$ V,调节脉冲移相电位器 R_P,分别用双踪示波器观察 $\alpha=30°、60°、90°、120°$ 时的负载电压 U_d,晶闸管 VT_1 的阳极、阴极电压波形 U_{Vt},并测定 U_d 及电源电压 U_2,填入表 1-8 中,验证 $U_d=0.45U_2\cdot\dfrac{1+\cos\alpha}{2}$。

表 1-8　　　　　　　　　　　　　　单相半波可控整流电路的测试

电　压	30°	60°	90°	120°
U_d				
U_2				

3．单相半波可控整流电路（带电阻、电感性负载，无续流二极管）的调试

串接入平波电抗器，在不同阻抗角（改变 R_d 数值）情况下，观察并记录 $\alpha = 30°$、$60°$、$90°$、$120°$ 时的 U_d、i_d 及 U_{Vt} 的波形。注意调节 R_d 时，需要监视负载电流，防止电流超过 R_d 允许的最大电流及晶闸管允许的额定电流。

4．单相半波可控整流电路（带电阻、电感性负载，有续流二极管）的调试

接入续流二极管，重复上述实验步骤。

5．注意事项

（1）双踪示波器有两个探头，可以同时测量两个信号，但这两个探头的地线都与双踪示波器的外壳相连接，所以两个探头的地线不能同时接在某一电路的两点上，否则将使这两点通过双踪示波器发生电气短路。为此，在操作时可将其中一根探头的地线取下或外包以绝缘，只使用其中一根地线。当需要同时观察两个信号时，必须在电路上找到这两个被测信号的公共点，将探头的地线接上，两个探头各接至信号处，即能在双踪示波器上同时观察到两个信号，而不致发生意外。

（2）为保护整流元件不受损坏，需注意：

① 在主电路不接通电源时，调试触发电路，使之正常工作。

② 在控制电压 $U_{ct} = 0$ 时，接通主电路电源，然后逐渐加大 U_{ct}，使整流电路投入工作。

③ 正确选择负载电阻或电感，须注意防止过电流。在不能确定的情况下，尽可能选择较大的电阻或电感，然后根据电流值来调整。

（3）晶闸管具有一定的维持电流 I_H，只有流过晶闸管的电流大于 I_H，晶闸管才可靠导通。若负载电流太小，可能出现晶闸管时通时断现象，所以任务实施时，应保持负载电流不小于100 mA。

（四）检查评估

（1）绘出触发电路在 $\alpha = 90°$ 时的各点波形。

（2）绘出带电阻性负载，$\alpha = 90°$ 时，$U_d = f(t)$，$U_{vt} = f(t)$，$i_d = f(t)$ 的波形。

（3）绘出带电阻、电感性负载，$\alpha = 90°$，当电阻较大和较小时，$U_d = f(t)$，$U_{VT} = f(t)$，$i_d = f(t)$ 的波形。

（4）绘出带电阻性负载时，$U_d/U_2 = f(\alpha)$ 曲线，并与 $U_d = 0.45U_2 \cdot \dfrac{1 + \cos \alpha}{2}$ 进行比较。

（5）分析续流二极管的作用。

（6）思考本任务中能否用双踪示波器同时观察触发电路与整流电路的波形。为什么？

（7）思考为何要观察触发电路第一个输出脉冲的位置。

（8）思考本任务实施电路中如何考虑触发电路与整流电路的同步问题。

仿真实验

一、电力电子仿真实验

（一）MATLAB 入门

MATLAB 是美国 MathWorks 公司出品的数学软件，主要用于数据分析、无线通信、深度学习、图像处理与计算机视觉、信号处理、控制系统等领域。在电力电子技术领域，MATLAB 主要用于计算和仿真。

双击 MATLAB 图标，进入 MATLAB 环境界面，如图 1-38 所示。单击工具栏中的 按钮，进入仿真环境界面，如图 1-39 所示。单击"Blank Model"，新建一个仿真平台，如图 1-40 所示。单击 按钮，弹出"Simulink Library Browser"对话框，如图 1-41 所示。这个对话框中是模块（元件）库，其中包含多个模块组。而每个模块组又包含多个子模块（元件）组。电力电子仿真实验所需要的模块（元件）主要在"Simulink""Simscape/Simpower Systems"两个模块组中。在进行仿真时，可以在模块组中找到需要的模块，单击所需的模块并按住不放，拖动到模型编辑窗口，或者将模块复制后在模型编辑窗口中粘贴，而后连接电路并设置各模块的参数，即完成建模。

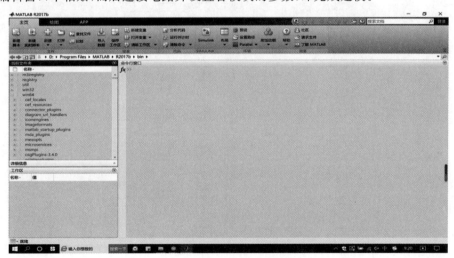

图 1-38　MATLAB 环境界面

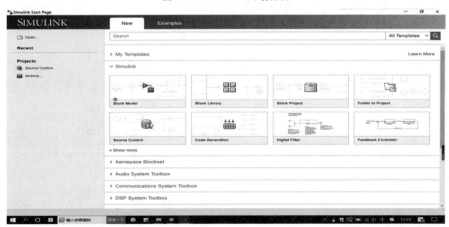

图 1-39　仿真环境界面

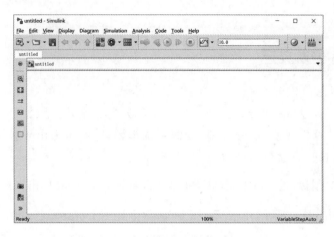

图 1-40　新建仿真平台

图 1-41　"Simulink Library Browser" 对话框

(二) 对模块的基本操作

1. 调整模块大小

先选中模块,模块四角出现小方块后,单击其中一个角上的小方块并按住不放进行拖拽。

2. 旋转模块

如图 1-42 所示,选中模块,在菜单栏中选择"Diagram/Rotate&Flip/Counterclockwise"命令,模块顺时针或逆时针旋转 90°;选中模块,在菜单栏中选择"Diagram/Rotate&Flip/Flip Block"命令,模块旋转 180°。

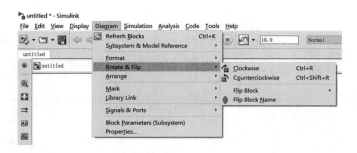

图 1-42　旋转模块

3.复制模块复制

按住"Ctrl"键,再单击模块,拖拽模块到合适的位置,松开鼠标左键,即完成了模块复制。

4.删除模块

删除模块有三种方法:选中模块,然后按"Delete"键;选中模块,选择"Edit/Cut"命令;用鼠标右键单击模块,在弹出的菜单中选择"Cut"命令。后两种方法均可将模块删除并保存在剪贴板中。

5.编辑模块名

(1)修改模块名

单击模块下面或旁边的模块名,出现虚线编辑框,就可以对模块名进行修改。

(2)设置模块名字体

选中模块,在菜单栏中选择"Diagram/Format/Font Style for Selection"命令,如图 1-43所示,打开"Select Font"对话框,设置模块名字体,如图 1-44 所示。

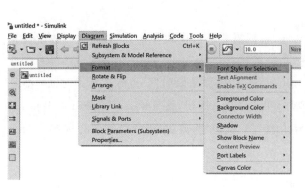

图 1-43　设置模块名字体

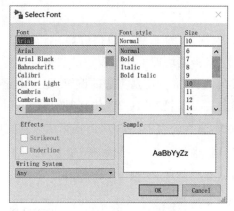

图 1-44　"Select Font"对话框

(3)显示／隐藏模块名

显示／隐藏模块名有两种方法:选中模块,模块上方有三个点,鼠标移动到这三个点的位置会显示如图 1-45 所示工具栏,在其中单击 按钮;选中模块,在菜单栏中选择"Diagram/Format/Show Block Name"命令,选择"Auto"、"On"或"Off",如图 1-46 所示。

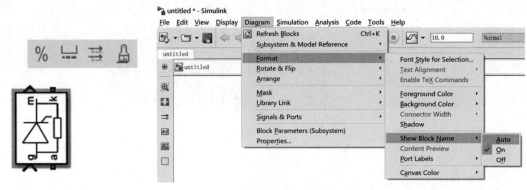

图 1-45   显示／隐藏模块名(1)   图 1-46   显示／隐藏模块名(2)

（4）翻转模块名

选中模块，在菜单栏中选择"Diagram/Rotate&Flip/Flip Block Name"命令，可以翻转模块名，如图 1-47 所示。

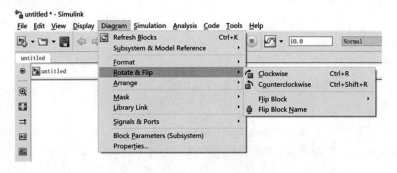

图 1-47   翻转模块名

（三）设置参数与模型仿真

双击模块即可弹出模块的参数设置对话框，根据需要进行模块各参数的设置。参数设置完成后，还要进行仿真算法的设置：电力电子仿真一般选择"ode23tb"算法；相对误差（"Relative tolerance"）设为"1e-3"；仿真时间（"Simulation time"）（仿真结束时间－仿真开始时间）不宜过长，通常设为 1 s 左右。仿真算法设置完成后，单击"OK"按钮，这样就为仿真做好了准备。在工具栏中选择"Run"命令 ▶ 就可以开始仿真了，选择模型编辑窗口，然后选择"Stop Simulation"命令 ■ 可终止仿真。

二、单相半波可控整流电路仿真实验

（一）实验准备

了解单相半波可控整流电路的结构、工作原理及基本物理量的计算等内容，并区分单相半波可控整流电路中带电阻性负载、带电感性负载、带电感性负载接续流二极管情况下的工作波形。

（二）提取模块

新建一个仿真模型。在模块库中，提取单相半波可控整流电路仿真模型搭建所需要的模块，主要包括交流电源、晶闸管、RLC 负载、电压表、电流表、示波器、信号分解器、脉冲发生器等模块。

1. 交流电源模块

交流电源模块在模块库中的提取路径：Simscape/Power Systems/Specialized Technology/Fundamental Blocks/Electrical Sources。交流电源模块如图 1-48 所示。

2. 晶闸管模块

晶闸管模块在模块库中的提取路径：Simscape/Power Systems/Specialized Technology/Fundamental Blocks/Power Electronics/Thyristor。晶闸管模块如图 1-49 所示。

3. RLC 负载模块

RLC 负载模块在模块库中的提取路径：Simscape/Power Systems/Specialized Technology/Fundamental Blocks/Elements/Series RLC Branch。RLC 负载模块如图 1-50 所示。

图 1-48　交流电源模块

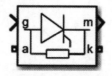
图 1-49　晶闸管模块

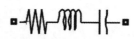
图 1-50　RLC 负载模块

4. 电压表、电流表模块

电压表模块在模块库中的提取路径：Simscape/Power Systems/Specialized Technology/Fundamental Blocks/Measurements/Voltage Measurement。电流表模块在模块库中的提取路径：Simscape/Power Systems/Specialized Technology/Fundamental Blocks/Measurements/Current Measurement。电压表、电压表模块分别如图 1-51、图 1-52 所示。

图 1-51　电压表模块

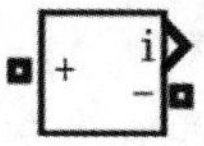

图 1-52　电流表模块

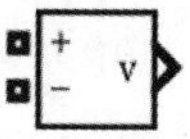

5. 示波器模块

示波器模块在模块库中的提取路径：Simulink/Sinks/Scope。示波器模块如图 1-53 所示。

6. 信号分解器模块

信号分解器模块在模块库中的提取路径：Simulink/Signal Routing/Demux。信号分解器模块如图 1-54 所示。

7. 脉冲发生器

脉冲发生器模块在模块库中的提取路径：Simulink/Sources/Pulse Generator。脉冲发生器模块如图 1-55 所示。

图 1-53　示波器模块

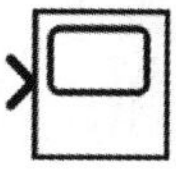

图 1-54　信号分解器模块

图 1-55　脉冲发生器模块

（三）建立仿真模型

将提取出的模块调整到合适的位置。对需要多次用到的模块，可以采取复制方法。根据单相半波可控整流电路的结构，连接各个模块，建立电路的仿真模型，如图1-56所示。本实验要求通过示波器观测电源电压U_2、晶闸管电流I_{VT}、晶闸管电压U_{VT}、负载电压U_d、触发脉冲U_g的波形。

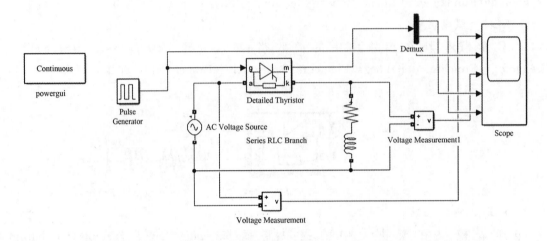

图1-56　单相半波可控整流电路仿真模型

（四）设置参数

1.设置交流电源模块参数

双击交流电源模块，弹出"Block Parameters：AC Voltage Source"对话框，如图1-57所示。其中，交流电压峰值（"Peak amplitude"）设为220 V；频率（"Frequency"）设为50 Hz；初始相位（"Phase"）设为0°；采样时间（"Sample time"）设为0。如果在测量（"Measurements"）中选择电压（"Voltage"），电压的数据可以送入多路测量器（"Multimeter"）。在本实验中不用设置这个参数，这是因为本实验直接使用示波器观测波形。

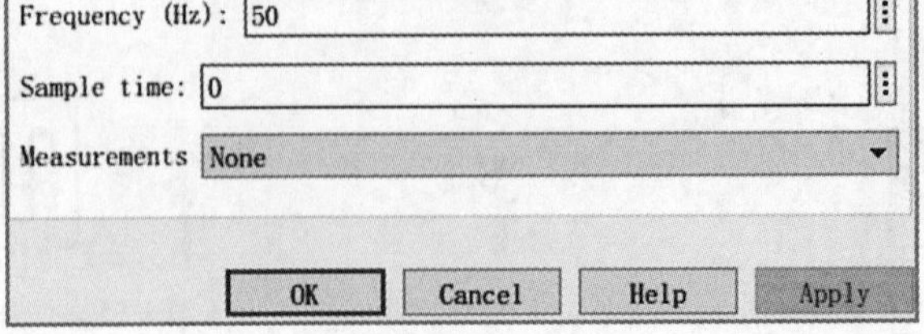

图1-57　设置交流电源模块参数

2. 设置晶闸管模块参数

双击晶闸管模块，弹出"Block Parameters：Detailed Thyristor"对话框，如图1-58所示。

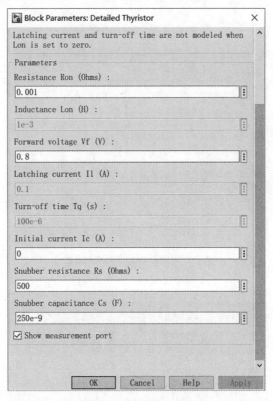

图 1-58　设置晶闸管模块参数

图1-58所示对话框中部分参数的含义如下：

"Resistance Ron(Ohms)"：晶闸管导通电阻R_{on}（Ω）。

"Inductance Lon(H)"：晶闸管内电感L_{on}（H）。R_{on}与L_{on}不能同时设为0。

"Forward voltage Vf(V)"：晶闸管模块的正向管压降U_f（V）。

"Initial current Ic(A)"：初始电流I_c（A）。

"Snubber resistance Rs(Ohms)"：缓冲电阻R_s（Ω）。

"Snubber capacitance Cs(F)"：缓冲电容C_s（F）。可对R_s和C_s设置不同的数值以改变或者取消吸收电路。

"Show measurement port"：是否显示检测（M）端子选项。晶闸管的仿真模型有三个端子，分别是阳极（A）端子、阴极（K）端子与门极（G）端子。当勾选"Show measurement port"选项时，便会在模块外部显示检测（M）端子，这是晶闸管检测输出向量［IAKUAK］的端子，可连接仪表以检测流经晶闸管的电流（IAK）与晶闸管的正向压降（UAK）。

本实验中，对晶闸管模块的参数采用默认值。

3. 设置RLC负载模块参数

双击RLC负载模块，弹出"Block Parameters：Series RLC Branch"对话框，如图1-59所示。如果负载为电阻性负载，负载类型（"Branch type"）设为"R"，其参数可以根据需要修改，如图1-60所示。

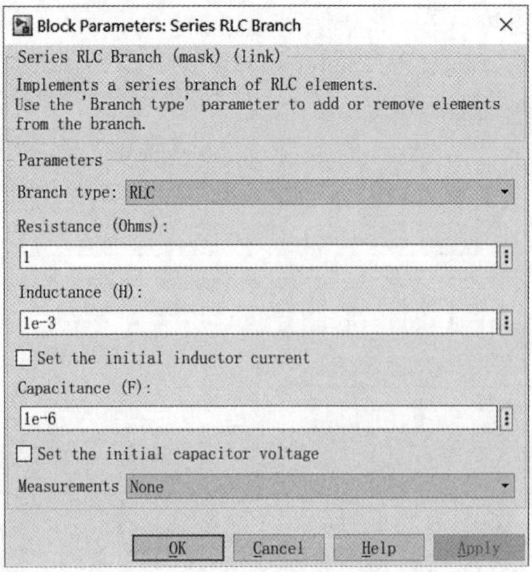

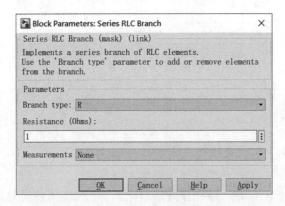

图 1-59 设置 RLC 负载模块参数

图 1-60 设置电阻性负载参数

如果负载为电感性负载,负载类型("Branch type")设为"RL",其参数可以根据需要修改,如图 1-61 所示。

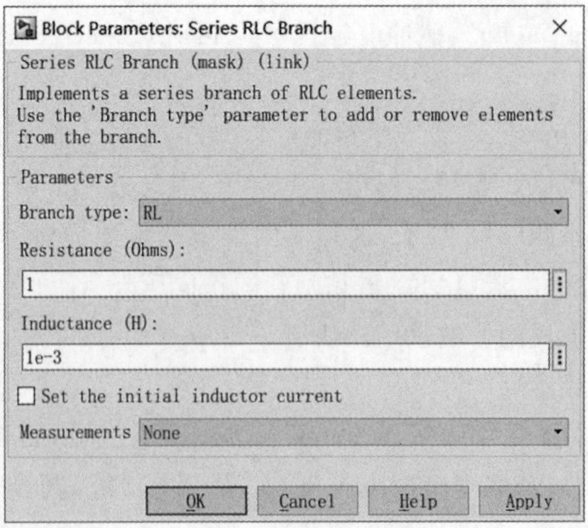

图 1-61 设置电感性负载参数

4.设置示波器模块参数

双击示波器模块,弹出示波器窗口,如图 1-62 所示。

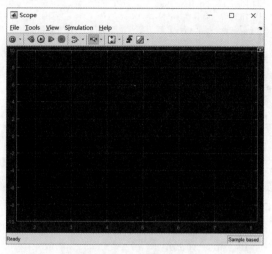

图 1-62　示波器窗口

如图 1-63 所示,在示波器窗口的工具栏中有 3 个放大镜,从上到下分别用于图形沿 X 轴、Y 轴放大和区域放大。使用时,先在工具栏中选择对应的按钮,再在需要放大的区域单击即可。单击次数增加,曲线沿坐标轴的放大倍数也随之增加。

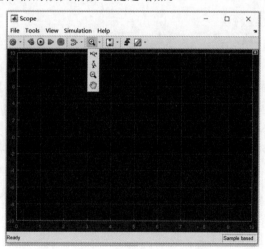

图 1-63　示波器区域放大功能

在图 1-62 所示示波器窗口中,在工具栏中单击 ◎ 按钮,或者在菜单栏中选择"View/Configuration Properties"命令,弹出"Configuration Properties:Scope"对话框,如图 1-64 所示。在"Main"选项卡中,"Number of input ports"项用于设置示波器的 Y 轴数量,即示波器输入信号端口的个数,其默认值为 1,即该示波器可以观测 1 路信号;当设置值为 2 时,该示波器可以观测 2 路信号,同时示波器模块也变为有 2 个输入端口;以此类推。本实验中有 5 个需要显示的物理量,因此将"Number of input ports"项设为 5,其他项采用默认设置。

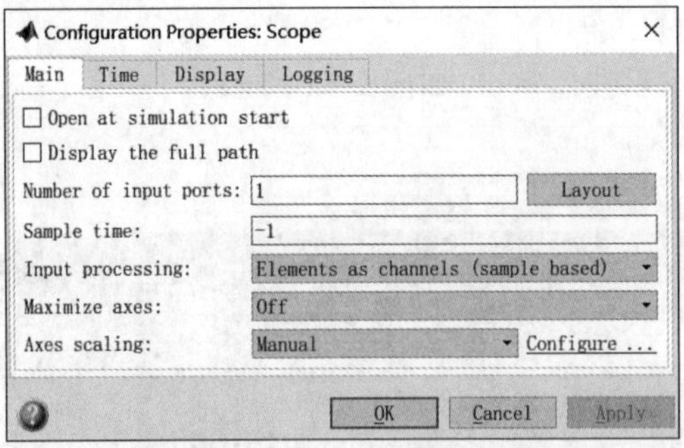

图 1-64　设置示波器模块参数

如图 1-65 所示,在"Logging"选项卡中,第一项是数据点数,默认值是 5 000,即显示 5 000 个数据。若有超过 5 000 个数据,则删除前面的数据而保留后面的。一般可以将该数据设为 5 000 000,基本上就可以显示较完整的曲线。

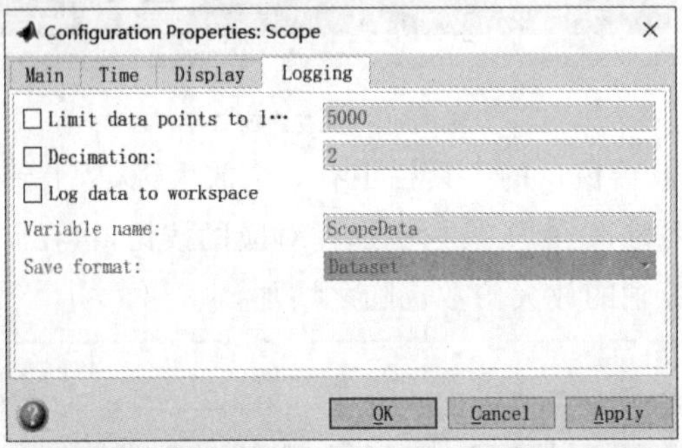

图 1-65　"Logging"选项卡

如图 1-66 所示,在"Display"选项卡中,在"Active display"下拉列表中可以选择命名的信号通道;在"Title"框中可以编辑显示信号的名称;"Y-limits(Minimum)""Y-limits(Maximum)"项用于设置 Y 轴的取值范围。示波器的 5 个信号通道从上到下依次为电源电压 u_2、晶闸管电流 i_T、晶闸管电压 u_T、负载电压 u_d、触发脉冲 u_g 波形。

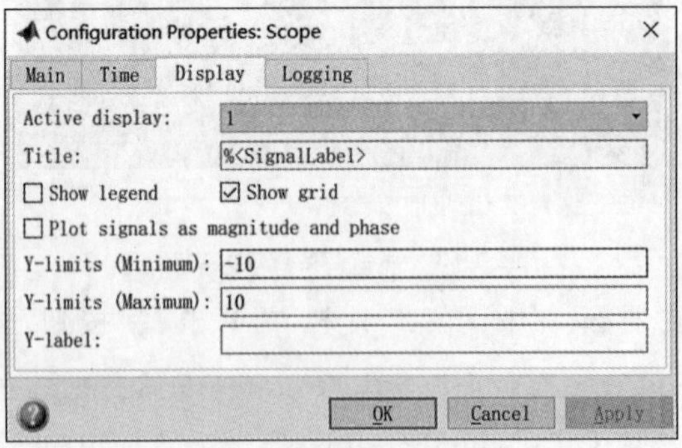

图 1-66　"Display"选项卡

5. 设置信号分解器模块参数

双击信号分解器模块,弹出"Block Parameters:Demux"对话框,如图 1-67 所示。在"Number of outputs"项中设置输出信号数量,可以把多个信号分解输出到示波器中,即可分别观测每路信号。

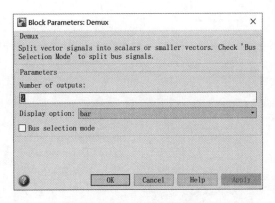

图 1-67　设置信号分解器模块参数

6.设置脉冲发生器模块参数

双击脉冲发生器模块,弹出"Block Parameters:Pulse Generator"对话框,如图 1-68 所示。其中,幅值("Amplitude")设为 3;周期("Period")设为 0.02 s;脉冲宽度("Pulse Width")设为占整个周期的 10%;相位延迟时间("Phase delay")根据触发角的大小进行设置,因为一个周期的时间为 0.02 s,每个电角度持续的时间为 0.02/360 s,所以当触发角大小为 α 时,相位延迟时间需通过 $\alpha \times 0.02/360°$ 进行计算。

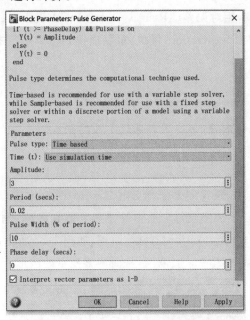

图 1-68　设置脉冲发生器模块参数

7.设置仿真参数

在图 1-40 所示仿真平台中,单击工具栏中的 按钮,打开"Configuration Paramenters:dcx1/ Configuration(Active)"对话框,如图 1-69 所示。该对话框中有多个选项卡,包括"Solver"(解算器)、"Data Import/Export"(数据输入 / 输出)、"Diagnostics"(诊断)、"Hardware Implementation"(仿真硬件的实现)、"Model Referencing"(设置模型引用的有关参数)等。

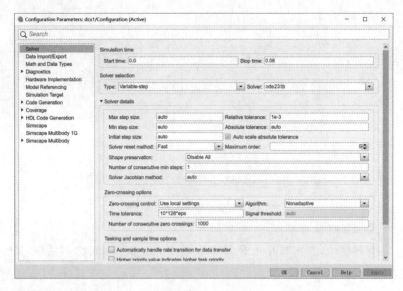

图 1-69　设置仿真参数

　　本实验中,电源频率为 50 Hz,则一个周期为 0.02 s,因此将仿真的起始时间("Start time")设为 0,仿真结束时间("Stop time")设为 0.08 s,这样可以观察四个周期的波形。算法("Solver")设为"ode23tb",相对误差("Relative tolerance")设为"1e-3"。

　　需要在"Search"里搜索"powergui"模块,将其拖拽到仿真平台中,如图 1-70 所示,否则仿真不能顺利进行。

　　(五)模型仿真

　　在仿真前要先设置仿真参数,与电力电子仿真实验相同。设置好后,即可开始仿真。仿真完成后,可以通过示波器来观测仿真结果。

图 1-70　powergui 模块

　　1. 带电阻性负载的仿真

　　将负载设为电阻性负载,即 $R = 1\ \Omega$,触发角 $\alpha = 30°$ 时的仿真结果如图 1-71 所示。如果测试出来的波形不完整,可以单独修改每个通道的波形参数和名称。例如,鼠标右键单击第一通道,在弹出的菜单中选择"Configuration Properties",如图 1-72 所示,出现如图 1-73 所示对话框,在这个对话框中可以调整 Y 轴取值范围,从而调整显示的波形。

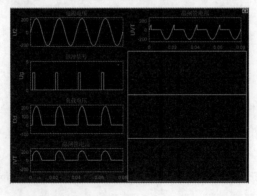

图 1-71　单相半波可控整流电路带电阻性负载 $\alpha = 30°$ 时的仿真结果

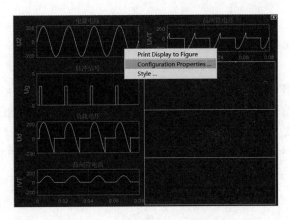

图 1-72 修改通道的波形参数和名称

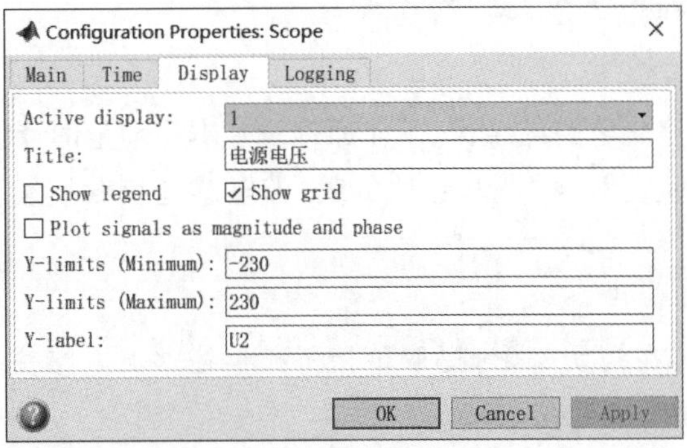

图 1-73 调整 Y 轴取值范围

分别在 $\alpha = 60°、90°、120°、150°$ 时进行仿真,将结果截图保存。

2. 带电感性负载接续流二极管的仿真

将负载设为电感性负载,即 $R = 1\ \Omega, L = 0.005\ H$,触发角 $\alpha = 30°$ 时的仿真结果如图 1-74 所示。续流二极管提取路径与晶闸管相同。

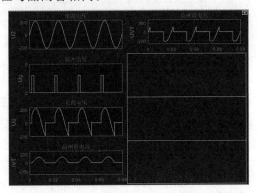

图 1-74 单相半波可控整流电路带电感性负载 $\alpha = 30°$ 时的仿真结果

分别在 $\alpha = 60°、90°、120°、150°$ 时进行无续流二极管和接续流二极管两种情况的仿真,将结果截图保存,并总结在单相半波可控整流电路中接续流二极管的作用。

（六）小结

单相半波可控整流电路带电阻性负载时，电压与电流成正比，两者波形相同，电阻对电流没有阻碍作用，输出电压没有负值，且负载电流、晶闸管和变压器二次电流有效值相等。单相半波可控整流电路带电感性负载时，电压与电流波形不再一样，电压波形出现负的部分，每次晶闸管导通电流从零开始增长，当晶闸管关断时，电流又降至零。与带电阻性负载时相比，带电感性负载时电流波形中大小的变化是平滑的。当在负载两端反并联续流二极管后，输出电压波形中负的部分不再出现，其他波形与带电感性负载时相同。从仿真波形中可以看出，当晶闸管关断时，输出电压波形呈现出一定程度的波动，这是由于电路中的电阻和电感共同作用产生了振荡。当负载中的电感大小不同时，振荡的程度有所不同，可自行修改负载参数，比较输出波形的变化。

三、单相桥式半控整流电路仿真实验

（一）实验准备

了解单相桥式半控整流电路的结构、工作原理及基本物理量的计算等内容，并区分单相桥式半控整流电路中带电阻性负载、带电感性负载、带电感性负载接续流二极管情况下的工作波形。

（二）提取模块

新建一个仿真模型。在模块库中，提取单相桥式半控整流电路仿真模型搭建所需要的模块，其主要模块及其提取路径见表 1-9。

表 1-9　　　　　　单相桥式半控整流电路仿真模型的主要模块及其提取路径

序　号	模块名称	提取路径	数　量
1	交流电源模块	Simscape/Power System/Specialized Technology/ Fundamental Blocks/Electrical Sources	1
2	脉冲发生器模块	Simulink / Sources / Pulse Generator	2
3	晶闸管模块	Simscape/Power Systems/Specialized Technology/ Fundamental Blocks/Power Electronics/Thyristor	2
4	二极管模块	Simscape/Power Systems/Specialized Technology/ Fundamental Blocks/Power Electronics /Diode	2
5	电流表模块	Simscape/Power Systems/Specialized Technology/ Fundamental Blocks/Measurements /Current Measurement	1
6	电压表模块	Simscape/Power Systems/Specialized Technology/ Fundamental Blocks/Measurements / Voltage Measurement	2
7	信号分解器模块	Simulink /Signal Routing /Demux	1
8	RLC负载模块	Simscape/Power System/Specialized Technology/ Fundamental Blocks/Elements /Series RLC Branch	1
9	示波器模块	Simulink /Sinks /Scope	1

（三）建立仿真模型

添加好模块后，对各模块进行布局。良好的布局有利于阅读、分析模型及调试。单相桥式半控整流电路仿真模型如图 1-75 所示。

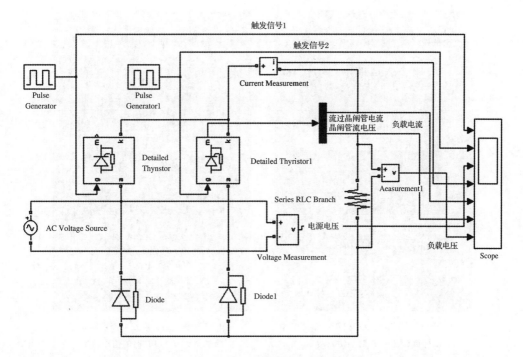

图 1-75　单相桥式半控整流电路仿真模型

（四）设置参数

1. 设置交流电源模块参数

双击交流电源模块，弹出"Block Parameters：AC Voltage Source"对话框，将电压（"Peak amplitude"）设为 220 V；频率（"Frequency"）设为 50 Hz；其他采用默认值。

2. 设置脉冲发生器模块参数

双击脉冲发生器模块，弹出"Block Parameters：Pulse Generator"对话框，将幅值（"Amplitude"）设为 5；周期（"Period"）设为 0.02 s；脉冲宽度（"Pulse Width"）设为 10％；相位延迟时间（"Phase delay"）的设置在调试时需要修改，以实现在不同角度触发时，观测电路各变量的波形的变化。对于晶闸管 VT_1 来说，在电源电压正半周触发，相位延迟时间应为 $\alpha \times 0.02/360°$；对于晶闸管 VT_2 来说，在电源电压负半周触发，触发脉冲到来的时间比 VT_1 晚半个周期，即晚 0.01 s，所以 VT_2 相位延迟时间应为 $0.01 + \alpha \times 0.02/360°$。例如，触发角 $\alpha = 45°$，周期 $T = 0.02$ s，则 VT_1 相位延迟时间为 0.002 5 s，VT_2 相位延迟时间为 0.012 5 s。

3. 设置示波器模块参数

双击示波器模块，弹出示波器窗口，调出"Configuration Properties：Scope"对话框。本实验中有 7 个需要显示的物理量，因此在"Main"选项卡中，将"Number of input ports"项设为 5，其他项采用默认设置。本实验的 7 个信号通道分别为触发信号 1、触发信号 2、电源电压 u_2、负载电流 i_d、晶闸管电流 i_{T1}、晶闸管端电压 u_{T1}、负载电压 u_d，分别进行名称设置。

（五）模型仿真

在仿真前要先设置仿真参数，与电力电子仿真实验相同。设置好后，即可开始仿真。仿真完成后，可以通过示波器来观测仿真结果。

1. 带电阻性负载的仿真

带电阻性负载 $\alpha = 0°$、30° 时的仿真结果分别如图 1-76、图 1-77 所示。

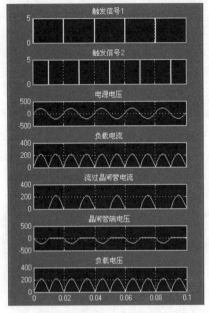

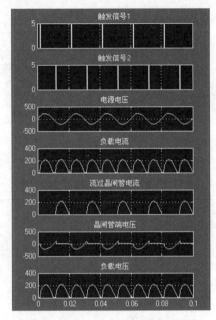

图 1-76　单相桥式半控整流电路带电
阻性负载 $\alpha = 0°$ 时的仿真结果

图 1-77　单相桥式半控整流电路带电
阻性负载 $\alpha = 30°$ 时的仿真结果

分别在 $\alpha = 60°$、$90°$、$120°$、$150°$ 时进行仿真，将结果截图保存。

2. 带电感性负载的仿真

带电感性负载的仿真与带电阻性负载的仿真方法基本相同，但在 RLC 负载模块参数设置时，需要将负载类型（"Branch type"）设为"RL"。本仿真中，设置 $R = 1$，$L = 0.01$ H。

带电感性负载 $\alpha = 0°$、$30°$ 时的仿真结果分别如图 1-78、图 1-79 所示。

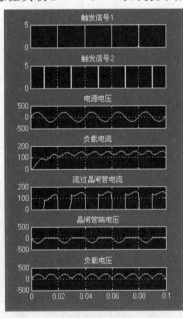

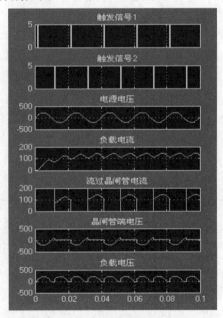

图 1-78　单相桥式半控整流电路带电
感性负载 $\alpha = 0°$ 时的仿真结果

图 1-79　单相桥式半控整流电路带电
感性负载 $\alpha = 30°$ 时的仿真结果

分别在 $\alpha = 60°$、$90°$ 时进行仿真，将结果截图保存。

思考单相桥式半控整流电路接续流二极管的作用,并在这种情况下分别在 $\alpha=30°$、$60°$ 时进行仿真。

(六)知识拓展

在 Simulink 仿真中,一个复杂系统的模型由许多基本模块组成,可以采用建立子系统技术将其集中在一起,形成新的功能模块,经过封装后的子系统可以有特定的图标与参数设置对话框,成为一个独立的功能模块。在模块库里有许多标准模块本身就是由多个更基本的标准功能模块封装而成的。

单相桥式半控整流电路中,上臂桥是晶闸管,下臂桥是二极管,不能直接采用整流桥("Universal Bridge")模块(提取路径为"Simscape/Simscape/Sim Power Systems/ Specialized Technology/Power Electronics/Universal Bridge")。这是因为"Universal Bridge"模块中的电力电子模块都是同一电子模块。因此,应该用 2 个晶闸管和 2 个二极管封装成子系统模块,再搭建单相桥式半控整流电路。现在从模块库中提取 2 个晶闸管模块、2 个二极管模块,在仿真平台中进行连接,得到如图 1-80 所示的子系统模块。

在此要选择 4 个连接端口(提取路径为 Simscape/Power Systems/Specialized Technology/ Fundamental Blocks/Elements/Connection Port),参数取默认值。在所有模块的测试端引出引线作为测试接口,如图 1-81 所示。

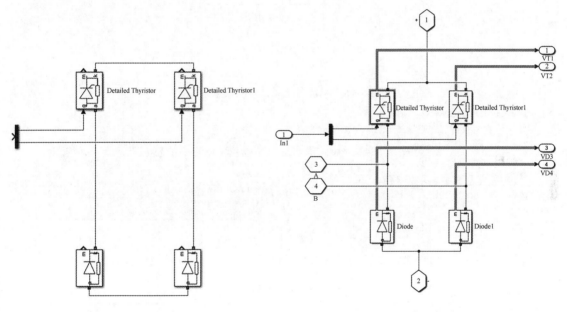

图 1-80　子系统模块　　　　　　　　图 1-81　子系统模块封装

如果晶闸管和二极管不需要测量端口,需加入 Terminator 模块(提取路径为 Simulink/Sinks/Terminator),也可以在晶闸管或二极管参数设置中将"Show measurement port"选择框中的"√"去掉,不需要测量端口的子系统模块如图 1-82 所示。选中所有模块进行封装,命令如图 1-83 所示。

封装后的子系统模块有如下缺点:端口没有定义;三个端口都是在同一侧,端口排列比较混乱。针对这些问题,可以进行如下调整:单击输入和输出端口的名称,修改名称;将鼠标分别指向输出端口双击,弹出如图 1-84 所示"Block Parameters"对话框,"Port location on parent subsystem"设为"Right",确认后得到如图 1-85 所示的封装模块。

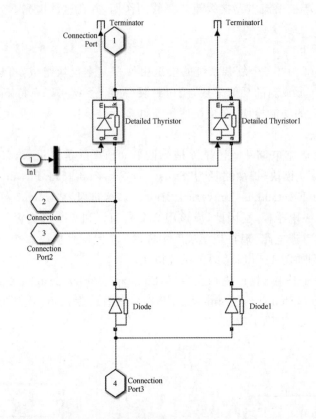

图 1-82　不需要测量端口的子系统模块

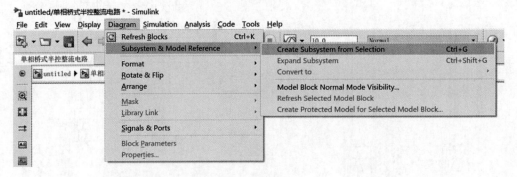

图 1-83　模块封装命令

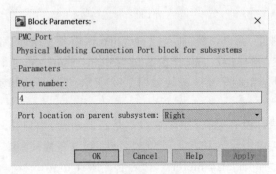

图 1-84　调整子系统模块

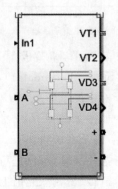

图 1-85　封装好的子系统模块

可以给封装好的子系统模块加上图案，方法如下：自制一个 jpg 格式文件，命名为"b747.jpg"，替换根目录"MATLAB/toolbox/simulink/simulink"中的 b747.jpg 文件。用鼠标右键单击封装模块，在弹出的菜单中选择"Mask Subsystem"指令，弹出"Mask Editor：Subsystem"对话框，在工具栏的"Icon/Drawing Commands"下面的窗口中输入"image(imread('b747.jpg'))"，在"Examples of drawing commands/Command"下拉菜单中选择"image(show a picture on the block)"，依次单击"Apply"和"OK"按钮。鼠标指向封装模型的名称，更改模块名称为"单相桥式半控整流电路"，鼠标指向名称，按照图 1-86 所示的步骤进行字体调整，最后得到如图 1-87 所示修饰后的子系统模块。

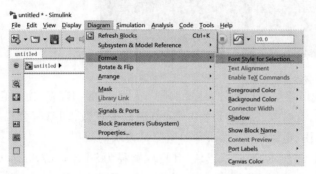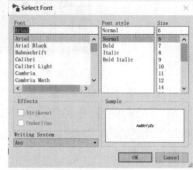

图 1-86　字体调整步骤

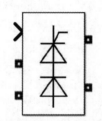

图 1-87　修饰后的子系统模块

将图 1-75 所示仿真模型中由分立模块构成的单相桥式半控整流电路替换为子系统模块，进行仿真。仿真模型如图 1-88 所示，仿真结果如图 1-89 所示。

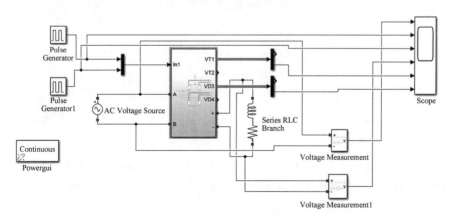

图 1-88　子系统模块构成的单相桥式半控整流电路仿真模型

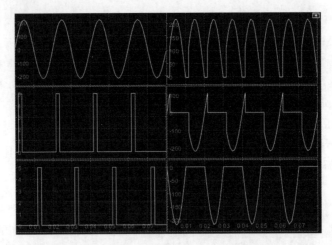

图 1-89   子系统模块构成的单相桥式半控整流电路仿真结果

在电力电子仿真中,除了要正确搭建仿真模型外,还要测量一些重要的物理量,主要包括电压、电流的瞬时值、平均值、有效值,有时候还需要测量电压、电流畸变系数、功率因数、有功功率和无功功率等。下面主要介绍电压、电流的平均值、有效值测量模块的使用。

测量物理量的平均值采用如图 1-90 所示"Mean"模块,其提取路径为 Simscape/Simpower Systems/Specialized Technology/Control and Measurements Library/Measurements/Mean。双击该模块,弹出如图 1-91 所示"Block Parameters:Mean"对话框,对话框上面是对此模块的说明和定义,下面是参数设置。其中,基频("Fundamental frequency")的默认值为 60 Hz,在仿真时可以根据实际的交流电源频率设置;初始输入("Initia linput")设为 0;为了提高测量精度,采样时间("Sample time")建议设为"50e-6"。

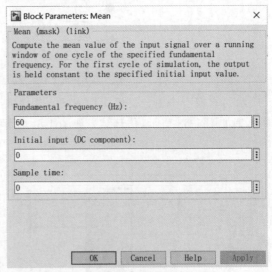

图 1-90   "Mean"模块   图 1-91   "Block Parameters:Mean"对话框

测量物理量的有效值采用如图 1-92 所示 RMS 模块,其提取路径为 Simscape/Simpower Systems/Specialized Technology/Control and Measurements Library/Measurements/RMS。双击该模块,弹出如图 1-93 所示"Block Parameters:RMS"对话框,对话框上面是对此模块的说明和定义,下面是参数设置。其中,基频("Fundamental frequency")的默认值为 60 Hz,在仿真时可以根据实际的交流电源频率设置;初始有效值("Initial RMS value")设为 0;采样时间

（"Sample time"）建议设为"50e-6"。

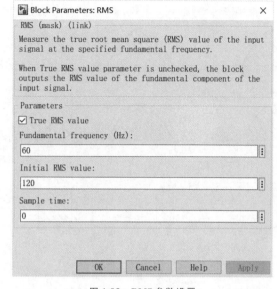

图 1-92　RMS 模块　　　　　　图 1-93　RMS 参数设置

巩固训练

1-1　晶闸管导通的条件是什么？导通后流过晶闸管的电流由哪些因素决定？

1-2　维持晶闸管导通的条件是什么？怎样使晶闸管由导通变为关断？

1-3　型号为 KP100-3，维持电流 $I_H = 4$ mA 的晶闸管使用在图 1-94 的各电路中是否合理，为什么？（暂不考虑电压、电流裕量）

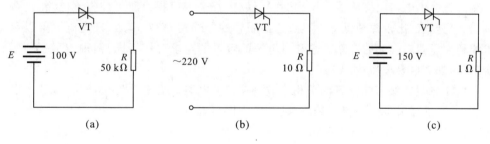

图 1-94　巩固训练 1-3 图

1-4　晶闸管阻断时，其承受的电压大小由什么决定？

1-5　某元件测得 $U_{DRM} = 840$ V，$U_{RRM} = 980$ V，此元件的额定电压是多少？属于哪个电压等级？

1-6　图 1-95 中的阴影部分表示流过晶闸管的电流的波形，各波形的峰值均为 I_m，则各波形的平均值与有效值各为多少？若晶闸管的额定通态平均电流为 100 A，则晶闸管在这些波形情况下允许流过的平均电流 I_{dT} 各为多少？

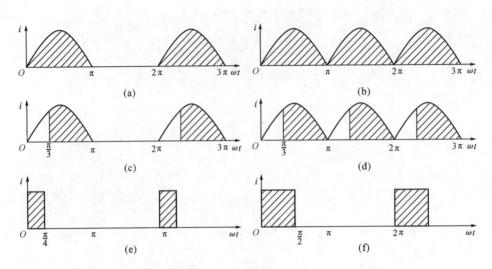

图 1-95　巩固训练 1-6 图

1-7　有些晶闸管触发导通后,触发脉冲结束时它又关断,这是什么原因造成的?

1-8　单向正弦交流电源,其电压有效值为 220 V,晶闸管和电阻串联相接,则晶闸管实际承受的正、反向电压最大值是多少?考虑晶闸管的安全裕量,其额定电压如何选取?

1-9　一电热装置(电阻性负载),要求直流平均电压为 75 V,负载电流为 20 A,采用单相半波可控整流电路直接从 220 V 交流电网供电。试计算晶闸管的控制角 α、导通角 θ_T 及负载电流有效值并选择晶闸管元件(考虑 2 倍安全裕量)。

1-10　某电阻性负载要求 0～24 V 直流电压,最大负载电流 $I_d = 30$ A,如用 220 V 交流直接供电与用变压器降压到 60 V 供电,都采用单相半波可控整流电路,是否都能满足要求?比较两种供电方案所选晶闸管的导通角、额定电压、额定电流值以及电源和变压器二次侧的功率因数和对电源的容量的要求有何不同。两种方案哪种更合理(考虑 2 倍安全裕量)?

1-11　具有续流二极管的单相半波可控整流电路对大电感性负载供电,其中电阻 $R_d = 7.5$ Ω,电源电压为 220 V。试计算当控制角为 30° 和 60° 时,流过晶闸管和续流二极管的电流平均值和有效值,并分析什么情况下续流二极管的电流平均值大于晶闸管的电流平均值。

1-12　单相半波可控整流电路,分析门极不加触发脉冲、晶闸管内部短路、晶闸管内部断开三种情况下晶闸管两端电压和负载两端电压波形。

1-13　由 220 V 经变压器供电的单相桥式半控整流电路,带大电感性负载并接有续流二极管。负载要求直流电压 10～75 V 连续可调,最大负载电流为 15 A,最小控制角 $\alpha_{min} = 25°$。选择晶闸管、整流二极管和续流二极管的额定电压和额定电流,并计算变压器的容量。

1-14 单结晶体管触发电路中,削波稳压管两端并接一个大电容,可控整流电路能工作吗?为什么?

1-15 单结晶体管自激振荡电路是根据单结晶体管的什么特性组成工作的?振荡频率的大小与什么因素有关?

1-16 用分压比为 0.6 的单结晶体管组成振荡电路,若 $U_{BB} = 20$ V,则峰点电压 U_P 为多少?如果管子的 B_1 脚虚焊,电容两端的电压为多少?如果管子的 B_2 脚虚焊(B_1 脚正常),电容两端电压又为多少?

1-17 阐述晶闸管变流装置对门极触发电路的一般要求。

任务二　直流调速装置的电路分析与检测

学习目标

（1）掌握单相桥式全控整流电路的工作原理。
（2）掌握有源逆变电路的工作原理。
（3）识别 GTO 的器件，了解其功能和作用。
（4）掌握 GTO 的工作原理。
（5）分析晶闸管直流调速装置的工作原理。
（6）掌握相关英文词汇。

任务引入

可控整流电路的应用是电力电子技术中应用广泛的一种技术。本任务将以直流调速装置为例，让大家了解单相桥式全控整流电路和有源逆变电路在直流调速装置中的应用。

机床主轴电动机常采用单相桥式半控整流电路供电的直流调速装置，如图 2-1 所示。

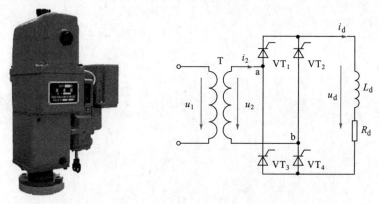

（a）外形　　　　　　　　　　（b）电路

图 2-1　机床主轴电动机直流调速装置

如图 2-1（b）所示，机床主轴电动机直流调速装置的主电路采用单相桥式半控整流电路，控制电路则采用了结构简单的单结晶体管触发电路。

相关知识

单相桥式整流电路输出的直流电压、电流脉冲程度比单相半波整流电路输出的直流电压、电流小，且可以改善变压器存在直流磁化的现象。单相桥式整流电路分为单相桥式全控整流电路和单相桥式半控整流电路。本任务重点介绍单相桥式全控整流电路。

一、单相桥式全控整流电路

（一）电阻性负载

单相桥式全控整流电路带电阻性负载如图 2-2 所示。

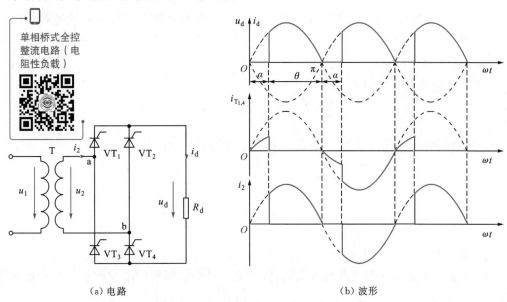

单相桥式全控
整流电路（电
阻性负载）

（a）电路　　　　　　　　　　　（b）波形

图 2-2　单相桥式全控整流电路带电阻性负载

晶闸管 VT_1 和 VT_4 为一组桥臂，而 VT_2 和 VT_3 组成了另一组桥臂。在交流电源的正半周区间内，即 a 端为正，b 端为负，VT_1 和 VT_4 承受正向电压，在相当于控制角 α 的时刻给 VT_1 和 VT_4 同时加触发脉冲，则 VT_1 和 VT_4 会导通。此时，电流 i_d 从电源 a 端经 VT_1、负载 R_d 及 VT_4 回电源 b 端，负载上得到的电压 u_d 为电源电压 u_2，（忽略了 VT_1 和 VT_4 的导通压降）方向为上正下负，VT_2 和 VT_3 则因为 VT_1 和 VT_4 的导通，承受反向的电源电压 u_2 而不会导通。因为是电阻性负载，所以电流 i_d 也跟随电压的变化而变化。当电源电压 u_2 过零时，电流 i_d 也减小为零，即两个晶闸管的阳极电流为零，故 VT_1 和 VT_4 会因电流小于维持电流而关断。而在交流电源的负半周区间内，即 a 端为负，b 端为正，VT_2 和 VT_3 承受正向电压，仍在相当于控制角 α 的时刻给 VT_2 和 VT_3 同时加触发脉冲，则 VT_2 和 VT_3 会导通。此时，电流 i_d 从电源 b 端经 VT_2、负载 R_d 及 VT_3 回电源 a 端，负载上得到的电压 u_d 仍为电源电压 u_2，方向也仍为上正下负，与正半周一致，此时，VT_1 和 VT_4 因为 VT_2 和 VT_3 的导通，承受反向的电源电压 u_2 而处于截止状态。直到电源电压负半周结束，电压 u_2 过零时，电流 i_d 也过零，使得 VT_2 和 VT_3 关断。下一周期重复上述过程。

从图 2-2(b) 中可看出，负载上得到的直流输出电压 u_d 的波形与单相半波时相比多了一倍，负载电流 i_d 的波形与电压 u_d 波形相似。由晶闸管所承受的电压 u_T 可以看出，其导通角为 $\theta = \pi - \alpha$，除在晶闸管导通期间不受电压外，当一组管子导通时，电源电压 u_2 将全部加在未导通的晶闸管上，而在四个管子都不导通时，设其漏电阻都相同的话，则每个管子将承受电源电压的一半。因此，晶闸管所承受的最大反向电压为 $\sqrt{2}U_2$，而其承受的最大正向电压为 $\frac{\sqrt{2}}{2}U_2$。

单相桥式全控整流电路带电阻性负载参数的计算如下：

直流输出电压的平均值 U_d 为

$$U_d = \frac{1}{\pi}\int_x^{\pi}\sqrt{2}U_2\sin(\omega t)\mathrm{d}(\omega t) = \frac{2\sqrt{2}U_2}{\pi}\frac{1+\cos\alpha}{2} = 0.9\cdot U_2\frac{1+\cos\alpha}{2} \qquad (2\text{-}1)$$

与式(1-9)相比可以看出,此电路的输出 U_d 是单相半波可控整流电路输出的 2 倍。当 $\alpha=0°$ 时,输出 U_d 最大,$U_d=U_{d0}=0.9U_2$。至 $\alpha=180°$ 时,输出 U_d 最小,等于零。所以该电路 α 的移相范围也是 $0°\sim180°$。

直流输出电流的平均值 I_d 为

$$I_d = \frac{U_d}{R_d} = 0.9\frac{U_2}{R_d}\cdot\frac{1+\cos\alpha}{2} \qquad (2\text{-}2)$$

负载上得到的直流输出电压有效值 U 和电流有效值 I 分别为

$$U = \sqrt{\frac{1}{\pi}\int_x^{\pi}\sqrt{2}U_2\sin(\omega t)^2\mathrm{d}(\omega t)} = U_2\sqrt{\frac{\pi-\alpha}{\pi}+\frac{\sin(2\alpha)}{2\pi}} \qquad (2\text{-}3)$$

$$I = \frac{U}{R_d} = \frac{U_2}{R_d}\sqrt{\frac{\pi-\alpha}{\pi}+\frac{\sin(2\alpha)}{2\pi}} \qquad (2\text{-}4)$$

它们都为单相半波可控整流电路时输出的 $\sqrt{2}$ 倍。

因为电路中两组晶闸管是轮流导通的,所以流过一个晶闸管的电流的平均值为直流输出电流的平均值的一半,其有效值为直流输出电流有效值的 $\frac{1}{\sqrt{2}}$,即

$$I_{dT} = \frac{1}{2}I_d = 0.45\frac{U_2}{R_d}\cdot\frac{1+\cos\alpha}{2} \qquad (2\text{-}5)$$

$$I_T = \sqrt{\frac{1}{2\pi}\int_x^{\pi}\left[\frac{\sqrt{2}U_2}{R_d}\sin(\omega t)\right]^2\mathrm{d}(\omega t)} = \frac{U_2}{R_d}\sqrt{\frac{\pi-\alpha}{2\pi}+\frac{\sin(2\alpha)}{4\pi}} = \frac{1}{\sqrt{2}}I \qquad (2\text{-}6)$$

将式(2-5)和式(2-6)与式(1-11)和式(1-12)比较,可以看出单相桥式全控整流电路中流过一个晶闸管的电流平均值和有效值与单相半波可控整流电路中晶闸管的电流平均值和有效值的表达式是一样的。

由于负载在正、负半波都有电流通过,变压器二次侧绕组中,两个半周期流过的电流方向相反且波形对称,因此,变压器二次侧电流的有效值与负载上得到的直流电流的有效值 I 相等,即

$$I_2 = I = \frac{U}{R_d} = \frac{U_2}{R_d}\sqrt{\frac{\pi-\alpha}{\pi}+\frac{\sin(2\alpha)}{2\pi}} \qquad (2\text{-}7)$$

若不考虑变压器的损耗,则要求变压器的容量为

$$S = U_2 I_2 \qquad (2\text{-}8)$$

晶闸管可能承受的最大电压为

$$U_{TM} = \sqrt{2}U_2 \qquad (2\text{-}9)$$

（二）电感性负载

如图 2-3 所示为单相桥式全控整流电路带电感性负载。假设电感很大，输出电流连续，电路处于稳态。

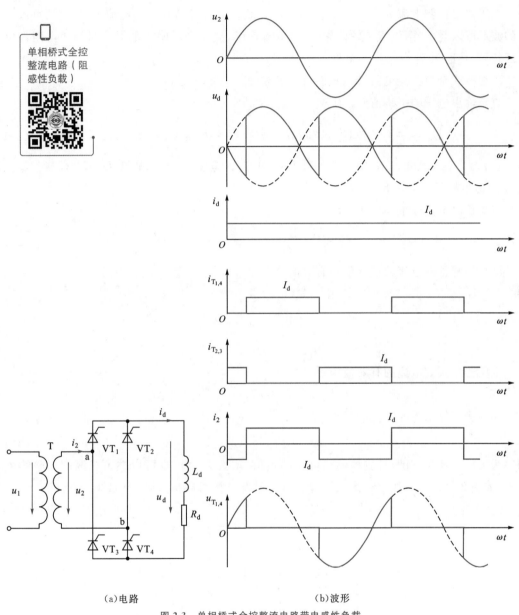

（a）电路 （b）波形

图 2-3 单相桥式全控整流电路带电感性负载

在 u_2 正半周时，在相当于 α 角的时刻给 VT_1 和 VT_4 同时加触发脉冲，则 VT_1 和 VT_4 会导通，输出电压为 $u_d = u_2$。至 u_2 过零变负时，因为电感产生的自感电动势会使 VT_1 和 VT_4 继续导通，而输出电压仍为 $u_d = u_2$，所以出现了负电压的输出。此时，VT_2 和 VT_3 虽然已承受正向电压，但还没有触发脉冲，所以不会导通。直到在负半周相当于 α 角的时刻，给 VT_2 和 VT_3 同时加触发脉冲，则因 VT_2 的阳极电位比 VT_1 高，VT_3 的阴极电位比 VT_4 的低，故 VT_2 和 VT_3 被触发导通，分别替换了 VT_1 和 VT_4，VT_1 和 VT_4 将由于 VT_2 和 VT_3 的导通承受反压而关断，负载电流也改为经过 VT_2 和 VT_3 了。

由图 2-3(b)的输出负载电压 u_d、负载电流 i_d 的波形可以看出,与电阻性负载相比,u_d 的波形出现了负半波部分,i_d 的波形则是近似的一条直线,这是由于电感中的电流不能突变,电感起到了平波的作用,电感越大,电流波形越平稳。而流过每一个晶闸管的电流则近似为方波。变压器二次侧电流 i_2 波形为正负对称的方波。由流过晶闸管的电流 i_T 波形及负载电流 i_d 的波形可以看出,两组管子轮流导通,且电流连续,故每个晶闸管的导通时间较电阻性负载时延长了,导通角 $\theta_T = \pi$,与 α 无关。

单相桥式全控整流电路带电感性负载参数的计算如下:

直流输出电压的平均值 U_d 为

$$U_d = \frac{1}{\pi}\int_x^{\pi+\alpha}\sqrt{2}U_2\sin(\omega t)\mathrm{d}(\omega t) = \frac{2\sqrt{2}}{\pi}U_2\cos\alpha = 0.9U_2\cos\alpha \tag{2-10}$$

当 $\alpha = 0°$ 时,输出 U_d 最大,$U_d = U_{d0} = 0.9U_2$。至 $\alpha = 90°$ 时,输出 U_d 最小,等于零。因此,α 的移相范围是 $0° \sim 90°$。

直流输出电流的平均值 I_d 为

$$I_d = \frac{U_d}{R_d} = 0.9\frac{U_2}{R_d}\cos\alpha \tag{2-11}$$

流过晶闸管的电流的平均值和有效值分别为

$$I_{dT} = \frac{1}{2}I_d \tag{2-12}$$

$$I_T = \frac{1}{\sqrt{2}}I_d \tag{2-13}$$

变压器二次侧电流的有效值为

$$I = I_d \tag{2-14}$$

晶闸管可能承受的最大电压为

$$U_{TM} = \sqrt{2}U_2 \tag{2-15}$$

为了扩大移相范围,且去掉输出电压的负值,增大 U_d 值,也可以在负载两端并联续流二极管,如图 2-4 所示。接了续流二极管后,α 的移相范围可以扩大到 $0° \sim 180°$。

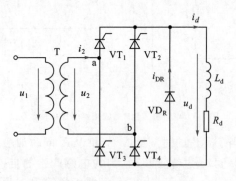

图 2-4 并联续流二极管的单相桥式全控整流电路

例　单相桥式全控整流电路带电感性负载，$U_2 = 220$ V，$R_d = 4$ Ω。

(1)计算当 $\alpha = 60°$ 时，输出电压、电流的平均值以及流过晶闸管的电流平均值和有效值。

(2)若负载两端并联续流二极管，如图 2-4 所示，则输出电压、电流的平均值又是多少？流过晶闸管和续流二极管的电流平均值和有效值又是多少？绘出这两种情况下的电压、电流波形。

解　(1)不接续流二极管时的电压、电流波形如图 2-5(a)所示，由于带电感性负载，故由式(2-10)和式(2-11)有

$$U_d = 0.9 U_2 \cos \alpha = 0.9 \times 220 \times \cos 60° = 99 \text{ V}$$

$$I_d = \frac{U_d}{R_d} = \frac{99}{4} = 24.75 \text{ A}$$

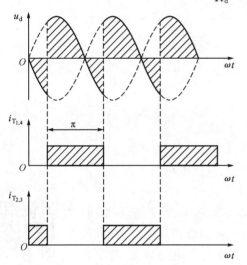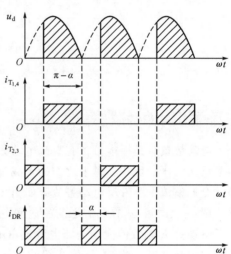

(a)不接续流二极管　　　　　　　　(b)接续流二极管

图 2-5　接和不接续流二极管时的电压、电流波形

因负载电流是由两组晶闸管轮流导通提供的，故由式(2-12)和式(2-13)知，流过晶闸管的电流平均值和有效值分别为

$$I_{dT} = \frac{1}{2} I_d = \frac{1}{2} \times 24.75 = 12.38 \text{ A}$$

$$I_T = \frac{1}{2} I_d = \frac{1}{\sqrt{2}} \times 24.75 = 17.50 \text{ A}$$

(2)接续流二极管后的电压、电流波形如图 2-5(b)所示，由于此时没有负电压输出，电压波形和电路带电阻性负载时一样，所以输出电压平均值的计算可利用式(2-10)求得，即

$$U_d = 0.9 U_2 \cdot \frac{1 + \cos \alpha}{2} = 0.9 \times 220 \times \frac{1 + \cos 60°}{2} = 148.5 \text{ V}$$

输出电流的平均值为

$$I_d = \frac{U_d}{R_d} = \frac{148.5}{4} = 37.13 \text{ A}$$

负载电流是由两组晶闸管以及接续流二极管共同提供的,由图 2-5(b)所示的波形可知,每个晶闸管的导通角均为 $\theta_T = \pi - \alpha$,续流二极管 VD_R 的导通角为 $\theta_{DR} = 2\alpha$,所以流过晶闸管和续流二极管的电流平均值和有效值分别为

$$I_{dT} = \frac{\pi - \alpha}{2\pi} I_d = \frac{180° - 60°}{360°} \times 37.13 = 12.38 \text{ A}$$

$$I_T = \sqrt{\frac{\pi - \alpha}{2\pi}} I_d = \sqrt{\frac{180° - 60°}{360°}} \times 37.13 = 21.44 \text{ A}$$

$$I_{dDR} = \frac{2\alpha}{2\pi} I_d = \frac{\alpha}{\pi} I_d = \frac{60°}{180°} \times 37.13 = 12.38 \text{ A}$$

$$I_{DR} = \sqrt{\frac{\alpha}{\pi}} I_d = \sqrt{\frac{60°}{180°}} \times 37.13 = 21.44 \text{ A}$$

二、反电动势负载

反电动势负载是指本身含有直流电动势 E,且其方向对电路中的晶闸管而言是反向电压的负载。属于此类的负载有蓄电池、直流电机的电枢等。单相桥式全控整流电路带反电动势负载如图 2-6(a)所示。

由图 2-6(b)可见,在 ωt_1 之前的区间,虽然电源电压 u_2 是在正半周,但由于反电动势 E 的数值大于电源电压 u_2 的瞬时值,晶闸管仍承受反向电压,处于反向阻断状态。此时,负载两端的电压等于其本身的电动势 E,但没有电流流过,晶闸管两端承受的电压为 $u_T = u_2 - E$。

单相桥式全控整流电路（反电动势负载）

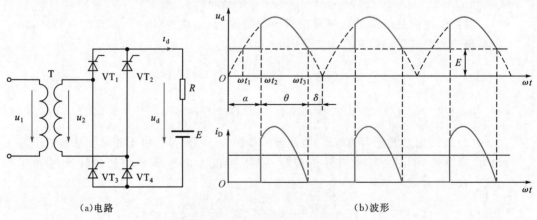

（a）电路　　　　　　　　　　　　（b）波形

图 2-6　单相桥式全控整流电路带反电动势负载

ωt_1 之后,电源电压 u_2 已大于反电动势 E,晶闸管开始承受正向电压,但在 ωt_2 之前没有加触发脉冲,所以晶闸管仍处于正向阻断状态。在 ωt_2 时刻,给 VT_1 和 VT_4 同时加触发脉冲,VT_1 和 VT_4 导通,输出电压为 $u_d = u_2$。负半周时情况一样,只不过触发的是 VT_2 和 VT_3。当

晶闸管导通时,负载电流 $i_d=\dfrac{u_2-E}{R}$。所以,在 $u_2=E$ 时刻,i_d 降为零,晶闸管关断。与电阻性负载相比,晶闸管提前了电角度 δ 关断,δ 称为停止导电角。

$$\delta=\arcsin\frac{E}{\sqrt{2}U_2} \tag{2-16}$$

由图 2-6(b)可见,在 α 角相同时,反电动势负载时的整流输出电压比电阻性负载时大。而电流波形则由于晶闸管导电时间缩短,其导通角 $\theta_T=\pi-\alpha-\delta$,且反电动势内阻 R 很小,所以呈现脉动的波形,底部变窄,如果要求一定的负载平均电流,就必须有较大的峰值电流,且电流波形为断续的。

如果负载是直流电机电枢,则在电流断续时电机的机械特性将会变软。因为增大峰值电流,就要求较多地减小反电动势 E,即转速 n 减小较大,机械特性变软。另外,晶闸管导通角越小,电流波形底部越窄,电流峰值越大,则电流有效值也越大,对电源容量的要求也就越大。

为了克服以上的缺点,常常在主回路直流输出侧串联一平波电抗器 L_d,如图 2-7 所示。利用电感平稳电流的作用来减小负载电流的脉动并延长晶闸管的导通时间。只要电感足够大,负载电流就会连续,直流输出电压和电流的波形与带电感性负载时一样,如图 2-3(b)所示。U_d 的计算公式也与带电感性负载时一样,但直流输出电流 I_d 则为

$$I_d=\frac{U_d-E}{R} \tag{2-17}$$

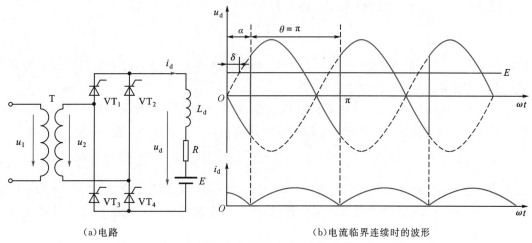

（a）电路　　　　　　　　　　（b）电流临界连续时的波形

图 2-7 单相桥式全控整流电路带反电动势负载、串联平波电抗器

图 2-7(b)示出了电流临界连续时的电压、电流波形。为保证电流连续,所需的回路的电感量可计算为

$$L=\frac{2\sqrt{2}U_2}{\pi\omega I_{dmin}}=2.87\times10^{-3}\frac{U_2}{I_{dmin}} \tag{2-18}$$

式中,L 为回路总电感,包括平波电抗器电感 L_d、电枢电感 L_D 以及变压器漏感 L_T 等,H;U_2 为变压器二次侧电压有效值,V;ω 为工频角速度,rad/s;I_{dmin} 为给出的最小工作电流,一般取额定电流的 5%,A。

根据上面分析可以看出,单相桥式全控整流电路属全波整流,负载在两个半波都有电流通过;输出电压脉动程度比半波时小;变压器利用率高,且不存在直流磁化问题;但需要同时触发两个晶闸管,线路较复杂;在一般中小容量场合调速系统中应用较多。

三、有源逆变电路

(一)有源逆变的工作原理

整流与有源逆变的根本区别在于两者能量传送方向的不同。一个相控整流电路,只要满足一定条件,也可工作于有源逆变状态。这种装置称为变流装置或变流器。为便于弄清楚有源逆变的工作原理,首先分析一下两个电源间的功率传递问题。

有源逆变的
工作原理

1. 两个电源间的功率传递问题

如图 2-8 所示,两个直流电源 E_1 和 E_2 的连接有三种形式。

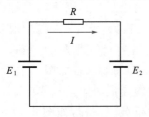
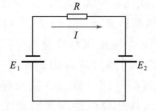
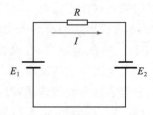

(a)电源逆串　　　　　(b)电源逆串,极性与图(a)相反　　　　　(c)电源顺串

图 2-8　两个直流电源间的功率传递

如图 2-8(a)所示为两个电源同极性连接,称为电源逆串。当 $E_1 > E_2$ 时,电流 I 从 E_1 正极流出,流入 E_2 正极,为顺时针方向,其大小为

$$I = \frac{E_1 - E_2}{R} \tag{2-19}$$

在这种连接情况下,E_1 输出功率 $P_1 = E_1 I$,E_2 则吸收功率 $P_2 = E_2 I$,R 上的消耗功率为 $P_R = P_1 - P_2 = I^2 R$,P_R 为两电源功率之差。

如图 2-8(b)所示也是两个电源同极性相连,但两个电源的极性均与图 2-8(a)相反。当 $E_2 > E_1$ 时,电流仍为顺时针方向,但是从 E_2 正极流出,流入 E_1 正极,其大小为

$$I = \frac{E_2 - E_1}{R} \tag{2-20}$$

在这种情况下,E_2 输出功率,而 E_1 吸收功率,R 仍然消耗两电源功率之差,即 $P_R = P_2 - P_1$。

如图 2-8(c)所示为两个电源反极性连接,称为电源顺串。此时电流仍为顺时针方向,其大小为

$$I = \frac{E_1 + E_2}{R} \tag{2-21}$$

此时 E_1 与 E_2 均输出功率,R 上消耗的功率为两电源功率之和,即 $P_R = P_1 + P_2$。若 R 很小,则 I 很大,这种情况与两个电源间短路相当。

通过上述分析可以知道:

(1)无论电源是顺串还是逆串,只要电流从电源正极流出,则该电源就输出功率;反之,若电流从电源正极流入,则该电源就吸收功率。

(2)两个电源逆串连接时,回路电流从电动势高的电源正极流向电动势低的电源正极。如果回路电阻很小,即使两电源电动势之差不大,也可产生足够大的回路电流,使两电源间交换很大的功率。

(3)两个电源顺串时,相当于两电源电动势相加后再通过 R 短路,若 R 很小,则回路电流

会非常大,这种情况在实际应用中应当避免。

2.有源逆变的工作原理

在上述两电源回路中,若用晶闸管变流装置的输出电压代替 E_1,用直流电机的反电动势代替 E_2,就成了晶闸管变流装置与直流电机负载之间进行能量交换的问题,如图 2-9 所示。

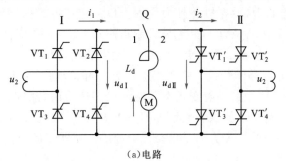

(a)电路

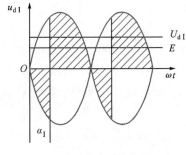

(b)整流状态下的波形

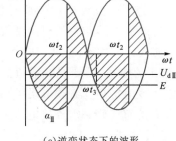

(c)逆变状态下的波形

图 2-9　单相桥式变流电路整流与逆变原理

图 2-9(a)中有两组单相桥式变流装置,均可通过开关 Q 与直流电机负载相连。将开关 Q 拨向位置 1,且让 I 组晶闸管的控制角 $\alpha_I < 90°$,则电路工作在整流状态,输出电压 U_{dI} 上正下负,波形如图 2-9(b)所示。此时,电机做电动运行,电机的反电动势 E 上正下负,并且通过调整 α 角使 $|U_{dI}| > |E|$,则交流电压通过 I 组晶闸管输出功率,电机吸收功率。负载中电流 I_d 值为

$$I_d = \frac{U_{dI} - E}{R} \tag{2-22}$$

式中,R 为回路总电阻。这种情况与图 2-8(a)所示相同。

将开关 Q 快速拨向位置 2。由于机械惯性,电机转速不变,则电机的反电动势 E 不变,且极性仍为上正下负。此时,若仍按控制角 $\alpha_{II} < 90°$ 触发 II 组晶闸管,则输出电压 U_{dII} 为下正上负,与 E 形成两电源顺串连接。这种情况与图 2-8(c)所示相同,相当于短路事故,因此不允许出现。

若将开关 Q 拨向位置 2,又同时将控制角调整到 $\alpha_{II} > 90°$,则 II 组晶闸管输出电压 U_{dII} 为上正下负,波形如图 2-9(c)所示。由于机械惯性,电机转速不变,反电动势 E 不变,并且调整 α 使 $|U_{dII}| < |E|$,则晶闸管在 E 与 u_2 的作用下导通,负载中电流为

$$I_d = \frac{E - U_{dII}}{R} \tag{2-23}$$

这种情况下,电机输出功率,运行于发电制动状态,II 组晶闸管吸收功率并将功率送回交流电网。这种情况就是有源逆变,它与图 2-8 (b)所示情况相同。

由以上分析及图 2-9（c）所示晶闸管变流装置在逆变状态下的输出电压波形可以看出，逆变时的输出电压控制原理与整流时相同，计算公式仍为 $U_d=0.9U_2\cos\alpha$，只不过其中控制角 α 的取值应满足 $\alpha>90°$。为了计算方便，令 $\beta=180°-\alpha$，称 β 为逆变角，则

$$U_d=0.9U_2\cos\alpha=0.9U_2\cos(180°-\beta)=-0.9U_2\cos\beta \tag{2-24}$$

在图 2-9(a)所示电路中，设电机在外力作用下以一定速度逆向旋转，产生上负下正的反电动势 E，此时将开关 Q 拨向位置 1，并调整控制角使其为 $\alpha>90°$，即 $\beta<90°$，则 I 组晶闸管也工作在逆变状态。此时电机运行于发电制动状态，输出功率，而 I 组晶闸管吸收功率回送交流电网。同样分析可知，II 组晶闸管也工作于整流状态。可见，同一套变流装置，当 $\alpha<90°$ 时工作在整流状态，当 $\alpha>90°$ 时工作在逆变状态。整流状态运行时，晶闸管在交流电源正半周期间导通的时间较在负半周期间导通的时间长，即输出电压 u_d 波形正面积大于负面积，电压平均值 $U_d>0$，直流平均功率的传递方向是由交流电源经变流器传送到直流负载（电机）；逆变状态运行时，晶闸管在交流电源负半周期间导通的时间较正半周期间的长，u_d 正面积小于负面积，$U_d<0$，直流平均功率由发电机传送到交流电网。当 $\alpha=90°$ 时，输出电压正、负面积相等，$U_d=0$，电流 I_d 也为零，交、直流两侧间无直流能量交换。

需要进一步说明的是，与整流时的情况不同，逆变时在变流器的直流侧存在与 I_d 同方向的电动势 E，在控制角 α 大于 90° 时，尽管晶闸管的阳极电位处于交流电压大部分为负半周的时刻，但由于有 E 的作用，只要 E 在数值上大于 U_d，晶闸管便仍能承受正压而导通。

综上所述，实现有源逆变必须满足下列条件：

（1）变流装置的直流侧必须外接电压极性与晶闸管导通方向一致的直流电源，且其值稍大于变流装置直流侧的平均电压。

（2）变流装置必须工作在 $\beta<90°$，即 $\alpha>90°$，使其输出直流电压极性与整流状态时相反，才能将直流功率逆变为交流功率送至交流电网。

上述两条必须同时具备才能实现有源逆变。为了保持逆变电流连续，逆变电路中都要串联大电感。

要指出的是，半控桥或接有续流二极管的电路，因它们不可能输出负电压，也不允许直流侧接上与直流输出反极性的直流电动势，所以这些电路不能实现有源逆变。

（二）逆变失败与逆变角的限制

1. 逆变失败

晶闸管变流装置工作在逆变状态时，如果出现电压 U_d 与直流电动势 E 顺向串联，则直流电动势 E 通过晶闸管电路形成短路，由于逆变电路总电阻很小，必然形成很大的短路电流，造成事故，这种情况称为逆变失败，或称为逆变颠覆。

现以单相桥式全控逆变电路为例说明。在图 2-10 所示电路中，原本 VT_2 和 VT_3 导通，输出电压 u_2'；在换相时，应由 VT_2 和 VT_3 换相为 VT_1 和 VT_4 导通，输出电压为 u_2。但由于逆变角 β 太小，小于换相重叠角 γ，因此在换相时，两组晶闸管会同时导通。而在换相重叠完成后，已过了自然换相点，使得 u_2' 为正，而 u_2 为负，VT_1 和 VT_4 因承受反压不能导通，VT_2 和 VT_3 则承受正压继续导通，输出 u_2'。这样就出现了逆变失败。

除了逆变角 β 取值过小外，造成逆变失败的原因还有以下几种：

（1）触发电路故障。如触发脉冲丢失、脉冲延时等不能适时、准确地向晶闸管分配脉冲的情况，均会导致晶闸管不能正常换相。

（2）晶闸管故障。如晶闸管失去正常导通或阻断能力，该导通时不能导通，该阻断时不能

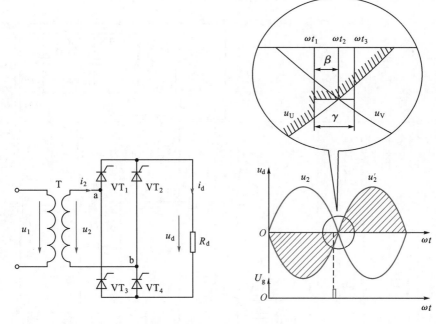

图 2-10　有源逆变换流失败

阻断,均会导致逆变失败。

（3）逆变状态时交流电源突然缺相或消失。此时变流器的交流侧失去了与直流电动势 E 极性相反的电压,致使直流电动势经过晶闸管形成短路。

2. 最小逆变角的限制

为了防止逆变失败,应当合理选择晶闸管的参数,对其触发电路的可靠性、元件的质量以及过电流保护性能等都有比整流电路更高的要求。逆变角的最小值也应严格限制,不可过小。

逆变时允许采用的最小逆变角 β_{min} 应符合

$$\beta_{min} \geqslant \gamma + \delta + \theta \tag{2-25}$$

式中,γ 为换相重叠角,其值与电路形式、工作电流大小有关,一般取 $15° \sim 25°$;δ 为晶闸管关断时间所对应的电角度,一般为 $3.6° \sim 5.4°$;θ 为安全裕量角,它是针对脉冲间隔不对称、电网波动、畸变及温度等可能产生的影响而留出的安全裕量,其值一般为 $10°$ 左右。这样,最小逆变角 β_{min} 的取值应符合

$$\beta_{min} \geqslant 30° \sim 35°$$

为防止 β 小于 β_{min},有时要在触发电路中设置保护电路。此外还可在电路中加上安全脉冲产生装置,安全脉冲位置就设在 β_{min} 处,一旦工作脉冲移入 β_{min} 处,安全脉冲可以保证在 β_{min} 处触发晶闸管。

四、整流触发电路

整流电路的触发电路有很多种,要根据具体的整流电路和应用场合选择不同的触发电路。实际中,大多情况选用锯齿波同步触发电路和集成触发器。

锯齿波同步触发电路由锯齿波形成,同步移相控制,脉冲形成、放大输出,双脉冲,脉冲封锁和强触发等环节组成。可触发 200 A 的晶闸管。由于同步电压采用锯齿波,不直接受电网波动与波形畸变的影响,移相范围宽,在大中容量中得到了广泛应用。

锯齿波同步触发电路原理如图 2-11 所示，下面分环节进行介绍。

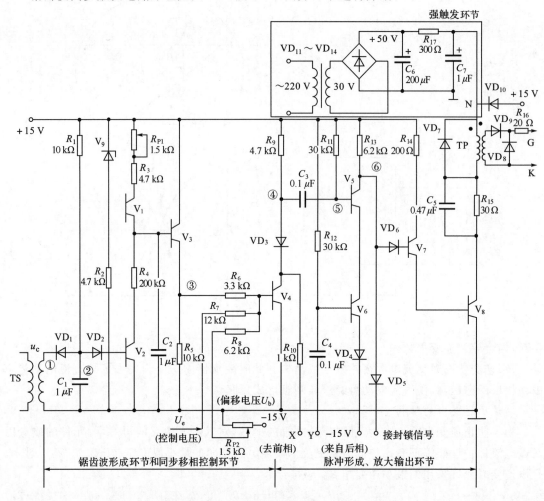

图 2-11　锯齿波同步触发电路原理

1. 锯齿波形成和同步移相控制环节

（1）锯齿波形成环节

V_1、V_9、R_3、R_{P1} 组成的恒流源电路对 C_2 充电形成锯齿波电压，当 V_2 截止时，恒流源电流 I_{c1} 对 C_2 恒流充电，电容两端电压为

$$u_{c2} = \frac{I_{c1}}{C_2}t \tag{2-26}$$

$$I_{c1} = \frac{U_{V9}}{R_3 + R_{P1}} \tag{2-27}$$

因此调节电位器 R_{P1} 即可调节锯齿波斜率。

当 V_2 导通时，由于 R_4 阻值很小，C_2 迅速放电，所以只要 V_2 周期性导通关断，电容 C_2 两端就能得到线性很好的锯齿波电压。

U_{b4} 为合成电压（锯齿波电压为基础，再叠加 U_b、U_c）通过调节 U_c 来调节 α。

（2）同步移相控制环节

同步移相控制环节由同步变压器 TS 和 V_2 等元件组成。锯齿波同步触发电路输出的脉冲怎样才能与主回路同步呢？由前面的分析可知，脉冲产生的时刻由 V_4 导通时刻决定（锯齿波和 U_b、U_c 之和达到 0.7 V 时），由此可见，若锯齿波的频率与主电路电源频率同步即能使触发脉冲与主电路电源同步，锯齿波是由 V_2 来控制的，V_2 由导通变截止期间产生锯齿波，V_2 截止的持续时间就是锯齿波的脉宽，V_2 的开关频率就是锯齿波的频率。在这里，同步变压器 TS 和主电路整流变压器接在同一电源上，用 TS 次级电压来控制 V_2 的导通和截止，从而保证了触发电路发出的脉冲与主电路电源同步。

工作时，把负偏移电压 U_b 调整到某值固定后，改变控制电压 U_c，就能改变 u_{b4} 波形与时间横轴的交点，就改变了 V_4 转为导通的时刻，即改变了触发脉冲产生的时刻，达到移相的目的。

电路中增大负偏移电压 U_b 的目的是调整 $U_c=0$ 时触发脉冲的初始位置。

2. 脉冲形成、放大输出环节

锯齿波同步触发电路波形如图 2-12 所示。

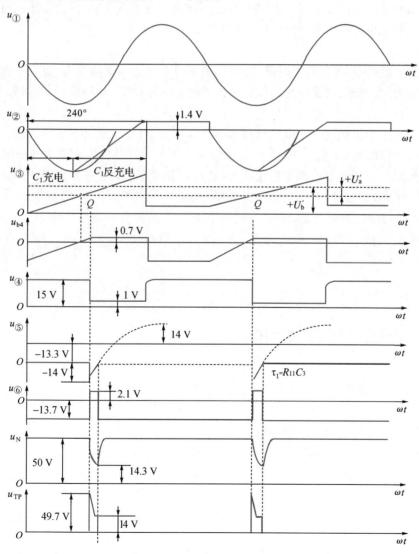

图 2-12　锯齿波同步触发电路波形

(1)当 $u_{b4} < 0.7$ V 时，V_4 截止，V_5、V_6 导通，使 V_7、V_8 截止，无脉冲输出。

电源经 R_{11}、R_{12} 向 V_5、V_6 供给足够的基极电流，使 V_5、V_6 饱和导通，V_5 集电极⑥点电位为 -13.7 V（二极管正向压降以 0.7 V、晶体管饱和压降以 0.3 V 计算），V_7、V_8 截止，无触发脉冲输出。

④点电位为 15 V。⑤点电位为 -13.3 V。

此外，$+15$ V$\rightarrow R_9 \rightarrow C_3 \rightarrow V_5 \rightarrow V_6 \rightarrow -15$ V 对 C_3 充电，极性左正右负，大小为 28.3 V。

(2)当 $u_{b4} \geqslant 0.7$ V 时，V_4 导通，有脉冲输出。

④点电位立即从 $+15$ V 下跳到 1 V，C_3 两端电压不能突变，⑤点电位降至 -27.3 V，V_5 截止，V_7、V_8 经 R_{13}、VD_6 供给基极电流饱和导通，输出脉冲，⑥点电位从 -13.7 V 突变至 2.1 V（VD_6、V_7、V_8 压降之和）。

此外，C_3 经 $+15$ V$\rightarrow R_{11} \rightarrow VD_3 \rightarrow V_4$ 放电和反充电，⑤点电位上升，当⑤点电位从 -27.3 V 上升到 -13.3 V 时，V_5、V_6 又导通，⑥点电位由 2.1 V 突降至 -13.7 V，于是，V_7、V_8 截止，输出脉冲终止。

由此可见，脉冲产生时刻由 V_4 导通瞬间确定，脉冲宽度由 V_5、V_6 持续截止的时间确定。所以脉宽由 C_3 反充电时间常数（$\tau = C_3 R_{11}$）来决定。

3.强触发环节

晶闸管采用强触发可缩短开通时间，增强管子承受电流上升率的能力，有利于改善串、并联元件的动态均压与均流，增强触发的可靠性。因此大中容量系统的触发电路都带有强触发环节。

图 2-11 中右上角强触发环节由单相桥式整流获得近 50 V 直流电压作为电源，在 V_8 导通前，50 V 电源经 R_{17} 对 C_7 充电，N 点电位为 50 V。当 V_8 导通时，C_7 经脉冲变压器一次侧、R_{15} 与 V_8 迅速放电，由于放电回路电阻很小，N 点电位迅速下降，当 N 点电位下降到 14.3 V 时，VD_{10} 导通，脉冲变压器改由 $+15$ V 稳压电源供电。各点波形如图 2-12 所示。

对于单相桥式全控整流电路，电源为正相序时，4 个晶闸管的触发顺序为 $VT_1 \rightarrow VT_2 \rightarrow VT_3 \rightarrow VT_4$ 彼此间隔 $60°$。触发时，VT_1 和 VT_4 一组（互差 $180°$），VT_2 和 VT_3 一组（互差 $180°$）。

任务实施

一、锯齿波同步触发电路的实施

（一）实施准备

了解锯齿波同步触发电路的组成环节及工作原理。

（二）实施所用设备及仪器

(1)MCL 系列教学实验台主控制屏。

(2)MCL-18 组件（适合 MCL-Ⅱ）或 MCL-31 组件（适合 MCL-Ⅲ）。

(3)MCL-05 组件。

(4)双踪示波器。

(5)万用表。

（三）实施过程及方法

(1)如图 2-13 所示,将 MCL-05 面板左上角的同步电压输入接 MCL-18 的 U、V 端,"触发电路选择"拨向"锯齿波"。

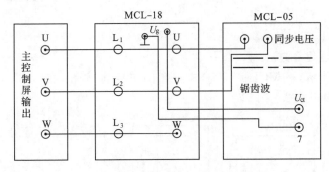

图 2-13　锯齿波同步触发电路的实施线路

(2)三相调压器逆时针调到底,合上主电路电源开关,调节主控制屏输出电压 $U_{UV}=200\,\text{V}$,并打开 MCL-05 面板右上角的电源开关。用双踪示波器观察各观察孔的电压波形,双踪示波器的地线接于 7 端。同时观察 1、2 孔的波形,了解锯齿波宽度和 1 端波形的关系。

观察 3～5 孔波形及输出电压 U_{G1K1} 的波形,调整电位器 R_{P1},使 3 孔的锯齿波刚出现平顶,记下各波形的幅值与宽度,比较 3 孔电压 U_3 与 5 孔电压 U_5 的对应关系。

(3)将 MCL-18 的 G 端输出电压调至零,即将控制电压 U_{ct} 调至零,用双踪示波器观察 2 孔电压 U_2 及 5 孔电压 U_5 的波形,调节偏移电压 U_b,即调节 R_{P1},使 $\alpha=180°$,其波形如图 2-12 所示。

调节 MCL-18 的给定电位器 R_{P1},增大 U_{ct},观察脉冲的移相情况,要求 $U_{ct}=0$ 时,$\alpha=180°$,$U_{ct}=U_{max}$ 时,$\alpha=30°$,满足移相范围 $\alpha=30°\sim180°$ 的要求。

(4)调节 U_{ct},使 $\alpha=60°$,观察并记录 $U_1\sim U_5$ 及输出脉冲电压 U_{G1K1}、U_{G2K2} 的波形,并标出其幅值与宽度。

用导线连接 K_1 和 K_3 端,用双踪示波器观察 U_{G1K1} 和 U_{G3K3} 的波形,调节电位器 R_{P3},使 U_{G1K1} 和 U_{G3K3} 间隔 180°。

（四）检查评估

(1)绘出实验中记录的各点波形,并标出幅值与宽度。

(2)总结锯齿波同步触发电路移相范围的调试方法及移相范围的大小与哪些参数有关。

(3)思考:如果要求 $U_{ct}=0$ 时,$\alpha=90°$,应如何调整?

(4)讨论分析其他实验现象。

二、单相桥式全控整流电路的实施

（一）实施准备

了解单相桥式全控整流电路在带电阻性负载、电感性负载及反电动势负载时的工作原理。

（二）实施所用设备及仪器

(1)MCL 系列教学实验台主控制屏。

(2)MCL-18 组件(适合 MCL-Ⅱ)或 MCL-31 组件(适合 MCL-Ⅲ)。

(3)MCL-33 组件或 MCL-53 组件(适合 MCL-Ⅱ、Ⅲ、Ⅳ)。

(4)MCL-05(A)组件。

（5）MEL-03 三相可调电阻器或自配滑线变阻器。

（6）MEL-02 三相芯式变压器。

（7）双踪示波器。

（8）万用表。

（9）电流表、电压表。

（三）任务实施过程及方法

（1）如图 2-14 所示，将 MCL-05 面板左上角的同步电压输入接 MCL-18 的 U、V 端，"触发电路选择"拨向"锯齿波"。

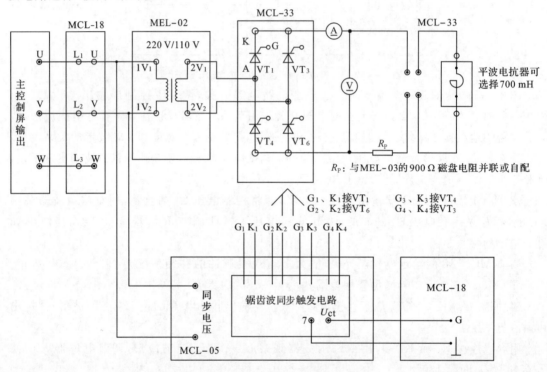

图 2-14　单相桥式全控整流电路的实施线路

（2）断开 MEL-02 和 MCL-33 的连接线，合上主电路电源，调节主控制屏输出电压 U_{UV} 至 220 V，此时锯齿波同步触发电路应处于工作状态。MCL-18 给定的电位器 R_{P1} 逆时针调到底，使 $U_{ct}=0$。调节偏移电压电位器 R_{P2}，使 $\alpha=90°$。

断开主电源，连接 MEL-02 和 MCL-33。

（3）单相桥式全控整流电路供电给电阻性负载：接上电阻性负载（可采用两个 900 Ω 电阻并联），并调节电阻性负载至最大，短路平波电抗器。合上主电路电源，调节 U_{ct}。求取在不同 α 角（30°、60°、90°）时整流电路的输出电压 $U_d=f(t)$ 及晶闸管的端电压 $U_{VT}=f(t)$ 的波形，并记录相应 α 时的 U_{ct}、U_d 和交流输入电压 U_2 值。

若输出的电压的波形不对称，可分别调整锯齿波同步触发电路中 R_{P1}、R_{P3} 电位器。

（4）单相桥式全控整流电路供电给电阻、电感性负载：断开平波电抗器短接线，求取在不同控制电压 U_{ct} 时的输出电压 $U_d=f(t)$、负载电流 $i_d=f(t)$ 以及晶闸管端电压 $U_{VT}=f(t)$ 波形并记录相应 U_{ct} 时的 U_2、U_d 值。

注意，负载电流不能过小，否则可控硅会时断时续，可调节负载电阻 R_P，但负载电流不能超过 0.8 A，U_{ct} 从零起调。

改变电感值（$L=100$ mH），在 $\alpha=90°$ 时，观察 $U_d=f(t)$、$i_d=f(t)$ 的波形，并加以分析。注意，增大 U_{ct} 使 α 前移时，若电流太大，可增加与 L 相串联的电阻加以限流。

（5）单相桥式全控整流电路供电给反电动势负载：把开关 S 合向左侧，接入直流电机，短接平波电抗器，短接负载电阻 R_d。

①调节 U_{ct}，在 $\alpha=90°$ 时，观察 $U_d=f(t)$、$i_d=f(t)$、$U_{VT}=f(t)$ 的波形。注意，交流电压 U_{UV} 需要从零起调，同时直流电机必须先加励磁。

②直流电机回路中串入平波电抗器（$L=700$ mH），重复步骤①的观察。

（6）注意事项如下：

①本任务实施中触发可控硅的脉冲来自 MCL-05 挂箱，故 MCL-33 的内部脉冲需断开，以免造成误触发。

②电阻 R_P 的调节需注意，若电阻过小，会出现电流大造成过电流保护动作（熔断丝烧断，或仪表告警）；若电阻过大，则可能流过可控硅的电流小于其维持电流，造成可控硅时断时续。

③电感的值可根据需要选择，需防止过大的电感造成可控硅不能导通。

④MCL-05 面板的锯齿波触发脉冲需导线连到 MCL-33 面板，应注意连线不可接错，否则易造成损坏可控硅。同时，需要注意同步电压的相位，若出现可控硅移相范围太小（正常范围为 $30°\sim180°$），可尝试改变同步电压极性。

⑤逆变变压器采用 MEL-02 三相芯式变压器，原边为 220 V，中压绕组为 110 V，低压绕组不用。

⑥双踪示波器的两根地线由于同外壳相连，必须注意需接等电位，否则易造成短路事故。

⑦带反电动势负载时，需要注意直流电机必须先加励磁。

（四）检查评估

（1）绘出单相桥式全控整流电路供电给电阻性负载情况下，当 $\alpha=60°$、$90°$ 时的 U_d、U_{VT} 波形，并加以分析。

（2）绘出单相桥式全控整流电路供电给电阻、电感性负载情况下，当 $\alpha=90°$ 时的 U_d、U_{VT}、i_d 波形，并加以分析。

（3）绘出单相桥式全控整流电路的输入—输出特性 $U_d=f(t)$、触发电路特性 $U_{ct}=f(\alpha)$ 及 $U_d/U_2=f(\alpha)$。

（4）总结心得体会。

三、单相桥式有源逆变电路的实施

（一）实施准备

（1）加深理解单相桥式有源逆变的工作原理，掌握有源逆变条件。

（2）了解逆变失败的原因。

（二）实施所用设备及仪器

（1）MCL 系列教学实验台主控制屏。

（2）MCL-18 组件（适合 MCL-Ⅱ）或 MCL-31 组件（适合 MCL-Ⅲ）。

（3）MCL-33 组件或 MCL-53 组件（适合 MCL-Ⅱ、Ⅲ、Ⅳ）。

（4）MCL-05（A）组件。

（5）MEL-03 三相可调电阻或自配滑线变阻器。

（6）MEL-02 三相芯式变压器。

（7）双踪示波器。

（8）万用表。

（三）实施过程及方法

MCL-33 的整流二极管 $VD_1 \sim VD_6$ 组成三相不控整流桥作为逆变桥的直流电源，逆变变压器采用 MEL-02 芯式变压器，回路中接入电感 L 及限流电阻 R_d。实施线路如图 2-15 所示。

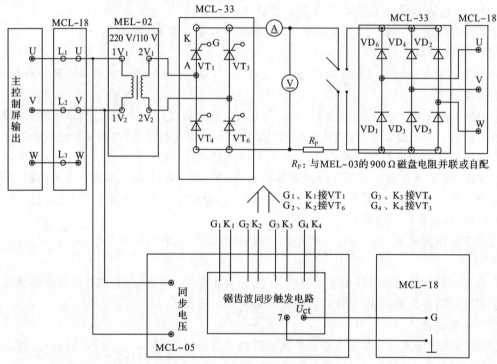

图 2-15　单相桥式有源逆变电路的实施线路

（四）检查评估

（1）绘出 $\beta=30°、60°、90°$ 时，U_d、U_{VT} 的波形。

（2）分析逆变失败的原因。逆变失败会产生什么后果？

仿真实验

一、单相桥式全控整流电路仿真实验

（一）实验准备

了解单相桥式全控整流电路的结构、工作原理及基本物理量的计算等内容，并区分单相桥式全控整流电路中电阻性负载、带电感性负载、带电感性负载接续流二极管情况下的工作波形。

（二）提取模块

新建一个仿真模型。在模块库中，提取单相桥式全控整流电路仿真模型搭建所需要的模块，其主要模块及其提取路径见表 2-1。

表 2-1   单相桥式全控整流电路仿真模型的主要模块及其提取路径

序 号	模块名称	提取路径	数 量
1	交流电源模块	Simscape/Power System/Specialized Technology/ Fundamental Blocks/Electrical Sources	1
2	脉冲发生器模块	Simulink / Sources / Pulse Generator	2
3	晶闸管模块	Simscape/Power Systems/Specialized Technology/ Fundamental Blocks/Power Electronics/Thyristor	4
4	二极管模块	Simscape/Power Systems/Specialized Technology/ Fundamental Blocks/Power Electronics /Diode	2
5	电流表模块	Simscape/Power Systems/Specialized Technology/ Fundamental Blocks/Measurements /Current Measurement	1
6	电压表模块	Simscape/Power Systems/Specialized Technology/ Fundamental Blocks/Measurements / Voltage Measurement	2
7	信号分解器模块	Simulink /Signal Routing /Demux	1
8	RLC 负载模块	Simscape/Power System/Specialized Technology/ Fundamental Blocks/Elements /Series RLC Branch	1
9	示波器模块	Simulink /Sinks /Scope	1

(三) 建立仿真模型

添加好模块后,对各模块进行布局。单相桥式全控整流电路仿真模型如图 2-16 所示。

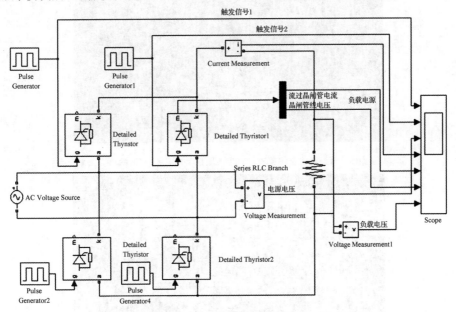

图 2-16 单相桥式全控整流电路仿真模型

(四) 设置参数

各模块参数的设置基本与单相桥式半控整流电路仿真实验相同。但要注意触发脉冲的给定,互为对角的两个触发信号的控制角设置必须相同,否则会烧坏晶闸管。

(五) 模型仿真

参数设置好后,即可开始仿真。仿真完成后,可以通过示波器来观测仿真结果。

1. 带电阻性负载的仿真

带电阻性负载 $\alpha=0°$、$30°$、$45°$、$60°$ 时的仿真结果分别如图 2-17～图 2-20 所示。

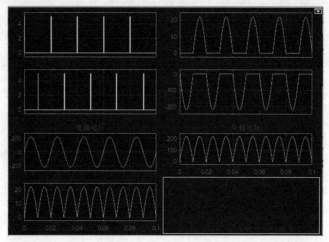

图 2-17　单相桥式全控整流电路带电阻性负载 $\alpha=0°$ 时的仿真结果

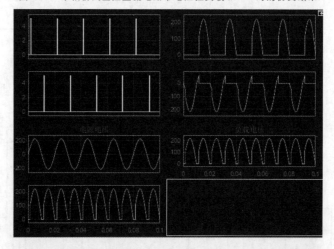

图 2-18　单相桥式全控整流电路带电阻性负载 $\alpha=30°$ 时的仿真结果

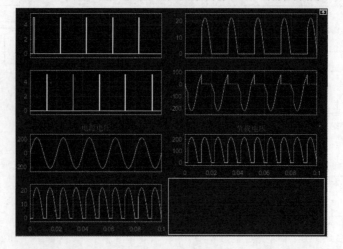

图 2-19　单相桥式全控整流电路带电阻性负载 $\alpha=45°$ 时的仿真结果

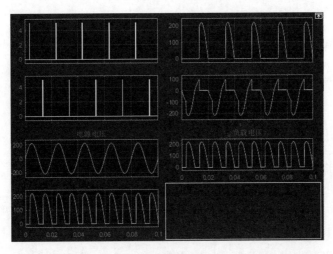

图 2-20　单相桥式全控整流电路带电阻性负载 $\alpha=60°$ 时的仿真结果

2.带电感性负载的仿真

带电感性负载的仿真与带电阻性负载的仿真方法基本相同,但在 RLC 负载模块参数设置时,需要将负载类型("Branch type")设为"RL"。本仿真中,设置 $R=1$,$L=0.01$ H,电容为 inf。

带电感性负载 $\alpha=0°$、$30°$、$45°$、$60°$时的仿真结果分别如图 2-21~图 2-24 所示。

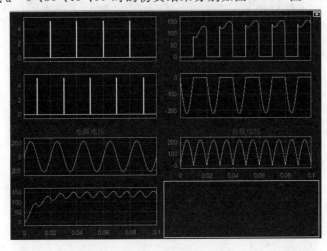

图 2-21　单相桥式全控整流电路带电感性负载 $\alpha=0°$ 时的仿真结果

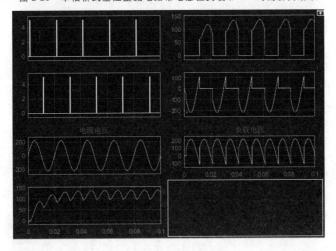

图 2-22　单相桥式全控整流电路带电感性负载 $\alpha=30°$ 时的仿真结果

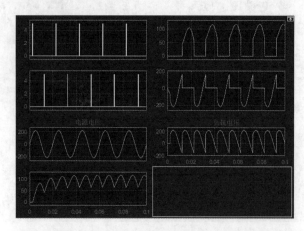

图 2-23 单相桥式全控整流电路带电感性负载 $\alpha=45°$ 时的仿真结果

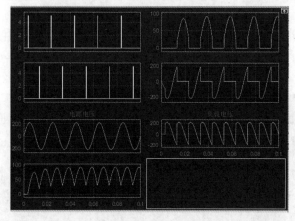

图 2-24 单相桥式全控整流电路带电感性负载 $\alpha=60°$ 时的仿真结果

思考单相桥式半控整流电路接续流二极管的作用，并在这种情况下分别在 $\alpha=30°$、$60°$ 时进行仿真。

（六）知识拓展

某单相桥式全控整流电路仿真模型如图 2-25 所示。

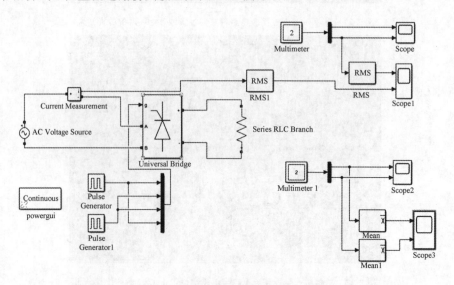

图 2-25 某单相桥式全控整流电路仿真模型

1. 主电路建模

主电路主要由交流电源、桥式整流电路和电阻等组成。参数设置：峰值电压为 220 V，相位为 0°，频率为 50 Hz。整流桥模块的提取路径为"Simscape/Simpower Systems/Specialized Technology/Power Electronics/Universal Bridge"，参数设置如图 2-26 所示，"Number of bridge arms"（桥臂）设为 2，电力电子元器件为晶闸管，其他参数为默认值。为了测量晶闸管的电压和电流，"Measurements"（测量）选择"All voltage and currents"。当然在多路测量仪"Multimeter"模块里，可以选择相应的测量物理量。

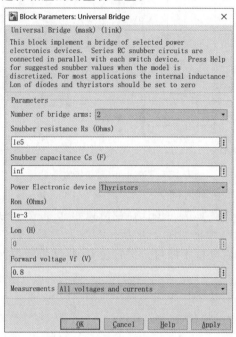

图 2-26　设置整流桥模块参数

为了测量交流电源电流的有效值，采用了 RMS 模块，按照图 2-25 连接即可。

2. 控制电路建模

控制电路主要由两个脉冲发生器（其提取路径为 Simulink/Sources/Pulse Generator）分别通向 VT_1、VT_4 和 VT_2、VT_3 两组晶闸管。其中一个脉冲发生器参数设置：峰值设为 1；周期为 0.02 s（与电源频率对应）；脉冲宽度设为 10；相位延迟时间设为 0.001 67，这是因为本次仿真时，把触发角设为 30°。由于脉冲发生器参数设置对话框中延迟为时间（s），即 $t＝\alpha×0.02/360°$，则另一个脉冲发生器的触发角和前一个脉冲发生器相差 180°，因此 VT_2 相位延迟时间为 $0.01＋\alpha×0.02/360°$，其他参数设置和前者相同。由于 2 个脉冲通向 4 个晶闸管，采用 Mux 模块（提取路径为 Simulink/Signal/Routing/Mux）将 4 个触发脉冲信号合成，Mux 模块参数设为 4，表明输入端有 4 路信号。值得注意的是，在模块库中，"Universal Bridge"模块在电力电子模块为晶闸管时，上臂桥从左到右是 VT_1、VT_2，下桥臂从左到右依次是 VT_3、VT_4，所以触发脉冲必须正确连接。

3. 选择测量模块

测量物理量的平均值时，采用 Mean 模块，由于交流电源频率为 50 Hz，所以本次仿真在参数设置时将"Fundamental frequency"设为 50，与电源频率一致，"Initial input"设为 0。测量物理量的有效值时，采用 RMS 模块，在参数设置时将"Fundamental frequency"设为 50，"Initial magnitude of input"设为 0。采样时间均设为"50e-6"。

从仿真模型可以看出,本次仿真主要测量交流电源电流有效值、负载电压平均值、有效值和流过晶闸管 VT_1 的电流有效值。其他物理量的测量采用多路测量仪"Multimeter"模块,本次仿真中只选择电阻两端电压、VT_1 两端电压、流过 VT_1 的电流和流过负载的电流。由于只测量 4 个信号,采用"Demux"模块,提取路径为 Simulink/Signal Routing/Demux,设输出端口为 4 个,分别对应示波器测量端口即可。如图 2-27 所示。

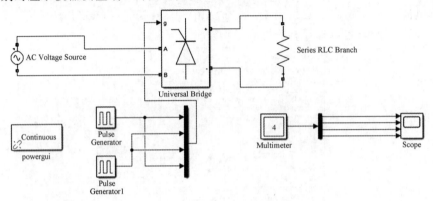

图 2-27　"Multimeter"模块的使用

仿真算法设为"ode15s",仿真时间为 1 s。需要说明的是,有时候如果发现波形不理想或仿真结果不正确,可以减小仿真算法的步长,将"Max step size"设为"1e-4"即可。

双击"Multimeter"模块,弹出如图 2-28 所示参数设置对话框。从对话框左侧列表中选择需要测量的物理量,添加到右侧框中即可。进行仿真,将结果截图保存。

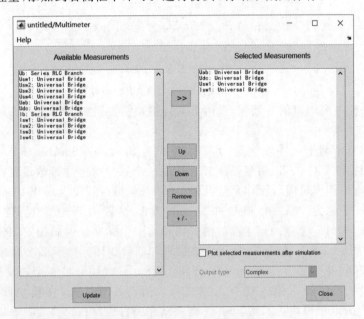

图 2-28　"Multimeter"模块参数设置

二、单相桥式有源逆变电路仿真实验

(一)实验准备

单相桥式有源逆变电路与单相桥式全控整流电路的结构一样,改变电路的有关参数,使电路满足有源逆变的条件即可工作于有源逆变状态,成为有源逆变电路。了解单相桥式有源逆变电路的结构、有源逆变的条件和工作原理、逆变失败的原因及最小逆变角的限制等内容。

（二）提取模块

在模块库中，提取单相桥式有源逆变电路仿真模型搭建所需要的模块。

（三）建立仿真模型

添加好模块后，对各模块进行布局。单相桥式有源逆变电路仿真模型如图 2-29 所示。

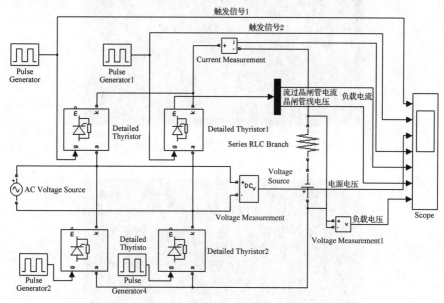

图 2-29　单相桥式有源逆变电路仿真模型

（四）设置参数

各模块参数的设置基本与单相桥式全控整流电路仿真实验相同。本实验中，电路中增加了一个反向的直流电动势，以实现逆变。交流电压设为 220 V，50 Hz；负载电阻设为 5 Ω；直流电压设为 250 V。要注意触发脉冲的设置，因为要实现逆变，触发角要大于 90°（自行计算触发角分别为 90°、120°、135°、150°时的相位延迟时间），且处于对角的晶闸管触发设置要相同。

（五）模型仿真

仿真算法设为"ode23tb"；"stop time"设为 0.1。设置好后，即可开始仿真。仿真完成后，可以通过示波器来观测仿真结果。

单相桥式有源逆变电路 $\alpha=90°$、120°、135°、150° 时的仿真结果分别如图 2-30～图 2-33所示。

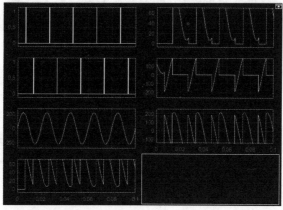

图 2-30　单相桥式有源逆变电路 $\alpha=90°$ 时的仿真结果

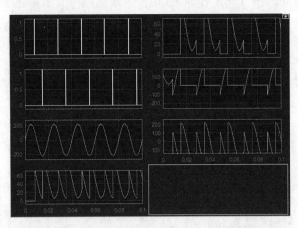

图 2-31　单相桥式有源逆变电路 $\alpha = 120°$ 时的仿真结果

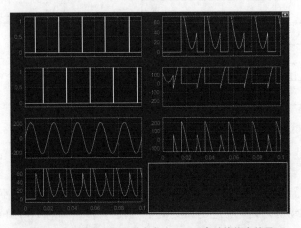

图 2-32　单相桥式有源逆变电路 $\alpha = 135°$ 时的仿真结果

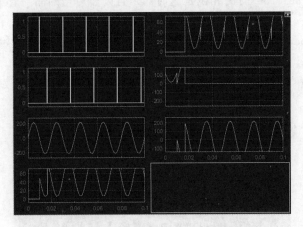

图 2-33　单相桥式有源逆变电路 $\alpha = 150°$ 时的仿真结果

巩固训练

2-1　单相桥式全控整流电路中,若有一个晶闸管因过电流而烧成短路,结果会怎样? 若这个晶闸管烧成断路,结果又会怎样?

2-2　锯齿波同步触发电路中输出脉冲的宽度由什么来决定?

2-3　在单相桥式全控整流电路带大电感性负载的情况下,突然输出电压平均值变得很小,且电路中各整流器件和熔断器都完好,试分析故障发生在何处。

2-4　单相桥式全控整流电路带大电感性负载,交流侧电流有效值为 110 V,负载电阻 R_d 为 4 Ω。

(1)当 $\alpha = 30°$ 时,求直流输出电压平均值 U_d、输出电流的平均值 I_d。

(2)若在负载两端并联续流二极管,其 U_d、I_d 是多少? 此时流过晶闸管和接续流二极管的电流平均值和有效值是多少?

(3)绘出上述两种情况下的电压、电流波形(u_d、i_d、i_{T1}、i_{DR})。

2-5　直流电机负载单相桥式全控整流电路中,串联平波电抗器的意义是什么?

2-6　实现有源逆变的条件是什么? 变流装置有源逆变工作时,其直流侧为什么能出现负的直流电压?

2-7　单相桥式半控整流电路能否实现有源逆变?

2-8　设单相桥式有源逆变电路的逆变角为 $\beta = 60°$,绘出输出电压的波形。

2-9　导致逆变失败的原因是什么? 最小逆变角一般取为多少?

2-10　举例说明有源逆变有哪些应用。

任务三 开关电源的电路分析与检测 ＞＞＞＞

学习目标

(1)掌握开关电源主要器件(GTR、功率 MOSFET)的工作原理和特性。

(2)掌握 DC/DC 变换电路的基本概念和工作原理。

(3)熟悉 PC 主机开关电源典型故障现象及检修方法。

(4)掌握相关英文词汇。

任务引入

开关电源是一种高效率、高可靠性、小型化、轻型化的稳压电源,是电子设备的主流电源。开关电源广泛应用于生活、生产、军事等各个领域。各种计算机设备、彩色电视机等家用电器都大量采用了开关电源。如图 3-1 所示是常见的 PC 主机开关电源。

哲思课堂3

图 3-1 常见的 PC 主机开关电源

PC 主机开关电源的基本作用就是将交流电网的电能转换为适合各个配件使用的低压直流电供给整机使用。一般有四路输出,分别是 ＋5 V、－5 V、＋12 V、－12 V。如图 3-2 所示为 PC 主机开关电源电路。

开关电源的原理框图如图 3-3 所示,输入电压为 AC 220 V、50 Hz 的交流电,经过滤波,再由整流桥整流后变为直流电,然后通过功率开关管的导通与截止将直流电压变成连续的脉冲,再经变压器隔离降压及输出滤波后变为低压的直流电。开关管的导通与截止由 PWM(脉冲宽度调制)控制电路发出的驱动信号控制。

PWM 控制电路在提供开关管驱动信号的同时,还要实现输出电压稳定的调节、对电源负载提供保护。为此设有检测放大电路、过电流保护及过电压保护等环节。通过自动调节开关管导通时间的比例(占空比)来实现。

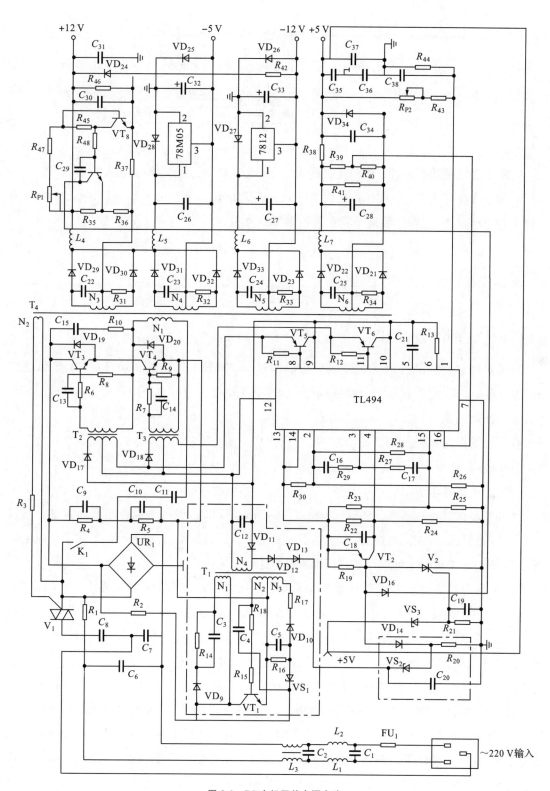

图 3-2　PC 主机开关电源电路

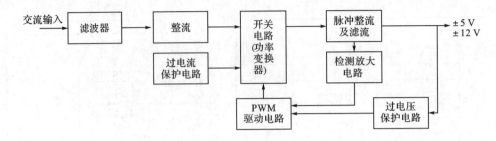

图 3-3　开关电源的原理框图

由高压直流到低压多路直流的电路称为 DC/DC 变换,是开关电源的核心技术。

本任务通过对开关管、DC/DC 变换电路的分析介绍开关电源的工作原理,进而介绍开关器件和 DC/DC 变换电路的原理及其在其他方面的应用。

相关知识

一、开关器件

开关器件有许多,经常使用的是场效应晶体管 MOSFET、可关断晶闸管 GTO、绝缘栅双极型晶体管 IGBT(将在任务六中介绍),在小功率开关电源上有时也使用大功率晶体管 GTR。本任务中使用的是 GTR。

（一）大功率晶体管（GTR）

1. GTR 的结构和工作原理

（1）GTR 的基本结构

大功率晶体管也称巨型晶体管（Giant Transistor，GTR）,是一种双极结型晶体管。它具有大功率、高反压、开关时间短、饱和压降小和安全工作区宽等优点,因此被广泛用于交流电机调速、不停电电源和中频电源等电力变流装置中。

GTR 的内部结构同小功率晶体管相似,也有三端三层器件,内部有两个 PN 结,也有NPN 管和 PNP 管之分,大功率的 GTR 多为 NPN 型。其电流由两种载流子(电子和空穴)的运动形成,所以称为双极型晶体管。如图 3-4 所示是 NPN 型 GTR 的内部结构和符号。大功率晶体管多数情况下处于功率开关状态,因此对它的要求是要有足够的电压、电流承载能力、适当的增益、较大的工作速度和较小的功率损耗等。然而,随着 GTR 电压、电流容量的增大,基区电导调制效应和扩展效应将使器件的电流增益减小;发射极电流集边效应则使电流分布不均,出现电流局部集中现象,导致器件热损坏。为此,GTR 均采用三重扩散台面型结构制成单管形式,其特点是结面积较大,电流分布均匀,易于增强耐压及散热性能;缺点是电流增益小。为了增大输出容量和电流增益,可采用达林顿结构,它由两个或多个大功率晶体管复合而成。

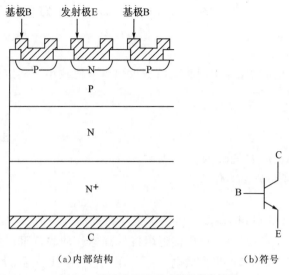

基极B　　发射极E　　基极B

（a）内部结构　　　　　（b）符号

图 3-4　NPN 型 GTR 的内部结构和符号

（2）GTR 的工作原理

通常用导通、截止、开通和关断来表示 GTR 不同的工作状态。导通和截止表示 GTR 的两种稳态工作情况，开通和关断表示 GTR 由断到通、由通到断的动态过程。在共射极接法时，GTR 的输出特性也分截止区、放大区和饱和区。在开关状态时，GTR 应工作在截止区或饱和区，但在开关过程中，即在截止区和饱和区之间过渡时，都要经过放大区。下面用图 3-5 所示共射极开关电路来说明器件开关状态的特性。GTR 导通时对应着基极输入正向电压的情况，此时发射结处于正向偏置（$U_{BE}>0$）状态，集电结也处于正向偏置（$U_{BC}>0$）状态。由于基区内有大量过剩的载流子，而集电极电流被外部电路限制在某一数值不能继续增大，于是 GTR 处于饱和状态。此时集射极之间阻抗很小，其特征用 GTR 的饱和压降 U_{CES} 来表征。当基极输入反向电压或零时，GTR 的发射结和集电结都处于反向偏置（$U_{BE}<0,U_{BC}<0$）状态。在这种状态下集射极之间阻抗很大，只有极小的漏电流流过，GTR 处于截止状态。此时 GTR 的特征用穿透电流 I_{CEO} 表征。

与晶闸管类似，GTR 开通时间 t_{on} 包括延迟时间 t_d 和上升时间 t_r；而它的关断时间 t_{off} 包括存储时间 t_s 和下降时间 t_f。

增大基极驱动电流 i_b 的幅值并增大 di_b/dt，可以缩短延迟时间和上升时间；减小导通时的饱和深度，或增大基极抽取负电流 i_b 的幅值和偏压，可以缩短存储时间。然而，减小饱和导通时的深度会使 U_{CES} 增大。

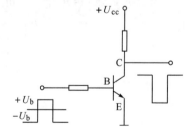

图 3-5　共射极开关电路

2. GTR 的主要参数

GTR 的主要技术参数除了有前面提到的穿透电流 I_{CEO}、饱和压降 U_{CES}、开通时间 t_{on} 和关断时间 t_{off} 之外，还有以下参数：

（1）电压参数

随着测试条件的不同，GTR 的电压参数分为以下几种：发射极开路时，集、基极间的反向击穿电压 U_{CBO}；基极开路时，集、射极间的反向击穿电压 U_{CEO}；基、射极间短路时，集、射极间的反向击穿电压 U_{CES}；基、射极间接一电阻时，集、射极间的反向击穿电压 U_{CER}；基、射极间接一电阻并串联反偏电压时,集、射极间的反向击穿电压 U_{CEX}。它们之间的大小关系为 $U_{CBO}>U_{CES}>U_{CEX}>U_{CER}>U_{CEO}$。

（2）电流参数

即集电极最大允许电流 I_{CM}。一般将电流放大倍数 β 值减小到额定值的 1/2 至 1/3 时的 I_C 值定义为 I_{CM}。

（3）功耗参数

包括集电极最大耗散功率 P_{CM}、导通损耗 P_{ON}、开关损耗 P_{SW}、二次击穿功耗 P_{SB}。

其他参数还包括电流放大倍数、额定结温等。

3. GTR 的二次击穿和安全工作区

（1）二次击穿

在实际应用中,损坏的 GTR 多数是由二次击穿造成的。所谓二次击穿,是指 GTR 发生一次击穿后电流不断增大,在某一点产生向低阻抗区高速移动的负阻现象,用符号 S/B 表示。当集电极电压增大到某一数值时,集电极电流 I_C 急剧增大,这就是通常所说的雪崩,即一次击穿,其特点是此时集电结的电压基本保持不变。如有外接电阻限制电流增长,一般不会引起 GTR 特性变差;若不加限制,继续增大外接电压,就会导致破坏性的二次击穿。

二次击穿的持续时间为纳秒到微秒级,由于管子的材料、工艺等因素的分散性,二次击穿难以计算和预测。防止二次击穿的办法:应使实际使用的工作电压比反向击穿电压小得多;必须有电压电流缓冲保护措施。

（2）安全工作区

如图 3-6 所示,以直流极限参数 I_{CM}、P_{CM}、U_{CEM} 构成的工作区为一次击穿工作区。以 U_{SB}（二次击穿电压）与 I_{SB}（二次击穿电流）形成的 P_{SB}（二次击穿功率）如图 3-6 中虚线所示,它是一个不等功率曲线。以 3DD8E 晶体管测试数据为例,其 $P_{CM}=100$ W,$U_{CEO}\geqslant200$ V。但由于受到击穿的限制,当 $U_{CE}=100$ V 时,P_{SB} 为 60 W;$U_{CE}=200$ V 时,P_{SB} 仅为 28 W。所以,为了防止二次击穿,要选用足够大功率的管子,实际使用的最高电压通常比管子的极限电压小很多。

安全工作区是在一定的温度条件下得出的,如环境温度 25 ℃或壳温 75 ℃等,使用时若超过上述指定温度值,允许功耗和二次击穿耐量都必须减小。

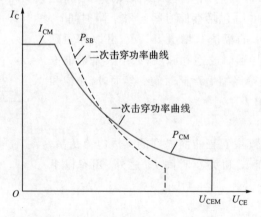

图 3-6　GTR 安全工作区

4. GTR 的驱动与保护

（1）基极驱动电路的要求

理想的 GTR 基极驱动电流波形如图 3-7 所示。

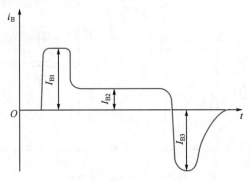

图 3-7 理想的 GTR 基极驱动电流波形

对 GTR 基极驱动电路的要求一般有如下几条：

①控制 GTR 开通时，驱动电流前沿要陡，并有一定的过冲电流（I_{B1}），以缩短开通时间，减小开通损耗。

②GTR 导通后，应相应减小驱动电流（I_{B2}），使器件处于临界饱和状态，以减小驱动功率，缩短储存时间。

③GTR 关断时，应提供足够大的反向基极电流（I_{B3}），迅速抽取基区的剩余载流子，以缩短关断时间，减小关断损耗。

④应能实现主电路与控制电路之间的电气隔离，以保证安全，提高抗干扰能力。

⑤具有一定的保护功能。

（2）基极驱动电路

如图 3-8 所示是具有负偏压、能防止过饱和 GTR 基极驱动电路。当输入的控制信号 u_i 为高电平时，V_1、V_2 及光耦合器 B 均导通，而 V_3、V_6 截止，V_4 和 V_5 导通。V_5 的发射极电流流经 R_5、VD_3，驱动 GTR，使其导通，同时给电容 C_2 充上左正右负的电压。C_2 的充电电压值由电源电压 U_{CC} 及 R_4、R_5 的比值决定。当 u_i 为低电平时，V_1、B 及 V_2 均截止，V_3 导通，V_4 与 V_5 截止，V_6 导通。C_2 通过 V_6、GTR 的 E 和 B 极、VD_4 放电，使 GTR 迅速截止。然后，C_2 经 V_6、V_7、VD_5、VD_4 继续放电，使 GTR 的 B 和 E 极承受反偏电压，保证其可靠截止。因此，称 V_6、V_7、VD_5、VD_4 和 C_2 构成的电路为截止反偏电路。该电路中，C_2 为加速电容。"加速"的含义：在 V_5 刚刚导通时，U_{CC} 通过 R_4、V_5、C_2、VD_3 驱动 GTR，R_5 被 C_2 短路，这样，就能实现驱动电流的过冲，且使驱动电流的前沿更陡，从而加速 GTR 的开通。过冲电流的幅度可为额定基极电流的 2 倍以上。驱动电流的稳态值由 U_{CC}、R_4、R_5 值决定，在选择 $R_4 + R_5$ 值时，要保证基极电流足够大，以保证 GTR 在最大负载电流时仍能饱和导通。

VD_2（钳位二极管）、VD_3（电位补偿二极管）和 GTR 构成了抗饱和电路，可使 GTR 导通时处于临界饱和状态。若无抗饱和电路，当负载较轻时，V_5 的发射极电流全部注入 GTR 的基极，就会使 GTR 过饱和，关断时退饱和时间会延长。加上抗饱和电路后，当 GTR 因过饱和而造成集电极电位低于基极电位时，钳位二极管 VD_2 就会导通，将基极电流分流，从而减小 GTR 的饱和深度，维持 $U_{BE} \approx 0$。而当负载加重 I_C 增大时，集电极电位升高，原来由 VD_2 旁路

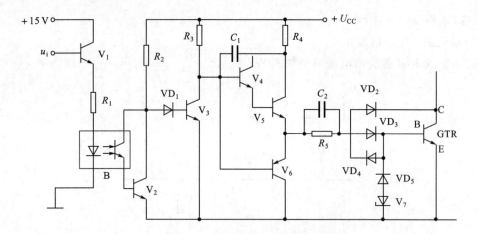

图 3-8   GTR 基极驱动电路

的电流又会自动回到基极,确保 GTR 不会退出饱和。这样,抗饱和电路可使 GTR 在不同的集电极电流情况下,集电结始终处于零偏置或轻微正向偏置的临界饱和状态,从而缩短存储时间。在不同负载情况下及在应用离散性较大的 GTR 时,存储时间也可趋于一致。应当注意,VD_2 必须是快速恢复二极管,其耐压也应和 GTR 的耐压相当。

(3)集成化驱动

集成化驱动电路克服了一般电路元件多、电路复杂、稳定性差和使用不便的缺点,还增加了保护功能。例如,法国 THOMSON 公司为 GTR 专门设计了基极驱动芯片 UAA4002,其原理框图如图 3-9 所示。该芯片的突出特点是保护功能丰富。如图 3-10 所示是由 UAA4002 驱动的 8 A、400 V 开关电源电路。电路驱动采用电平控制方式,最小导通时间为 2.8 μs。该电路的有关功能说明如下:

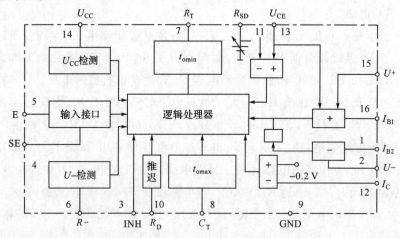

图 3-9   UAA4002 原理框图

①过流检测   限流负电源回路中串联有 0.1 Ω 电阻,用以检测 GTR 的集电极电流,并将该信号引入芯片的 I_C 端(12 脚)。一旦发生过电流,该信号使比较器状态发生变化,逻辑处理器检测到这种变化,并发出封锁信号,封锁输出脉冲,使 GTR 关断。

②防止退饱和   用二极管 VD 来检测 GTR 集电极电压,VD 的负极接 GTR 的集电极,正极接芯片的 U_{CE} 端(13 脚)。GTR 开通时,比较器检测 U_{CE} 端的电压值,若比 R_{SD} 端(11 脚)的

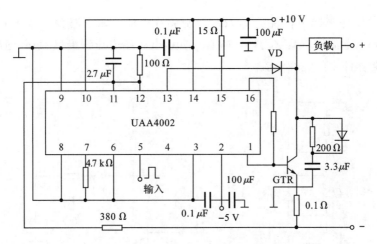

图 3-10　UAA4002 驱动的 8 A、400 V 开关电源电路

设定电压大,比较器便向逻辑处理器发出信号,处理器发出封锁信号,从而可防止 GTR 因基极电流不足或集电极电流过载而引起退饱和。在图 3-10 中,R_{SD} 端开路,动作阈值被自动限制在 5.5 V。

③导通时间间隔控制　通过 R_T 端(7 脚)外接电阻(图 3-10 中为 4.7 kΩ)来确定 GTR 的最小导通时间 t_{omin},以保证 GTR 开关辅助网络的电容充分放电。通过 C_T 端(8 脚)外接电容来确定 GTR 的最大导通时间 t_{omax},以限制电路的输送功率,或防止脉冲控制方式因传输信号中断而造成持续导通。

④电源电压检测　利用 U_{CC} 端(14 脚)检测正电源电压,保证在电源电压小于 7 V 时芯片无输出信号,以免 GTR 在过小的驱动电压下退饱和而造成损坏。利用 $U-$ 端(2 脚)与 $R-$ 端(6 脚)之间的外接电阻来实现负电压的检测。

⑤延时功能　通过 R_D 端(10 脚)外接电阻来进行调整,使芯片的控制电压前、后沿之间能保持 1~20 μs 的延时。不需要延时时,将此端接正电源。

⑥热保护　当芯片温度高于 150 ℃时,自动切断输出脉冲,低于极限值时恢复输出。

⑦输出封锁　INH 端(3 脚)加高电平时输出封锁,加低电平时解除封锁。

如图 3-10 所示电路中,UAA4002 的延时功能、最大导通时间控制、负电源电压检测等功能未予使用。

（4）GTR 的保护电路

为了使 GTR 在厂家规定的安全工作区内可靠地工作,必须对其采用必要的保护措施。而对 GTR 的保护相对来说比较复杂,因为它的开关频率较高,采用快熔保护是无效的。一般采用缓冲电路。设置缓冲电路就可以避免器件流过过大电流和器件两端出现过大电压,或者将电流电压的峰值错开而不同时出现,可以抑制 du/dt、di/dt,减小开关损耗,增强电路的可靠性。

①开通缓冲电路　开通缓冲电路如图 3-11 所示,将 L_S 串联在 GTR 集电极电路中,VD_S 与 L_S 并联,利用电感电流不能突变的原理来抑制 GTR 的电流上升率。在 GTR 开通过程中,在集电极电压减小期间,L_S 限制了集电极电流的上升率 di/dt;在 GTR 关断时,L_S 中的储能通过 VD_S 的续流作用消耗在 VD_S 和电感本身的电阻上。VD_F 为负载 Z_L 提供续流通路。

②关断缓冲电路　关断缓冲电路如图 3-12 所示,将电容并联于器件两端,利用电容两端

电压不能突变的原理来减小器件的 $\mathrm{d}u/\mathrm{d}t$,抑制尖峰电压。该电路为充放电式 RCD 缓冲电路。GTR 关断时,电源经负载 Z_L、$\mathrm{VD_S}$ 向 C_S 充电,电容端电压缓慢增大;开通时,C_S 通过 R_S 放电,R_S 可限制器件中的尖峰电流。

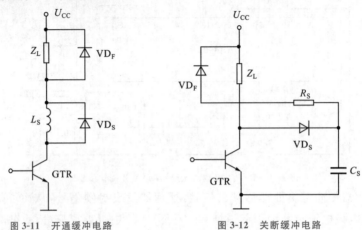

图 3-11　开通缓冲电路　　　　　图 3-12　关断缓冲电路

　　③复合缓冲电路　将开通缓冲电路与关断缓冲电路结合在一起,称为复合缓冲电路,在实际中应用较多。如图 3-13 所示为两种复合缓冲电路。如图 3-13(a)所示,当 GTR 关断时,负载电流经 L_S、$\mathrm{VD_S}$ 向电容 C_S 充电,GTR 两端电压平缓增大;当 GTR 开通时,L_S 限制电流变化率,同时,C_S 上储存的能量经 R_S、L_S、GTR 放电,能量消耗在 R_S 上,减小了 GTR 承受的电流上升率 $\mathrm{d}i/\mathrm{d}t$。这种电路把缓冲电路的能量消耗在电阻上,称为耗能式复合缓冲电路。

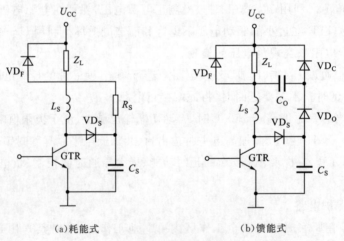

（a）耗能式　　　　　　　　（b）馈能式

图 3-13　复合缓冲电路

　　如图 3-13(b)所示,电路将缓冲电路的能量以适当的方式回馈给负载,称为馈能式复合缓冲电路。当 GTR 开通时,L_S 限制电流变化率,并在 L_S 中储存部分能量,同时电容 C_S 经 $\mathrm{VD_O}$、C_O、L_S 和 GTR 回路放电,将 C_S 上储存的能量转移至 C_O 上。GTR 关断时,C_S 被充电至电源电压,同时,C_O 和 L_S 并联运行向负载放电,将本身储存的能量馈送给负载。

　　(二)功率场效应晶体管(功率 MOSFET)

　　功率场效应晶体管(功率 MOSFET)是一种单极型(只有一种载流子,即多数载流子参与导电)的电压控制器件。它有驱动电路简单、驱动功率小、无二次击穿问题、安全工作区宽、开关速度快、工作频率高等显著特点。在开关电源、小功率变频调速等电力电子设备中具有其他电力电子器件所不能取代的地位。

功率 MOSFET 是压控型器件,其门极控制信号是电压。它的三个极分别是栅极 G、源极 S、漏极 D。

如图 3-14 所示为功率 MOSFET 的内部结构和符号。功率 MOSFET 的导通机理是只有一种载流子参与导电,并根据导电沟道分为 P 沟道和 N 沟道。但传统的 MOSFET 结构是把源极、栅极和漏极安装在硅片的同一侧上,因而其电流是横向流动的,电流容量不可能太大。要想获得大的功率处理能力,必须有很大的沟道宽长比,而沟道长度受制版和光刻工艺的限制不可能做得很小,因而只好增大管芯面积,这显然是不经济的,甚至是难以实现的。因此,功率 MOSFET 的制造关键是既要保留沟道结构,又要将横向导电改为垂直导电。在硅片上将漏极改装在栅、源极的另一面,即垂直安置漏极,不仅充分利用了硅片面积而且实现了垂直导电,所以获得了较大的电流容量。垂直导电结构组成的功率 MOSFET 称为 VMOSFET(Vertical MOSFET)。根据结构形式的不同,功率 MOSFET 又分为利用 V 形槽实现垂直导电的 VVMOSFET(Vertical V-groove MOSFET)和具有垂直导电双扩散 MOS 结构的 VDMOSFET(Vertical Double-diffused MOSFET)。

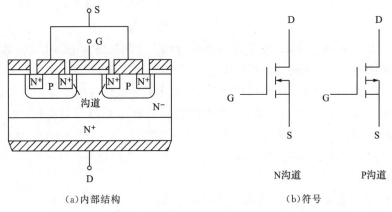

(a)内部结构　　　　　　　　　　　　　(b)符号

图 3-14　功率 MOSFET 的内部结构和符号

如图 3-14(a)所示为 N 沟道增强型 VDMOSFET 中一个单元的截面。利用同一扩散窗进行两次扩散,先形成 P 型区再形成 N^+ 型源区。由两次扩散的深度差形成沟道部分,因而沟道长度可以精确控制,载流子在沟道内沿表面流动,然后垂直地流向漏极。因为漏极是从硅片底部引出的,所以器件可以高度集成化。并且在漏源极间施加电压后,由于耗尽层的扩展,栅极下的 MOSFET 部分电压并不随之增大,几乎保持一定的电压值,于是可使耐压增大。

当栅极和源极间(栅源)电压 U_{GS} 为负值或为零时,栅极下面的 P 型体区表面呈现空穴的堆积状态,不可能出现反型层,因而 P 基区与 N 漂移区之间形成的 J_1 结反偏,漏源极之间无电流流过。即使栅源电压为正,但数值不够大时,栅极下面的 P 型体区表面呈现耗尽状态,但 PN 结 J_1 仍存在,还不能沟通漏极和源极。当栅源电压 U_{GS} 大于某一数值 U_T 时,由于表面电场效应,P 型体区表面发生反型,而变成了 N 型半导体,从而使 PN 结 J_1 消失,漏极和源极导电。电压 U_T 称为开启电压,U_{GS} 超过 U_T 越大,导电能力越强,漏极电流 I_D 越大。

如图 3-15 所示为功率 MOSFET 的静态特性。其中,如图 3-15(a)所示为功率 MOSFET 的转移特性,表示了栅源电压 U_{GS} 与漏极电流 I_D 之间的关系。转移特性表示功率 MOSFET 的放大能力,与 GTR 中的电流增益相似,由于功率 MOSFET 是电压控制器件,因此用跨导

G_{fs} 这一参数来表示。跨导的大小定义为转移特性曲线的斜率,当 I_D 较大时,I_D 与 U_{GS} 的关系近似线性。因此有

$$G_{fs} = \frac{dI_D}{dU_{GS}} \tag{3-1}$$

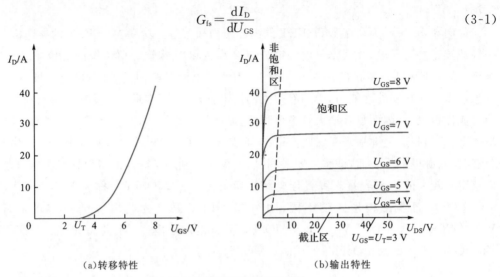

(a)转移特性　　　　　　　　　　(b)输出特性

图 3-15　功率 MOSFET 的静态特性

如图 3-15(b)所示为功率 MOSFET 的输出特性。它是以栅源电压 U_{GS} 为参变量,反映漏极电流 I_D 与漏极电压 U_{DS} 之间关系的曲线族,可以分三个区域:

截止区:$U_{GS} \leqslant U_T$,$I_D = 0$。此区域和功率 MOSFET 的截止区相对应。

饱和区:$U_{GS} > U_T$,$U_{DS} \geqslant U_{GS} - U_T$。这里"饱和"的概念是指当 U_{GS} 不变时,I_D 几乎不随 U_{DS} 的增大而增大,近似为一常数。

非饱和区(可调电阻区):$U_{GS} > U_T$,$U_{DS} < U_{GS} - U_T$。此区域 U_{DS} 和 I_D 之比近似为常数,即"非饱和"是指 U_{DS} 增大时,I_D 相应增大。

功率 MOSFET 总是在截止区和非饱和区之间转换,工作在开关状态。

(三)可关断晶闸管(GTO)

在大电压、大电流等大功率直流调速装置中,可使用可关断晶闸管(GTO)。可关断晶闸管也称门极可关断晶闸管(Gate Turn Off Thyristor,GTO)。前面已经介绍过的普通晶闸管,其特点是靠门极正信号触发之后,撤掉触发信号仍能维持导通状态。欲使之关断,必须使正向电流小于维持电流 I_H,一般要施加反向电压强迫其关断。这就需要增加换向电路,不仅使设备的体积、质量增大,而且会降低效率,产生波形失真和噪声。GTO 克服了上述缺陷,它既保留了普通晶闸管耐压大、电流大等优点,又具有自关断能力,频率高,使用方便,是理想的大电压、大电流开关器件。额定容量为 6 kA/6 kV 的 GTO 已在 10 MV·A 以上的大型电力电子变换装置中得到了应用。大功率 GTO 已广泛用于斩波调速、变频调速、逆变电源等领域,显示出强大的生命力。

GTO 的主要特点是既可用门极正向触发信号使其触发导通,又可向门极加负向触发信号使其关断。

GTO 与普通晶闸管一样,也是 PNPN 四层三端器件。如图 3-16 所示是 GTO 的外形和符号。GTO 是多元的功率集成器件,它内部包含了数十个甚至是数百个共阳极的 GTO 元,这些小的 GTO 元的阴极和门极则在器件内部并联在一起,且每个 GTO 元阴极和门极距离很

短,有效地减小了横向电阻,因此可以从门极抽出电流而使它关断。GTO引脚及好坏的测试方法同普通晶闸管。在检测管子的好坏时,需将万用表置于 $R×1$ 挡。

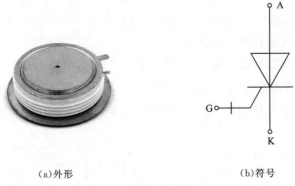

(a)外形　　　　　　　　　(b)符号

图 3-16　GTO 的外形和符号

　　GTO 的触发导通原理与普通晶闸管相似,阳极加正向电压,门极加正触发信号后,在其内部也会发生正反馈过程,使 GTO 导通。尽管两者的触发导通原理相同,但二者的关断原理及关断方式截然不同。当要关断 GTO 时,给门极加上负电压,晶体管 $P_1N_1P_2$ 的集电极电流 I_{C1} 被抽出来,形成门极负电流 $-I_G$。I_{C1} 的抽走使 $N_1P_2N_2$ 晶体管的基极电流减小,进而使其集电极电流 I_{C2} 减小,于是引起 I_{C1} 的进一步减小,形成一个正反馈过程,最后导致 GTO 阳极电流的关断。如图 3-17 所示是 GTO 的关断过程等效电路。

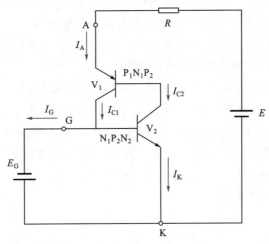

图 3-17　GTO 的关断过程等效电路

　　那么为什么普通晶闸管不可以采用这种从门极抽走电流的方式来使其关断呢?这是由于普通晶闸管在导通之后即处于深度饱和状态,$\alpha_1+\alpha_2$ 比 1 大很多,用此方法根本不可能使其关断。而 GTO 在导通时的放大系数 $\alpha_1+\alpha_2$ 只是稍大于 1,而近似等于 1,只能达到临界饱和,所以 GTO 门极上加负向触发信号即可关断。此外,在设计时使得 V_2 的 α_2 较大,这样控制更灵敏,也会使 GTO 易于关断。再就是前面提到的多元结构上的特点,都使 GTO 的可控关断成为可能。

二、直流斩波电路

　　将不可调的直流电变换成所需电平的可控直流电的对应电路称为直流斩波电路。它利用电力电子器件来实现通断控制,将输入恒定直流电压切割成断续脉冲加到负载上,通过通、断的时间变化来改变负载电压平均值,又称直流-直流变换电路。它具有效率高、体积小、质量轻、成本低等优点,已广泛应用于直流电源与直流电机传动中。直流斩波器的负载可以分为两类:一类是以等效电阻来代表的阻性负载;另一类是用一个直流电压源与电机绕组的电阻及电感的串联电路来代表的直流电机负载。

直流斩波电路的结构类型很多,有降压型、升压型、降压-升压型、桥式等。

如图 3-18(a)所示是直流斩波器的原理电路。当开关 K 闭合时,负载两端的电压 $u_o=E$;断开时,$u_o=0$。开关 K 按一定规律时通时断,负载上就得到一系列脉冲,如图 3-18(b)所示。

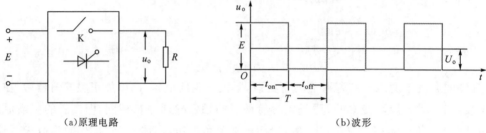

(a)原理电路   (b)波形

图 3-18 直流斩波器的工作原理

负载电压的平均值为

$$U_o = \frac{1}{T}\int_0^{t_{on}} E\mathrm{d}t = \frac{t_{on}}{T} \tag{3-2}$$

式中,t_{on} 为斩波器的导通时间;T 为通断周期;E 为输入直流电压。

显然,当输入直流电压一定时,其负载上的输出平均电压是通过控制开关的通断时间来实现的。可以采用以下三种不同的方法来改变输出电压的大小。

(1)改变 t_{on} 而保持通断周期 T 不变,称为脉冲宽度调制(PWM)。

(2)保持 t_{on} 不变而改变通断周期 T,称为脉冲频率调制(PFM)。

(3)对脉冲频率与宽度综合调制,即同时改变 t_{on} 和 T,称为混合调制。

构成斩波器的开关器件可以是具有自关断能力的全控型电力半导体器件,也可以是晶闸管这样的半控型电力半导体器件,下面分别进行介绍。

(一)降压(Buck)型变换电路

降压 Buck 型变换电路是最简单和最基本的高频变换电路结构,如图 3-19(a)所示。图中,U_o 为固定电压的直流电源,V 为晶体管开关(可以是大功率晶体管,也可以是功率场效应晶体管)。电感 L 和电容 C 为输出端滤波电路,将脉冲波变成纹波较小的直流波;为在 V 关断时给负载中的电感电流提供通道,还设置了续流二极管 VD。

V 由重复频率为 $f=1/T$ 的控制脉冲 u_B 驱动。在脉冲周期的 t_{on} 期间,u_B 为高电平,V 导通,输入能量通过 L 向负载输送功率并对 C 充电,L 中的电流线性增大,在 L 中储存能量。此时,忽略 V 的饱和管压降,$u_A=E$,二极管 VD 承受反向电压而截止。在脉冲周期的 t_{off} 期间,u_B 为低电平,V 截止,L 的两端产生右正左负的感应电动势,使 VD 承受正压而导通,L 在 t_{on} 期间储存的能量经 VD 传送给负载。此时,$u_A=0$,L 中的电流线性减小。其波形如图 3-19(b)所示。

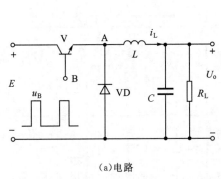

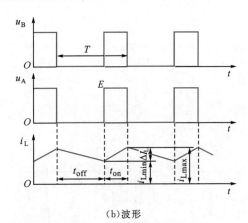

(a)电路   (b)波形

图 3-19 降压型变换电路

通常电路工作频率较高,若电感和电容量足够大,使 f_o $(f_o=1/2\pi\sqrt{LC})\gg f$,在电路进入稳态后,输出电压近似为恒定值 U_o,则 L 两端的电压为

$$u_L=\begin{cases} E-U_o & 0\leqslant t\leqslant t_{on} \\ -U_o & t_{on}<t\leqslant T \end{cases}$$ (3-3)

如图 3-19(b)所示,通过 L 的电流 i_L 在稳态运行时,一个周期内的增量和减量相等,即

$$\int_0^{t_{on}}\frac{u_L}{L}dt+\int_{t_{on}}^{T}\frac{u_L}{L}dt=0$$ (3-4)

输出电压为

$$U_o=\frac{t_{on}}{T}E=dE$$ (3-5)

式中,$d=t_{on}/T$,称为占空比。显然,改变 d,即可调节输出电压 U_o,且由于 $0<d<1$,则 $U_o<E$,属于降压输出。

输出电流为

$$I_o=\frac{U_o}{R_L}$$ (3-6)

(二) 升压(Boost)型变换电路

升压(Boost)型变换电路如图 3-20(a)所示,它由晶体管 V、电感 L、升压二极管 VD 和电容 C 组成。

在脉冲周期的 t_{on} 期间,V 导通,忽略 V 的饱和管压降,$u_A=0$。输入电压 E 直接加在 L 两端,i_L 线性增长,L 中储存能量。VD 截止,由 C 向负载 R_L 提供能量,并保持输出电压 U_o 基本不变。在脉冲周期的 t_{off} 期间,V 截止,L 两端感应电动势左负右正,使 VD 导通,并与 E 一起经 VD 向负载供电,L 释放能量,i_L 线性减小。设 C 足够大,则 U_o 基本不变,在此期间 $u_A=U_o$。其波形如图 3-20(b)所示。

电感两端电压为

$$u_L=\begin{cases} E & 0\leqslant t\leqslant t_{on} \\ E-U_o & t_{on}<t\leqslant T \end{cases}$$ (3-7)

同式(3-4)一样,在一个周期内 i_L 的增量和减量相等。输出电压为

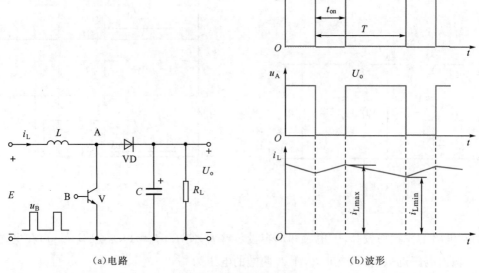

（a）电路　　　　　　　　　　（b）波形

图 3-20　升压型变换电路

$$U_o = \frac{T}{T - t_{on}} E = \frac{1}{1-d} E \tag{3-8}$$

显然，由于 $0 < d < 1$，则 $U_o > E$，是一种升压输出。改变 d，即可调节输出电压大小。输出电流仍为 $I_o = U_o / R_L$。

（三）降压/升压（Buck-Boost）型变换电路

降压/升压（Buck-Boost）型变换电路也称反极性变换电路，它的 U_o 与 E 极性相反，输出电压既可小于输入电压，也可大于输入电压，如图 3-21（a）所示。

在 u_B 为高电平，即脉冲周期的 t_{on} 期间，V 导通，忽略其饱和管压降，则 $u_A = u_L = E$。此时，E 向 L 充电，L 中储存能量，i_L 线性增长。VD 因反偏而截止，由 C 向负载 R_L 提供电流。在 u_B 为低电平，即脉冲周期的 t_{off} 期间，V 截止，L 产生上负下正的感应电动势，使 VD 导通，L 释放能量，向 R_L 供电，并向 C 充电，i_L 线性减小。同样，在 C 足够大、U_o 基本稳定不变情况下，$u_A = u_L = -U_o$。其波形如图 3-21（b）所示。

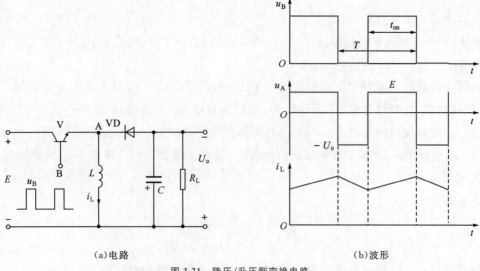

（a）电路　　　　　　　　　　（b）波形

图 3-21　降压/升压型变换电路

电感两端电压为

$$u_{\mathrm{L}}=\begin{cases}E & 0\leqslant t\leqslant t_{\mathrm{on}} \\ -U_{\mathrm{o}} & t_{\mathrm{on}}<t\leqslant T\end{cases} \tag{3-9}$$

因为一个周期内 i_{L} 的增量和减量相等,输出电压为

$$U_{\mathrm{o}}=\frac{t_{\mathrm{on}}}{T-t_{\mathrm{on}}}E=\frac{d}{1-d}E \tag{3-10}$$

调节 d,即可调节输出电压大小。$d<0.5$ 时,$U_{\mathrm{o}}<E$,为降压输出;$d=0.5$ 时,$U_{\mathrm{o}}=E$,为等压输出;$d>0.5$ 时,$U_{\mathrm{o}}>E$,为升压输出。输出电流仍为 $I_{\mathrm{o}}=U_{\mathrm{o}}/R_{\mathrm{L}}$。

三、带隔离变压器的 DC/DC 变换器

(一)正激电路

正激电路包含多种不同结构,典型的单开关正激电路如图 3-22 所示。

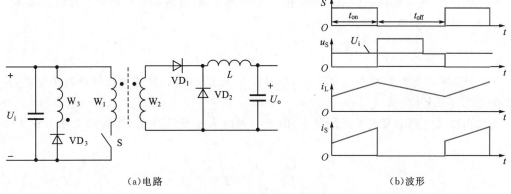

（a）电路　　　　　　　　　　　　　（b）波形

图 3-22　典型的单开关正激电路

电路的简单工作过程:S 开通后,变压器绕组 W_1 两端的电压为上正下负,与其耦合的绕组 W_2 两端的电压也是上正下负。因此 VD_1 处于导通状态,VD_2 处于阻断状态,L 上的电流逐渐增长;S 关断后,L 通过 VD_2 续流,VD_1 关断,L 的电流逐渐减小。S 关断后,变压器的励磁电流经绕组 W_3 和 VD_3 流回电源,所以 S 关断后承受的电压为

$$u_{\mathrm{S}}=\left(1+\frac{N_1}{N_3}\right)U_{\mathrm{i}} \tag{3-11}$$

式中　N_1——变压器绕组 W_1 的匝数;

　　　N_3——变压器绕组 W_3 的匝数。

变压器中各物理量的变化过程如图 3-23 所示。

S 开通后,变压器的励磁电流 i_{m} 由零开始,随着时间的增大而线性地增大,直到 S 关断。S 关断后到下一次再开通的一段时间内,必须设法使励磁电流减少至零,否则下一个开关周期中,励磁电流将在本周期结束时的剩余值基础上继续增大,并在以后的开关周期中依次累积起来,变得越来越大,从而导致变压器的励磁电感饱和。励磁电感饱和后,励磁电流会更加迅速地增长,最终损坏电路中的开关器件。因此在 S 关断后使励磁电流减小至零是非常重要的,这一过程称为变压器的磁芯复位。

在正激电路中,变压器的绕组 W_3 和二极管 VD_3 组成复位电路。下面简单分析其工作原理。

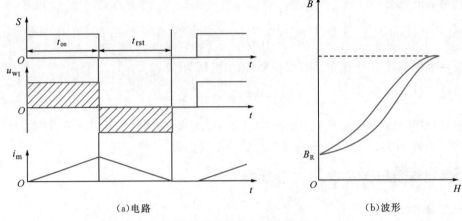

(a)电路   (b)波形

图 3-23　变压器的磁芯复位过程

S 关断后,变压器励磁电流通过 W_3 和 VD_3 流回电源,并逐渐线性地减小为零。从 S 关断到 W_3 的电流减小至零所需的时间为

$$t_{rst} = \frac{N_3}{N_1} t_{on} \tag{3-12}$$

S 处于阻断状态的时间必须大于 t_{rst},以保证 S 下次开通前,励磁电流能够减小至零,使变压器的磁芯可靠复位。

在输出滤波电感电流连续的情况下,即 S 开通时 L 的电流不为零,输出电压与输入电压的比为

$$\frac{U_o}{U_i} = \frac{N_2}{N_1} \cdot \frac{t_{on}}{T} \tag{3-13}$$

如果输出电感电流不连续,输出电压 U_o 将大于式(3-13)的计算值,并随负载减小而增大。在负载为零的极限情况下有

$$U_o = \frac{N_2}{N_1} U_i \tag{3-14}$$

(二)反激电路

反激电路如图 3-24 所示。

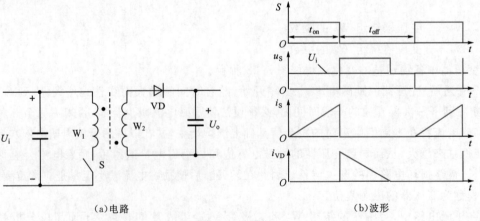

(a)电路   (b)波形

图 3-24　反激电路

　　同正激电路不同,反激电路中的变压器起着储能元件的作用,可以看作一对相互耦合的电感。

　　S 开通后,VD 处于阻断状态,W_1 的电流线性增长,电感储能增加;S 关断后,W_1 的电流被切断,变压器中的磁场能量通过 W_2 和 VD 向输出端释放。S 关断后承受的电压为

$$u_S = \left(U_i + \frac{N_1}{N_2}\right)U_o \tag{3-15}$$

反激电路可以工作在电流断续和电流连续两种模式:

　　(1)如果 S 开通时,W_2 中的电流尚未减小至零,则称电路工作于电流连续模式。

　　(2)如果 S 开通时,W_2 中的电流已经减小至零,则称电路工作于电流断续模式。

　　当工作于电流连续模式时,有

$$\frac{U_o}{U_i} = \frac{N_2}{N_1} \cdot \frac{t_{on}}{t_{off}} \tag{3-16}$$

　　当电路工作在断续模式时,输出电压大于式(3-16)的计算值,并随负载减小而增大。在负载电流为零的极限情况下,$U_o \to \infty$,这将损坏电路中的器件。因此反激电路不应工作于负载开路状态。

　　(三)半桥电路

　　半桥电路如图 3-25 所示。

　　在半桥电路中,变压器一次绕组两端分别连接在 C_1、C_2 的中点和 S_1、S_2 的中点。C_1、C_2 的中点电压为 $U_i/2$。S_1 与 S_2 交替导通,使变压器一次侧形成幅值为 $U_i/2$ 的交流电压。改变开关的占空比,就可改变二次整流电压 U_d 的平均值,也就改变了输出电压 U_o。

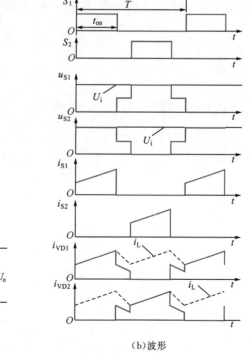

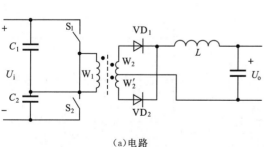

（a）电路　　　　　　　　　　　（b）波形

图 3-25 半桥电路

　　S_1 开通时,VD_1 处于导通状态。S_2 开通时,VD_2 处于导通状态。当两个开关都关断时,W_1 中的电流为零,根据变压器的磁动势平衡方程,W_2 和 W_3 中的电流大小相等、方向相反,

所以 VD$_1$ 和 VD$_2$ 都处于导通状态,各分担一半的电流。S$_1$ 或 S$_2$ 导通时,L 上的电流逐渐增大。两个开关都关断时,L 上的电流逐渐减小。S$_1$ 和 S$_2$ 阻断状态时承受的峰值电压均为 U_i。

由于电容的隔直作用,半桥电路对由于两个开关导通时间不对称而造成的变压器一次电压的直流分量有自动平衡作用,因此不容易发生变压器的偏磁和直流磁饱和。

为了避免两个开关在换流的过程中发生短暂的同时导通现象而造成短路损坏开关器件,每个开关各自的占空比不能超过 50%,并应留有裕量。

当 L 的电流连续时,有

$$\frac{U_o}{U_i} = \frac{N_2}{N_1} \cdot \frac{t_{on}}{T} \tag{3-17}$$

如果输出电感电流不连续,输出电压 U_o 将大于式(3-17)中的计算值,并随负载减小而增大。在负载电流为零的极限情况下,有

$$U_o = \frac{N_2}{N_1} \cdot \frac{U_i}{2} \tag{3-18}$$

(四)全桥电路

全桥电路如图 3-26 所示。

全桥电路中互为对角的两个开关同时导通,而同一侧半桥上、下两开关交替导通,将直流电压转换成幅值为 U_i 的交流电压,加在变压器一次侧。改变开关的占空比,就可以改变 U_d 的平均值,也就改变了输出电压 U_o。

当 S$_1$ 与 S$_4$ 开通后,VD$_1$ 和 VD$_4$ 处于导通状态,L 的电流逐渐增大。当 S$_2$ 与 S$_3$ 开通后,VD$_2$ 和 VD$_3$ 处于导通状态,L 的电流也增大。当四个开关都关断时,四个二极管都处于导通状态,各分担一半的电感电流,L 的电流逐渐减小。S$_1$ 和 S$_4$ 阻断状态时承受的峰值电压均为 U_i。

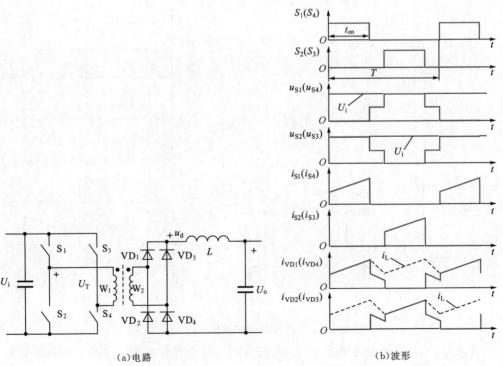

(a)电路　　　　　　　　　　　　　　　(b)波形

图 3-26　全桥电路

若 S_1、S_4 与 S_2、S_3 的导通时间不对称,则交流电压 u_T 中将含有直流分量,会在变压器一次电流中产生很大的直流分量,并可能造成磁路饱和,因此全桥应注意避免电压直流分量的产生,也可以在一次回路电路中串联一个电容,以阻断直流电流。

为了避免同一侧半桥中上、下两个开关在换流的过程中发生短暂的同时导通现象而损坏开关,每个开关各自的占空比不能超过 50%,并应留有裕量。

当 L 的电流连续时,有

$$\frac{U_o}{U_i} = \frac{N_2}{N_1} \cdot \frac{2t_{on}}{T} \tag{3-19}$$

如果输出电感电流不连续,输出电压 U_o 将大于式(3-19)中的计算值,并随负载减小而增大。在负载电流为零的极限情况下,有

$$U_o = \frac{N_2}{N_1} U_i \tag{3-20}$$

(五)推挽电路

推挽电路如图 3-27 所示。

推挽电路中两个开关 S_1 和 S_2 交替导通,在 W_1 和 W_2 两端分别形成相位相反的交流电压。S_1 导通时,VD_1 处于导通状态。S_2 导通时,VD_2 处于导通状态。当两个开关都关断时,VD_1 和 VD_2 都处于导通状态,各分担一半的电流。S_1 或 S_2 导通时,L 的电流逐渐增大。两个开关都关断时,L 的电流逐渐减小。S_1 和 S_2 阻断状态时承受的峰值电压均为 $2U_i$。

如果 S_1 和 S_2 同时导通,就相当于变压器一次绕组短路,因此应避免两个开关同时导通,每个开关各自的占空比不能超过 50%,还应留有裕量。

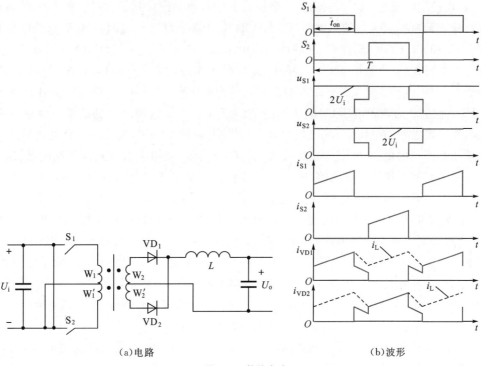

(a)电路　　　　　　　　　(b)波形

图 3-27　推挽电路

当 L 的电流连续时,有

$$\frac{U_\text{o}}{U_\text{i}} = \frac{N_2}{N_1} \cdot \frac{2t_\text{on}}{T} \tag{3-21}$$

如果输出电感电流不连续,输出电压 U_o 将大于式(3-21)中的计算值,并随负载减小而增大。在负载电流为零的极限情况下,有

$$U_\text{o} = \frac{N_2}{N_1} U_\text{i} \tag{3-22}$$

四、IBM PC/XT 系列主机开关电源

如图 3-2 所示是 IBM PC/XT 系列微机实际应用的主机开关电源电路,它是一种设计全面、普及率较高的他激式脉宽调制开关稳压电源电路。脉宽调制控制采用集成控制器 TL494,应用 5 V 输出端的电压作为反馈控制,实现了闭环控制,具有交流输入电压欠电压保护、5 V 过电压和过电流保护,在外围电路的控制下,TL494 向半桥式直流变流器驱动电路送出两路相位相差 180° 的脉宽调制控制脉冲。该控制信号被功率放大后,经高频变压器耦合给四个独立的变压器二次绕组中的整流滤波电路,形成 ±5 V 和 ±12 V 直流电源。其中,−5 V 和 −12 V 直流电源分别经具有固定输出的三端集成稳压电路 78M05 和 7812,向负载送出 −5 V 和 −12 V 直流电压。+12 V 直流稳压电源具有过电流保护功能。对于 −5 V、−12 V 和 +12 V 直流电源而言,其输出端电压的稳定度都受控于 +5 V 自动稳压负反馈控制系统。

开关电源的主变换器是由半桥式变流电路组成的。该电路由滤波电容 C_9 和 C_{10}、晶体管 VT_3 和 VT_4 以及高频变压器 T_4 组成。这种驱动电路同时完成高效率的传递功率和调节脉冲宽度,实现稳定电压输出的双重功能。半桥式变流器的工作过程:当 VT_3 和 VT_4 的基极回路中没有脉宽调制控制方波输入时,VT_3 和 VT_4 处于截止状态。此时,300 V 直流电压将平均分配在 C_9 和 C_{10} 上(因 C_9 和 C_{10} 并联的均压电阻 R_4 与 R_5 的电阻值相等),即 150 V 左右。当控制方波送到 VT_3 的基极时,VT_3 导通,输入电压将通过 VT_3 及 T_4 的 N_1 绕组给 C_{10} 充电。由于 C_{10} 上的电压不能突变,如果忽略 VT_3 的饱和压降,那么在 T_4 的一次绕组上,将感应出 $U_1/2$(U_1 被定义为输入电压)的电压(由 0 增大到 $U_1/2$)。这种变化的结果将导致 VT_4 的集电极与发射极之间的电压由 $U_1/2$ 增大到 U_1。在上述过程中,C_9 放电,C_{10} 充电。

在图 3-2 所示的电路中,C_1、L_1、L_2、C_2、L_3、C_6、C_8 和 C_7 构成组合式低通滤波器,用来限制来自电网的高频干扰对稳压电路的影响,并抑制脉宽调制开关电路所产生的高频干扰对市电电网的影响。双向晶闸管 V_1 及外围电路组成交流市电输入电压软启动电路,当接通市电时,VT_1 处于关断状态。这时市电通过启动限流电阻 R_1 向单相桥式整流器 UR_1 供电。R_1 的接入,可有效抑制在市电刚接通瞬间,整流器对滤波电容所产生的瞬时启动充电浪涌电流。当脉宽调制电路工作正常时,来自 T_4 二次绕组 N_2 中的感应触发信号,使 VT_1 处于导通状态。此后 R_1 被短路,单相桥式整流器 UR_1 将承受全部交流电压,至此电路进入正常工作状态。整理后的脉动电压经 C_9、R_4 和 C_{10}、R_5 滤波分压电路后,在 C_9、C_{10} 上各得 $U_1/2$ 的直流电压。

整流滤波后产生的 300 V 直流电压,分两路送到下一级,一路送到 VT_3 和 VT_4 及其相关元件组成的半桥式变流电路,另一路送到由 VT_2 及其相关元件组成的自激式直流辅助电源电路,其中稳压二极管 VS_1 和 R_{16} 组成 VT_1 的基极保护回路,而 T_1 的二次绕组 N_3、R_{17}、R_{16}、C_5 及 VD_{10} 构成晶体管 VT_1 的反偏截止电路。

当 VT_1 趋向截止时,原来储存在 T_1 中的能量,将在 N_3 中形成反激电压,该反激电压就

是加速 VT_1 截止的反向偏置电压。从 T_1 的二次绕组 N_4 中感应的脉冲电压经 VD_{11}、C_{12} 整流滤波后,产生的直流电压被送到 TL494 的 12 脚作为该芯片的直流辅助电源。与此同时,来自 N_4 的感应电压经 VD_{12} 和 VD_{13} 送到欠电压输入保护电路,作为交流市电欠电压输入采样信号。

当 TL494 内部锯齿波发生器的 5、6 脚分别接定时电容 C_{21} 和定时电阻 R_{13} 时,TL494 内部的自激式锯齿波振荡器开始工作。另外,当 TL494 的 12 脚输入直流辅助电压时,基准电压源经由 R_{30}、R_{26}、R_{25}、R_{22} 和 R_{24} 组成的电阻分压器,分别为它的采样误差放大器反相输入端 2 脚、控制放大器的反相输入端 15 脚和死区电平控制端 4 脚建立起它们各自的基准参考电平。为了防止半桥式变流电路中所用的一对晶体管 VT_3 和 VT_4 发生共同导通而损坏,要求在 TL494 的死区电平控制输入端 4 脚送入一个死区控制电压。

+5 V 直流输出电压电路的闭环控制过程:来自+5 V 输出端的采样电压,经电位器 R_{P2}、R_{43}、R_{44}、C_{38}、C_{36} 组成的电阻分压器分压后,向 TL494 的采样放大器的同相输入端 1 脚馈送一个合适的电压反馈控制信号。当外界市电电网输入电压增大或+5 V 直流电源的负载减小,而引起+5 V 电压输出端的实际输出电压有所增大时,送到采样放大器的同相端的电压必然增大,这样将会造成从 TL494 的末级输出晶体管输出的调制脉冲的宽度减小,而内部晶体管与外部晶体管 VT_5 和 VT_6 分别构成一对功率放大复合驱动管,从 VT_5 和 VT_6 送出的一对相位差 180° 的脉宽调制驱动脉冲,分别经 T_3 和 T_2 送到 VT_3 和 VT_4 的基极回路。由于 VT_3 和 VT_4 分别与 C_9、C_{10}、C_{11}、T_4 的一次绕组 N_1 以及 VT_3、VD_{19}、VT_4 和 VD_{20} 构成一个典型的半桥式变流电路,显然,当输出的+5 V 电压增大时,反馈作用在 TL494 输出驱动脉冲的控制下,使加到从 T_4 的一次绕组 N_1 上的脉冲变窄,因而经 T_4 耦合到四个二次绕组的脉宽调制电压的脉冲宽度也将变窄。这种脉冲宽度变窄的电压脉冲经 VD_{22}、VD_{21} 及 L_7、C_{28} 组成的整流滤波电路后,它的直流电压的幅值必然有所减小。适当地控制负反馈量就可使+5 V 直流输出电压自动稳定。VD_{19} 和 VD_{20} 分别为 VT_3 和 VT_4 的集电极-发射极反压控制保护二极管,也起续流管的作用。

+5 V 直流输出电压的过电流保护工作原理:它利用 TL494 内部的控制放大器进行闭环负反馈控制。控制放大器反相输入端 15 脚的参考电平是由 TL494 内部产生的 5 V 基准电源与+5 V 直流输出端的电压,经 R_{23} 和 R_{25} 分压得到的。分压电平的高低,实际上反映了+5 V 直流输出电压与标准 5 V 基准电压的差值。当输出端的电压正好等于 5 V 时,该电平即所谓的平衡电平。控制放大器同相输入端 16 脚的输入信号,取自+5 V 直流输出回路中由 R_{39} 和 R_{40} 组成的电阻分压器。当+5 V 直流输出端过电流时,取样电阻 R_{40} 上的压降必然因 R_{38} 上压降增大引出 R_{39} 与 R_{40} 两端电压增大而增大,这将使控制放大器同相端电平比反相端电平上升得更高。送到控制放大器两输入端这种变化的输入信号,将导致 TL494 所输出的控制驱动脉冲的宽度变窄。严重时,甚至会使得它所输出的驱动脉冲的宽度变为零,其结果使+5 V 输出端电压减小或者变为零,从而实现自动保护的目的。

+5 V 直流输出电压的过电压保护电路是 VS_3、R_{21}、C_{19}、V_2 及 VT_2 组成。当+5 V 直流输出端的电压超过规定值时,稳压二极管 VS_3 击穿而处于导通状态。此时,在 R_{21} 及 C_{19} 两端的压降等于 5 V 直流输出端的实际电压与 VS_3 的稳压值之差,V_2 的门极在此电压触发下,使其由原来的阻断状态变为导通状态。一旦导通,与之相连的 VT_2 基极电位将下降为零,VT_2 饱和导通。因而,TL494 的死区电平控制端 4 脚的电平将上升 5 V 左右,于是从 TL494 的 8 脚和 11 脚输出的调制脉冲宽度为零,VT_3 和 VT_4 处于截止状态,所有的直流输出为零,从而达到过电压自动保护的目的。

欠电压保护电路由 VD_{12}、VD_{13}、C_{20}、R_{20}、VD_{14} 及 VT_2 组成。当市电供电正常时,在 T_1 的二次绕组 N_4 上,所感应的控制信号幅度较大,足以使 VS_2 处于导通状态。此时,VD_{14} 处于反相偏置状态,欠电压保护电路对微机直流稳压电压的工作状态无影响。反之,当市电小于规定值时,来自 N_4、VD_{12} 和 VD_{13} 的欠电压保护控制信号幅度已小到不足以使 VS_2 处于导通状态。一旦 VS_2 截止,VD_{14} 的负端电平将下降为零,结果导致 VT_2 导通,TL494 的死区电平控制端4 脚的电平上升到 5 V 左右,TL494 输出的驱动脉冲的宽度为零,VT_3 和 VT_4 截止,从而使所有输出为零,这样就实现了欠电压保护的目的。+12 V 输出电源的过电流保护电路是由 VT_8 和 VT_7 等电路组成的,+12 V 输出电压经电位器 R_{P1} 及 R_{47} 向 VT_8 的基极注入电流。R_{47} 的选择原则是保证 VT_8 集电极的输出电压的幅度恰好使得后级控制晶体管 VT_7 的基极-发射极处于临界导通状态。当 +12 V 电源不发生过电流时,VT_7 处于截止状态;反之,当 +12 V 电源过电流时,在取样电阻 R_{37} 上的压降将增大到使得它与 VT_8 集电极电压之和足以使 VT_7 进入饱和导通状态。一旦 VT_7 饱和导通,来自 TL494 的 14 脚的 5 V 基准电源经 R_{19}、VD_{16}、VT_7 的集电极-发射极以及 R_{36} 形成电流通路。VD_{16} 将变成正向导通并使 VT_2 的基极电位下降,VT_2 从截止变为饱和导通状态,这样,TL494 的死区电平控制端 4 脚的电平将上升到 5 V,导致 TL494 输出的调制脉冲的宽度为零,其结果使 VT_3 和 VT_4 截止,所有输出都为零,从而达到过电流保护的目的。

任务扩展

软开关技术

(一)软开关的提出

软开关的提出是基于电力电子装置的发展趋势。新型的电力电子设备要求小型、轻量、高效及具有良好的电磁兼容性,而决定设备体积、质量、效率的因素通常又取决于滤波电感、电容和变压器设备的体积和质量。解决这一问题的主要途径就是提高电路的工作频率,这样可以减小滤波电感的大小,减少变压器的匝数,减小铁芯尺寸,同时较小的电容容量也可以使电容的体积减小。但是,提高电路工作频率会导致开关损耗和电磁干扰的增加,开关的转换效率也会下降。因此,不能仅仅简单地提高开关工作频率。软开关技术就是针对以上问题而提出的,是一种谐振辅助换流手段,解决电路中的开关损耗和开关噪声问题,使电路的开关工作频率提高。

(二)软开关的基本概念

1.硬开关与软开关

硬开关在开关转换过程中,由于电压、电流均不为零,出现了电压、电流的重叠,产生了开关转换损耗;同时,电压和电流的变化过快,也会使波形出现明显的过冲,产生开关噪声。具有这样的开关过程的开关被称为硬开关。开关转换损耗随着开关频率的提高而增大,使电路效率下降,最终阻碍开关频率的进一步提高。

如果在原有硬开关电路的基础上增加一个很小的电感、电容等谐振元件,构成辅助网络,在开关过程前后引入谐振过程,使开关开通前电压先减小为零,这样就可以消除开关过程中电压、电流重叠的现象,减小、甚至消除开关损耗和开关噪声,这种电路称为软开关电路。具有这样开关过程的开关称为软开关。

2.零电压开关与零电流开关

根据上述原理可以采用两种方法,即在开关关断前使其电流为零,则开关关断时就不会产生损耗和噪声,这种关断方式称为零电流关断;或在开关开通前使其电压为零,则开关开通时也不会产生损耗和噪声,这种开通方式称为零电压开通。在很多情况下,不再指出开通或关断,而称为零电流开关(Zero Current Switch,简称 ZCS)和零电压开关(Zero Voltage Switch,简称 ZVS)。零电流关断或零电压开通要靠电路中的辅助谐振电路来实现,所以也称为谐振软开关。

(三)软开关电路简介

软开关技术问世以来,经历了不断地发展和完善,出现了许多种软开关电路。由于存在众多的软开关电路,而且各自有不同的特点和应用场合,因此对这些电路进行分类是很必要的。

根据电路中主要的开关元件是零电压开通还是零电流关断,可以将软开关电路分成零电压电路和零电流电路两大类。通常,一种软开关电路要么属于零电压电路,要么属于零电流电路。

根据软开关技术发展的历程,可以将软开关电路分成准谐振电路、零开关 PWM 电路和零转换 PWM 电路。

由于每一种软开关电路都可以用于降压型变换、升压型变换等不同电路,因此可以用如图 3-28 所示基本开关单元来表示,不必绘出各种具体电路。实际使用时,可以从基本开关单元导出具体电路,开关和二极管的方向应根据电流的方向做相应调整。

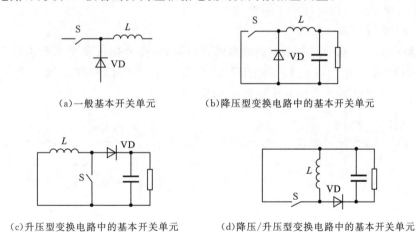

(a)一般基本开关单元　　　　　(b)降压型变换电路中的基本开关单元

(c)升压型变换电路中的基本开关单元　　(d)降压/升压型变换电路中的基本开关单元

图 3-28　基本开关单元

1.准谐振电路

这是最早出现的软开关电路,其中有些电路现在还在大量使用。准谐振电路可以分为零电压开关准谐振电路(ZVSQRC)、零电流开关准谐振电路(ZCSQRC)、零电压开关多谐振电路(ZVSMRC)和用于逆变器的谐振直流环节电路(Resonant DC Link)。如图 3-29 所示为前三种准谐振电路中的基本开关单元。用于逆变器的谐振直流环节电路如图 3-30 所示。

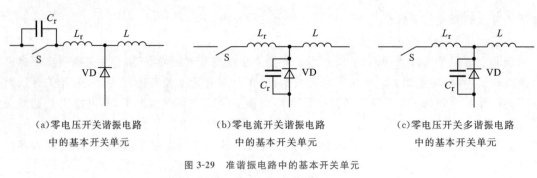

(a)零电压开关谐振电路　　　　　(b)零电流开关谐振电路　　　　　(c)零电压开关多谐振电路
　　中的基本开关单元　　　　　　　　中的基本开关单元　　　　　　　　中的基本开关单元

图 3-29　准谐振电路中的基本开关单元

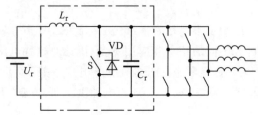

图 3-30　用于逆变器的谐振直流环节电路

　　准谐振电路中,电压或电流的波形为正弦波,因此称之为准谐振。谐振的引入使得电路的开关损耗和开关噪声都大大减小,但也带来一些负面问题:谐振电压峰值很大,要求器件耐压必须增大;谐振电流的有效值很大,电路中存在大量的无功功率的交换,造成电路导通损耗加大;谐振周期随输入电压、负载变化而改变,因此电路只能采用脉冲频率调制(PFM)方式来控制,变频的开关频率给电路设计带来困难。

　　2.零开关 PWM 电路

　　这类电路中引入了辅助开关来控制谐振的开始时刻,使谐振仅发生于开关过零前后。零开关 PWM 电路可以分为零电压开关 PWM 电路(ZVSPWM)和零电流开关 PWM 电路(ZCSPWM)。这两种电路中的基本开关单元如图 3-31 所示。

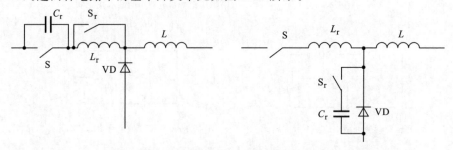

　　(a)零电压开关 PWM 电路中的基本开关单元　　　(b)零电流开关 PWM 电路中的基本开关单元
图 3-31　零开关 PWM 电路中的基本开关单元

　　同准谐振电路相比,零开关 PWM 电路有很多明显的优势:电压和电流基本上是方波,只是上升沿和下降沿较缓,开关承受的电压明显减小,电路可以采用开关频率固定的 PWM 控制方式。

　　3.零转换 PWM 电路

　　这类电路还是采用辅助开关控制谐振的开始时刻,所不同的是,谐振电路是与主开关并联的,因此输入电压和负载电流对电路的谐振过程的影响很小,电路在很宽的输入电压范围内并从零负载到满载都能工作在软开关状态。而且电路中无功功率的交换被削减到最小,这使得电路效率有了进一步提高。零转换 PWM 电路可以分为零电压转换 PWM 电路(ZVTPWM)和零电流转换 PWM 电路(ZCTPWM)。

任务实施

一、典型故障现象及检修

（一）实施准备

了解 PC 主机开关电源典型故障现象及检修方法。

（二）实施所用设备及仪器

(1)实验电路板。

(2)万用表。

(3)双踪示波器。

（三）实施过程及方法

1. 通电后无任何反应

故障现象：PC 机系统通电后，主机指示灯不亮，显示器屏幕无光栅，整个系统无任何反应。

检修方法：通电后无任何反应，是 PC 机主机电源最常见的故障，对此首先应采用直观法察看电源盒有无烧坏元器件，接着采用万用表电阻挡检测法逐个单元地进行静态电阻检测，看有无明显短路。若无明显元件烧坏，也没有明显过电流，则可通电采用动态电压对电源中各关键点的电压进行检修。

2. 一通电就熔断交流熔丝管

故障现象：接通电源开关后，电源盒内发出"叭"的一声，交流熔丝管随即熔断。

检修方法：一通电就熔断交流熔丝管，说明电源盒内有严重过电流元件，除短路之外，故障部位一般在高频开关变压器一次绕组之前，通常有以下三种情况：

(1)输入桥式整流二极管中的某个二极管被击穿。由于 PC 机电源的高压滤波电容一般都是 220 μF 左右的大容量电解电容，瞬间工作充电电源达 20 A 以上，因此瞬间大容量的浪涌电流将会造成桥堆中某个质量较差的整流管过电流工作，尽管有限流电阻限流，但也会发生一些整流管被击穿的现象，造成烧毁熔丝。

(2)高压滤波电解电容被击穿，甚至发生爆裂现象。由于大容量的电解电容工作电压一般均接近 200 V，而实际工作电压均已接近额定值。因此当输入电压产生波动，或某些电解电容质量较差时，就极容易发生电容被击穿现象。更换电容最好选择耐压大的，如 300 μF/450 V的电解电容。

(3)开关管损坏。由于高压整流后的输出电压一般达 300 V 左右，逆变功率开关管的负载又是感性负载，漏感所形成的电压尖峰将有可能使功率开关管的 V_{CEO} 的值接近于 600 V，而 2SC3039 所标 V_{CEO} 只有 400 V 左右。因此当输入电压偏大时，某些质量较差的开关管将会发生极间击穿现象，从而烧毁熔丝。在选择逆变功率开关管时，对单管自激式电路中，要求 V_{CEO}必须大于 800 V，最好为 1 000 V 以上，而且截止频率越高越好。另外，要注意的是，由于某些开关功率管是与激励推挽管直接耦合的，故往往是变压器一次侧电路中的大、小晶体管同时被击穿。因此，在检修这种电源时应将前级的激励管一同进行检测。

3. 熔丝管完好，但各路直流电压均为零

故障现象：接通电源开关后，主机不启动，用万用表测±5 V、±12 V 均没有输出。

检修方法：主机电源直流输出的四组电压+5 V、-5 V、+12 V、-12 V 中，+5 V 电源输出功率最大（满载时达 20 A），故障率最高，一旦+5 V 电路有故障时，整个电源电路往往自动保护，其他几路也无输出，因此，+5 V 形成及输出电路应重点检查。

当电源在有负载情况下测量不出各输出端的直流电压时即认为电源无输出。这时应先打开电源检查熔丝，如果熔丝完好，应检查电源中是否有开路、短路现象，过电压、过电流保护电路是否发生误动作等。这类故障常见的有以下三种情况：

(1)限流电阻开路。开关电源采用电容输入式滤波电路，当接通交流电压时，会有较大的合闸浪涌电源（电容充电电流），而且由于输出保持能力等的需要，输入滤波电容也较大，因而合闸浪涌电流比一般稳压电源要大得多，电流的持续时间也长。这样大的浪涌电流不仅会使限流电阻或输入熔丝熔断，还会因为虚焊或焊点不饱满、有空隙而引起长时间的放电电流，导致焊点脱落，使电源无法输出，一般扼流圈引脚因清漆不净，常会发生该类故障，这种故障重焊即可。

(2)+12 V 整流半桥块击穿。+12 V 整流二极管采用快速恢复二极管 FRD，而+5 V 整流二极管采用肖基特二极管 SBD。由于 FRD 的正向压降要比 SBD 来得大，当输出电流增大时，正向压降引起的功耗也大，因此+12 V 整流二极管的故障率较高。选择整流二极管时，应尽可能选用正向压降小的整流器件。

(3)晶闸管坏。在检查中发现开关振荡电路丝毫没有振荡现象。从电路上分析，能够影响振荡电路的只有+5 V 和+12 V 电路，它们是通过发光二极管来控制振荡电路的，如果发光二极管不工作，那么光耦合器将处于截止状态，开关晶体管因无触发信号始终处于截止状态。影响发光二极管不能工作的最常见元件就是晶闸管 VS_1 损坏。

4.启动电源时发出"滴答"声

故障现象：开启主机电源开关后，主机不启动，电源盒内发出"滴答"的怪声响。

检修方法：这种故障一般是输入的电压过大或某处的短路造成的大电流使+5 V 处输出电压过大，这样引起过电压保护动作，晶闸管也随之截止，短路消失，使电源重新启动供电。如此周而复始地循环，将会使电源发生"滴答滴答"的开关声。此时应关闭电源进行仔细检查，找出短路故障处，从而修复整个电源。

另有一种原因是控制集成电路的定时元件发生了变化或内部不良。用双踪示波器测量集成控制器 TL494 输出的 8 脚和 10 脚，其工作频率只有 8 kHz 左右，而正常工作时为 20 kHz 左右。经检查发现定时元件电容器的容量变大，导致集成控制器定时振荡频率变低，使电源产生重复性"滴答"声，整个电源不能正常工作。只要更换定时电容即可恢复正常。

5.某一路无直流输出

故障现象：开机后，主机不启动，用万用表检测±5 V、±12 V 电路，其中一路无输出。

检修方法：在主机电源中，±5 V 和±12 V 四组直流电源，与有一路或一路以上因故障无电压输出时，整个电源将因缺相而进入保护状态。这时，可用万用表测量各输出端，开启电源，观察在启动瞬间哪一路电源无输出，则故障就出在这一路电压形成或输出电路上。

(四)检查评估

1.电源负载能力差

故障现象：主机电源如果仅向主机板和软驱供电显示正常，但当电源增接上硬盘或扩满内存情况下，屏幕变白或根本不工作。

检修方法：在不配硬盘或未扩满内存等轻负载情况下能工作，说明主机电源无本质性故障,主要是工作点未选择好。当振荡放大环节中增益偏小,检测放大电路处于非线性工作状态时,均会产生此故障。可适当调换振荡电路中的各晶体管,使其增益增大,或调整各放大晶体管的工作特点,使它们都工作于线性区,或增强电源的负载能力。

极端的情况是,即使不接硬盘,电源也不能正常地工作下去。这类故障常见的有以下三种情况:

(1)电源开机正常,工作一段时间后电源保护。这种现象大都发生在+5 V 输出端有晶闸管 VS 做过电压保护的电路。其原因是晶闸管或稳压二极管漏电太大,工作一段时间后,晶闸管或稳压管发热,漏电急剧增大而导通造成。需要更换晶闸管或二极管。

(2)带负载后各挡电压稍减小,开关变压器发出轻微的"吱吱"声。这种现象大都是因为滤波电容器(300 μF/200 V)坏了。其原因是漏电流大。更换滤波器电容时应注意,两个电容容量和耐压值必须一致。

(3)电源开机正常,主机读软盘后,电源保护。这种现象大都是因为+12 V 整流二极管 FRD 性能变劣。调换同样型号的二极管即可恢复正常。

2.直流电压偏离正常值

故障现象:开机后,四组电压均有输出,偏离±5 V、±12 V 很多。

检修方法:直流输出电压偏离正常值,一般可通过调节检测电路中的基准电压调节电位器 R_{P1} 使+5 V 等各挡电压调至标准值。如果调节失灵或调不到标准值,则可能是检测晶体管 VT_4 和基准电压可调稳压管 IC2 损坏,换上相同或适当的器件,一般均能正常工作。

如果只有一挡电压偏大太大,而其他各挡电压均正常,则是该挡电压的集成稳压器或整流二极管损坏。检查方法是用电压表接-5 V 或-12 V 的输出端进行监测。开启电源时,哪路输出电压无反应,则哪路集成稳压器可能损坏,若集成稳压器是好的,则整流二极管损坏的可能性最大,其原因是输出负载可能太重,另外负载电流也较大,故在 PC 机电源电路中+5V 挡采用带肖特基特性的高频整流二极管 SBD,其余各挡也采用快恢复特性的高频整流二极管 FRD。在更换时,要尽可能找到相同类型的整流二极管,以免再次损坏。

3.直流输出不稳定

故障现象:刚开机时,整个系统工作正常,但工作一段时间后,输出电压减小,甚至无输出,或时好时坏。

检修方法:主机电源四组输出均时好时坏,这一般是电源电路中元器件虚焊、接插件接触不良或大功率元件热稳定性差、电容漏电等原因而造成的。

4.风扇转动异常

故障现象:风扇不转动,或虽能旋转,但发出尖叫声。

检修方法:PC 机主机电源风扇有两种:一种是直接使用市电供电的交流电风扇;另一种是接在 12 V 直流输出端的直流风扇。如果发现电源输入、输出一切正常,而风扇不转,就要立即停机检查。这类故障大都由风扇电动机线圈烧断而引起的,这时必须更换新的风扇。如果发出响声,其原因之一是机器长期的运转或传输过程中的激烈振动而引起风扇的四个固定螺钉松动。这时只要紧固其螺钉就行。如果是风扇内部灰尘太多或含油轴承缺油而引起的,只要清理或经常用高级润滑油补充,故障就可排除。

二、直流斩波电路的实施

(一)实施准备

了解直流斩波电路的工作原理及其带电阻性负载、电感性负载时工作情况。

(二)实施所用设备及仪器

(1)MCL 系列教学实验台主控制屏。

(2)MCL-18 组件(适合 MCL-Ⅱ)或 MCL-31 组件(适合 MCL-Ⅲ)。

(3)MCL-33(A)组件。

(4)MCL-06 组件或 MCL-37 组件。

(5)MEL-03 三相可调电阻器或自配滑线变阻器。

(6)双踪示波器。

(7)万用表。

(三)实施过程及方法

本任务采用脉宽可调逆行直流斩波电路,如图 3-32 所示。其中,VT_1 为主晶闸管,当它导通后,电源电压就加在负载上。VT_2 为辅助晶闸管,由它控制输出电压的脉宽。C 和 L_1 为振荡电路,它们与 VT_2、VD_1、L_2 组成 VT_1 的换流关断电路。接通电源时,C 经 VD_1 为负载充电至 $+U_{do}$,VT_1 导通,电源加到负载上,过一段时间后,VT_2 导通,C 和 L_1 产生振荡,C 上电压由 $+U_{do}$ 变为 $-U_{do}$,C 经 VD_1 和 VT_1 反向放电,使 VT_1、VT_2 关断。

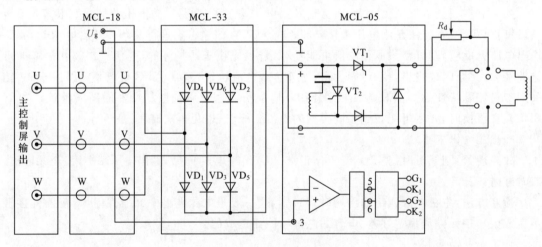

图 3-32　直流斩波电路的实施线路

从以上工作过程可知,可通过控制 VT_2 脉冲出现的时刻及调节输出电压的脉宽达到调压的目的,VT_1、VT_2 的脉冲间隔由触发电路决定。

1. 触发电路调试

打开 MCL-06 面板右下角的电源开关。调节电位器 R_P,观察 2 端锯齿波的波形,锯齿波频率为 100 Hz 左右。调节 3 端比较电压(由 MCL-18 给定),观察 4 端方波能否由 $0.1T$ 连续调至 $0.9T$(T 为斩波器触发电路的周期)。用双踪示波器观察 5、6 端脉冲波形,测量触发电路输出脉冲的幅度和宽度。

2.直流斩波电路带电阻性负载

按图3-32连好电路,接上电阻负载(可采用两个900 Ω电阻并联),调节电阻性负载至最大,并将触发电路的输出 G_1、K_1、G_2、K_2 分别接至 VT_1、VT_2 的门极和阴极。

三相调压器逆时针调到底,合上主电源,调节主控制屏 U、V、W 输出电压至线电压为110 V。用双踪示波器观察并记录触发电路1、2、4、5、6端及 U_{G1K1}、U_{G2K2} 的波形,同时观察并记录输出电压 $u_d = f(t)$、输出电流 $i_d = f(t)$、电容电压 $u_C = f(t)$ 及晶闸管两端电压 $u_{VT1} = f(t)$ 的波形,并注意各波形间的相位关系。

调节3端电压,观察在不同 τ(U_{G1K1} 和 U_{G2K2} 脉冲的时间间隔)时 u_d 的波形,并记录 U_d 和 τ 数值,从而绘出 $U_d = f(\tau/T)$ 的关系曲线。其中,τ/T 为占空比。

注意负载电阻不可以太小,否则电流太大,容易造成斩波失败。

3.直流斩波电路带电阻、电感性负载

断开电源,将负载改接成电阻和电感。然后重复带电阻性负载时的实验步骤。

4.注意事项

(1)直流斩波电路的直流电源由三相不控整流桥提供,整流桥的极性为下正上负,接至直流斩波电路时,极性不可接错。

(2)每次合上主电源前,需把调压器退至零,再缓慢增大电压。

(3)若负载电流过大,容易造成逆变失败,所以调节负载电阻、电感时,需注意电流不可超过0.5 A。

(4)若逆变失败,需关断电源,把调压器退位至零,再合上主电源。

(5)实施时,先把 MCL-18 的给定调到零,再根据需要调节。

(四)检查评估

(1)整理记录下的各波形,绘出各种负载下 $U = f(\tau/T)$ 的关系曲线。

(2)讨论、分析实施中的各种现象。

仿真实验

直流斩波电路仿真实验

(一)降压(Buck)型变换电路仿真实验

1.实验准备

了解降压(Buck)型变换电路的结构、工作原理及基本物理量的计算等内容。

2.提取模块

在模块库中,提取降压(Buck)型变换电路仿真模型搭建所需要的模块。

3.建立仿真模型

降压(Buck)型变换电路仿真模型如图3-33所示。

4.设置参数

(1)主电路

主电路主要由直流电源、MOSFET管、二极管、滤波电容、滤波电感、负载等组成。其参数设置:直流电源为10 V;负载为电阻性10 Ω;滤波电容为0.1 F;滤波电感为0.001 H;除二极管和 MOSFET 管前向电压设为0外,其余参数均采用默认值。

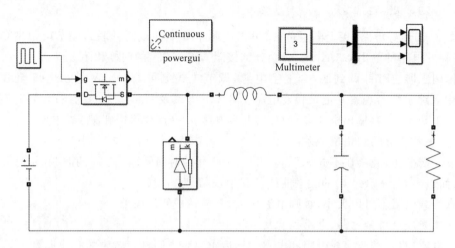

图 3-33　降压(Buck)型变换电路仿真模型

（2）控制电路

控制电路主要由脉冲发生器通向 MOSFET。其参数设置：峰值为 1；周期为 0.000 05 s；相位延迟时间为 0。注意脉冲宽度不同，仿真结果输出的电压平均值也不同。

（3）测量模块

从仿真模型可以看出，本实验主要测量直流电源电压信号、负载两端电压和负载电流，可以采用多路测量仪"Multimeter"模块进行测量。在连接"Multimeter"模块之前，应将交流电源和负载的测量参数设置好，分别如图 3-34 和图 3-35 所示。

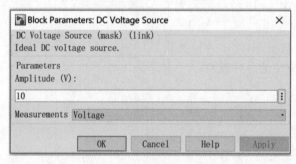

图 3-34　交流电源参数设置

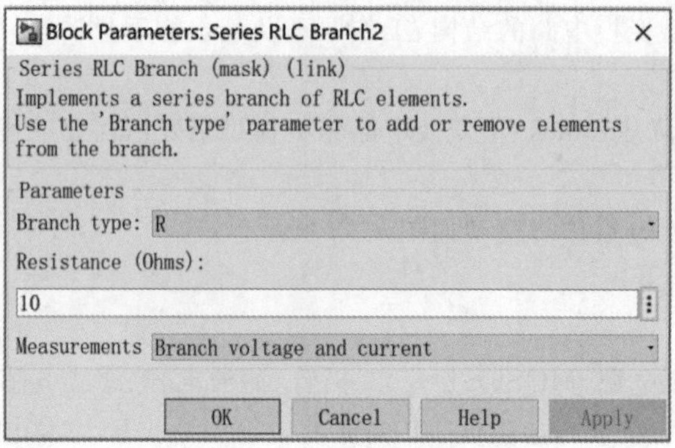

图 3-35　负载参数设置

5.模型仿真

仿真算法设为"ode23b",仿真时间设为 1 s,脉冲宽度设为 20、50、80 时的仿真结果分别如图 3-36～图 3-38 所示。

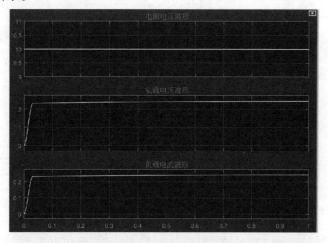

图 3-36　降压(Buck)型变换电路脉冲宽度为 20 时的仿真结果

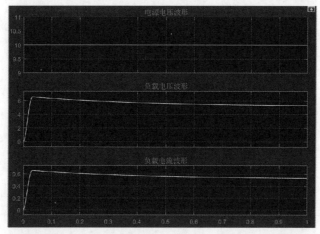

图 3-37　降压(Buck)型变换电路脉冲宽度为 50 时的仿真结果

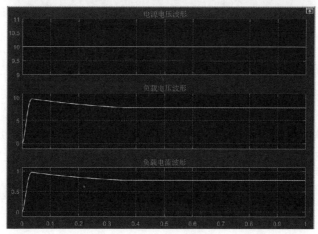

图 3-38　降压(Buck)型变换电路脉冲宽度为 80 时的仿真结果

(二)升压(Boost)型变换电路仿真实验

1. 实验准备

了解升压(Boost)型变换电路的结构、工作原理及基本物理量的计算等内容。

2. 提取模块

在模块库中,提取升压(Boost)型变换电路仿真模型搭建所需要的模块。

3. 建立仿真模型

升压(Boost)型变换电路仿真模型如图 3-39 所示。

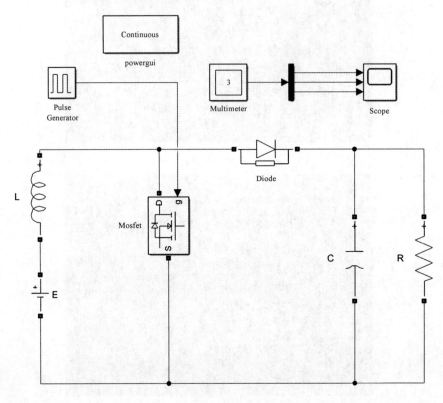

图 3-39　升压(Boost)型变换电路仿真模型

4. 设置参数

(1)主电路

主电路主要由直流电源、MOSFET 管、二极管、电容、电感、负载等组成。其参数设置:直流电源为 10 V;负载为电阻性 10 Ω;电容为 0.001 34 F;电感为"71e-6 H",不设置电感电流和电容电压初始值;除二极管和 MOSFET 管导通电压设为 0 外,其余参数均采用默认值。

(2)控制电路

控制电路主要由脉冲发生器通向 MOSFET。其参数设置:峰值为 1;周期为 0.000 05 s;脉冲宽度为 50;相位延迟时间为 0。

(3)测量模块

从仿真模型可以看出,本实验主要测量直流电源电压信号、负载两端电压和负载电流,可以采用多路测量仪"Multimeter"模块进行测量。

5. 模型仿真

仿真算法设为"ode23tb",仿真时间设为 1 s,仿真结果如图 3-40 所示。

图 3-40 升压(Boost)型变换电路仿真结果

从仿真结果可以看出,系统稳态后,负载两端电压接近 20 V,而直流电源电压为 10 V,负载两端电压升高。

巩固训练

3-1 在 DC/DC 变换电路中所使用的元器件有哪几种?有何特殊要求?

3-2 什么是 GTR 的二次击穿?可能导致 GTR 二次击穿的因素有哪些?可采取什么措施加以防范?

3-3 简述大功率晶体管 GTR 的结构及工作原理。

3-4 说明功率 MOSFET 的开通和关断原理及其优缺点。

3-5 使用功率 MOSFET 时要注意哪些保护措施?

3-6 哪些因素影响 GTO 的导通和关断?

3-7 简述直流斩波电路的主要应用领域。

3-8 简述图 3-19(a)所示的降压型变换电路的工作原理。

3-9 图 3-19(a)所示的斩波电路中,$U=220$ V,$R_L=10$ Ω,L、C 足够大,当要求 $U_0=400$ V 时,占空比 d 为多少?

3-10 简述图 3-20(a)所示升压型变换电路的基本工作原理。

3-11 在图 3-20(a)所示升压型变换电路中,$U=50$ V,$R_L=20$ Ω,L、C 足够大,采用脉宽控制方式,当 $T=40$ μs,$t_{on}=25$ μs 时,计算输出电压平均值 U_o 和输出电流平均值 I_o。

3-12 什么是硬开关?什么是软开关?二者的主要差别是什么?

任务四　晶闸管串级调速装置的分析与检测 》》》》

哲思课堂4

学习目标

(1)掌握三相整流电路、触发电路、保护电路的工作原理。
(2)掌握触发电路与整流主电路电压同步的概念以及实现同步的方法。
(3)了解常用的晶闸管调速装置的使用注意事项。
(4)熟悉晶闸管调速装置的安装、调试及简单的故障维修方法。
(5)了解三相有源逆变电路的工作原理。
(6)掌握相关英文词汇。

任务引入

　　晶闸管调速装置如图 4-1 所示,专供拖动直流电机调速用,也可作为可调直流电源使用。以晶闸管整流器将交流电整流成为可调直流电,对直流电机电枢供电,并引入电压负反馈、电流截止负反馈、转速负反馈等,组成自动稳速的无级调速系统。

图 4-1　晶闸管调速装置

相关知识

一、基本知识

(一)整流电路
整流电路设计一般要满足以下要求:
(1)整流电路的输出电压在一定的范围内可以连续调节。
(2)整流电路的输出电流连续,且电流脉动系数小于一定值。

（3）整流电路的最大输出电压能够自动限制在给定值,而不受负载阻抗的影响。

（4）当电路出现故障时,整流电路能自动停止功率输出。整流电路必须有完善的过电压、过电流保护措施。

（5）当逆变器运行失败时,能把储存在滤波器的能量通过整流电路返回工频电网,保护逆变器。

（二）逆变器

逆变器由逆变晶闸管、感应线圈、补偿电容等组成,用于将直流电变成交流电给负载。为了增大电路的功率因数,需要调协电容向负载提供无功能量。根据电容与感应线圈的连接方式可以把逆变器分为以下几种:

（1）串联逆变器:电容与感应线圈组成串联谐振电路。

（2）并联逆变器:电容与感应线圈组成并联谐振电路。

（3）串、并联逆变器:综合以上两种逆变器的特点。

（三）平波电抗器

平波电抗器在电路中起到很重要的作用,归纳为以下几点:

（1）续流:保证逆变器可靠工作。

（2）平波:使整流电路得到的直流电流比较平滑。

（3）电气隔离:连接在整流和逆变电路之间起到隔离作用。

（4）限制电路电流的上升率 di/dt,逆变失败时,可以保护晶闸管。

（四）控制电路

调速装置的控制电路比较复杂,主要包括以下几种:整流触发电路、逆变触发电路、启动/停止控制电路、保护电路等。

1.整流触发电路

整流触发电路主要是保证整流电路正常、可靠工作,产生的触发脉冲必须达到以下要求:

（1）产生相位互差 $60°$ 的脉冲,依次触发整流桥的晶闸管。

（2）触发脉冲的频率必须与电源电压的频率一致。

（3）采用单脉冲时,脉冲的宽度应该大于 $90°$ 且小于 $120°$。采用双脉冲时,脉冲的宽度为 $25°\sim30°$,脉冲的前沿相隔 $60°$。

（4）输出脉冲有足够的功率,一般为可靠触发功率的 $3\sim5$ 倍。

（5）触发电路有足够的抗干扰能力。

（6）控制角能在 $0°\sim170°$ 平滑移动。

2.逆变触发电路

对逆变触发电路的要求如下:

（1）有自动跟踪能力。

（2）有良好的对称性。

（3）有足够的脉冲宽度、触发功率,脉冲的前沿有一定的陡度。

（4）有足够的抗干扰能力。

3.启动/停止控制电路

启动/停止控制电路主要控制装置的启动、运行、停止,一般由按钮、继电器、接触器等电气元件组成。

4. 保护电路

调速装置的晶闸管的过载能力较差,系统中必须有比较完善的保护措施,常用有阻容吸收装置和硒堆抑制电路来进行过电压保护,电感线圈、快速熔断器等元件限制电流变化率和过电流保护。另外,还必须根据调速装置的特点,设计安装相应的保护电路。

二、整流主电路

(一)三相半波可控整流电路

1. 三相半波不可控整流电路

为了更好地理解三相半波可控整流电路,先来看一下由二极管组成的三相半波不可控整流电路,如图 4-2(a)所示。此电路可由三相变压器供电,也可直接接到三相四线制的交流电源上。变压器二次侧相电压有效值为 U_2,线电压为 U_{2L}。其接法是三个整流二极管的阳极分别接到变压器二次侧的三相电源上,而三个阴极接在一起,接到负载的一端,负载的另一端接整流变压器的中线,形成回路。此种接法称为共阴极接法。

如图 4-2(b)中示出了三相交流电 u_u、u_v 和 u_w 的波形。u_d 是输出电压的波形,u_D 是二极管承受的电压的波形。由于整流二极管导通的唯一条件就是阳极电位高于阴极电位,而三个二极管又是共阴极连接的,且阳极所接的三相电源的相电压是不断变化的,所以哪一相的二极管导通就要看其阳极所接的相电压 u_u、u_v 和 u_w 中哪一相的瞬时值最大,则与该相相连的二极管就会导通。其余两个二极管就会承受反向电压而关断。例如,在图 4-2(b)中 $\omega t_1 \sim \omega t_2$,u 相的瞬时电压值 u_u 最大,因此与 u 相相连的二极管 VD_1 优先导通,其共阴极 K 点电位即 u_u,所以与 v 相、w 相相连的二极管 VD_3 和 VD_5 则分别承受反向线电压 u_{vu}、u_{wu} 关断。若忽略二极管的导通压降,此时,输出电压 u_d 就等于 u 相的电源电压 u_u,即有 $u_d = u_u$。同理,在 ωt_2 时,由于 v 相的电压 u_v 开始大于 u 相的电压 u_u 而变为最大,因此,电流就要由 VD_1 换流给 VD_3,VD_1 和 VD_5 又会承受反向线电压 u_{uv}、u_{wv} 而处于阻断状态,输出电压 $u_d = u_v$。同样在 ωt_3 以后,因 w 相电压 u_w 最大,所以 VD_5 导通,VD_1 和 VD_3 受反压关断,输出电压 $u_d = u_w$。ωt_4 以后又重复上述过程。

由上分析可以看出,三相半波不可控整流电路中的三个二极管轮流导通,导通角均为 120°,电路的直流输出电压 u_d 是脉动的三相交流相电压波形的包络线,负载电流 i_d 波形形状与 u_d 相同。u_d 波形与单相整流时相比,其输出电压脉动大为减小,一周脉动三次,脉动的最低频率为 150 Hz。其输出直流电压的平均值 U_d 为

$$U_d = \frac{3}{2\pi} \int_{\pi/6}^{5\pi/6} \sqrt{2} U_2 \sin(\omega t) \mathrm{d}(\omega t) = \frac{3\sqrt{6}}{2\pi} U_2 = 1.17 U_2 \qquad (4-1)$$

整流二极管承受的电压的波形如图 4-2(b)所示。以 VD_1 为例,在 $\omega t_1 \sim \omega t_2$,$VD_1$ 导通,u_{D1} 为零;在 $\omega t_2 \sim \omega t_3$ 区间,VD_3 导通,则 VD_1 承受反向线电压 u_{uv},即 $u_{D1} = u_{uv}$;在 $\omega t_3 \sim \omega t_4$,$VD_5$ 导通,则 VD_1 承受反向线电压 u_{uw},即 $u_{D1} = u_{uw}$。从图 4-2(b)中还可看出,整流二极管所承受的最大的反向电压就是三相交流电源线电压的峰值,即

$$U_{DM} = \sqrt{6} U_2 \qquad (4-2)$$

图 4-2(b)中,1、3、5 这三个点分别是二极管 VD_1、VD_3 和 VD_5 的导通起点,即每经过其中

一点,电流就会自动从前一相换流至后一相,这种换相是利用三相电源电压的变化自然进行的,因此把1、3、5这三个点称为自然换相点。

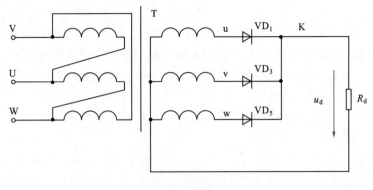

（a）电路

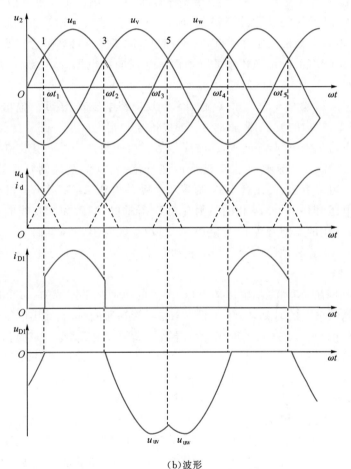

（b）波形

图 4-2　三相半波不可控整流电路

2.共阴极三相半波可控整流电路

三相半波可控整流电路有两种接线方式,分别为共阴极、共阳极接法。因为共阴极接法触发脉冲有共用线,使用调试方便,所以共阴极接法常被采用。

将图4-2(a)中三个二极管换成晶闸管就组成了共阴极三相半波可控整流电路。因为元件换成了晶闸管,故要使晶闸管导通除了要有正向的阳极电压外,还要有正向的门极触发电压。共阴极三相半波整流电路的最大输出就是在自然换相点处换相而得到的，因此自然换相点1、3、5点是共阴极三相半波可控整流电路中晶闸管可以被触发导通的最早时刻，将其作为各晶闸管的控制角 α 的起点，即 $\alpha=0°$ 的点，因此在共阴极三相半波可控整流电路中，α 角的起点不再是坐标原点，而是在距离相应的相电压原点30°的位置。要改变控制角，只能是在此位置沿时间轴向后移动触发脉冲。而且三相触发脉冲的间隔必须和三相电源相电压的相位差一致，即均为120°，其相序也要与三相交流电源的相序一致。若是在自然换相点1、3、5点所对应的 ωt_1、ωt_2 及 ωt_3 时刻分别给晶闸管 VT_1、VT_3 和 VT_5 加触发脉冲，则得到的输出电压的波形和不可控整流时是一样的，如图4-2(b)所示，此时 U_d 的值为最大，即 $U_d=1.17U_2$。

(1)电阻性负载

如图4-3所示是 $\alpha=15°$ 时的波形。在距离 u 相相电压原点30°$+\alpha$ 处的 ωt_1 时刻，给晶闸管 VT_1 加上触发脉冲 u_{g1}，因此时已过1点，u相电压 u_u 最大，故可使 VT_1 导通，在负载上就得到 u 相电压 u_u，输出电压波形就是相电压 u_u 波形，即 $u_d=u_u$。至3点的位置时，虽然 VT_3 阳极电位变为最高，但因其触发脉冲还没到，所以 VT_1 会继续导通。直到距离自然换相点3点15°的位置，即距离 v 相相电压过零点30°$+\alpha$ 处的 ωt_2 时刻，给晶闸管 VT_3 加上触发脉冲 u_{g3}，VT_3 会导通，同时 VT_1 会由于 VT_3 的导通而承受反向线电压 u_{uv} 关断。输出电压波形就成了 v 相电压 u_v 的波形，即输出电压变为 $u_d=u_v$。同理，在 ωt_3 时给晶闸管 VT_5 加上触发脉冲 u_{g5}，VT_5 会导通，VT_3 会由于 VT_5 的导通而承受反向线电压 u_{vw} 关断。输出电压为 $u_d=u_w$。

图4-3中输出电压 u_d 的波形(阴影部分)与图4-2(b)相比少了一部分。因为是电阻性负载，所以负载上的电流 i_d 的波形与电压 u_d 波形相似。由于是三个晶闸管轮流导通，且各导通120°，故流过一个晶闸管的电流波形是 i_d 波形的三分之一，如流过晶闸管 VT_1 的电流 i_{T1} 波形，如图4-3所示。可以看出，晶闸管 VT_1 两端所承受的电压 u_{T1} 波形仍是由三部分组成：本身导通时，不承受电压，即 $u_{T1}=0$；v相的晶闸管 VT_3 导通时，VT_1 将承受线电压 u_{uv}，即 $u_{T1}=u_u-u_v=u_{uv}$；同样，w相的晶闸管 VT_5 导通时，VT_1 承受线电压 u_{uw}，即 $u_{T1}=u_u-u_w=u_{uw}$。以上三部分各持续了120°。其他两个管子的电流和电压波形与 VT_1 的一样，只是相位依次相差了120°。

由图4-3可看出，在 $\alpha \leqslant 30°$ 时，输出的电压、电流的波形都是连续的。$\alpha=30°$ 时是临界状态，即前一相的晶闸管关断的时刻，恰好是下一个晶闸管导通的时刻，输出电压、电流都处于临界连续状态，波形如图4-4所示。ωt_1 时刻触发导通了晶闸管 VT_1，至 ωt_2 时，流过 VT_1 的电流减小为零，同时也给晶闸管 VT_3 加上了触发脉冲，使 VT_3 被触发导通，这样流过负载的电流 i_d 刚好连续，输出电压 u_d 的波形也是连续的，每个晶闸管仍是各导通120°。

若 $\alpha > 30°$，如 $\alpha=60°$，整流输出电压 u_d、负载电流 i_d 的波形如图4-5所示。此时 u_d 和 i_d 波形是断续的。当导通的一相相电压过零变负时，流过该相的晶闸管的电流也减小为零，使原先导通的管子关断。但此时下一相的晶闸管虽然承受正的相电压，可它的触发脉冲还没有到，故不会导通。此时，输出电压、电流均为零，即出现了电压、电流断续的情况。直到下一相触发脉冲来了为止。在这种情况下，各个晶闸管的导通角不再是120°，而是小于120°了。例如 $\alpha=60°$ 时，各晶闸管的导通角是 $150°-60°=90°$。值得注意的是，在输出电压断续情况下，晶闸管所承受的电压除了上面提到的三部分外，还多了一种情况，就是当三个晶闸管都不导通时，每个晶闸管均承受各自的相电压。

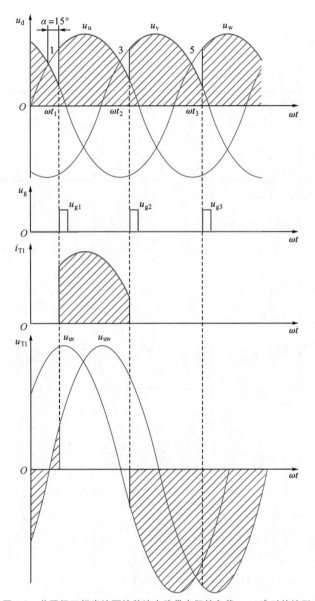

图 4-3　共阴极三相半波可控整流电路带电阻性负载 $\alpha=15°$ 时的波形

当触发脉冲向后移至 $\alpha=150°$ 时,此时正好是相应的相电压的过零点,此后晶闸管将不再承受正向的相电压,因此无法导通。共阴极三相半波可控整流电路带电阻性负载时,控制角的移相范围是 $0°\sim150°$。

共阴极三相半波可控整流电路带电阻性负载时各量计算如下:

①直流输出电压的平均值 U_d　当 $0°\leqslant\alpha\leqslant30°$ 时,有

$$U_d = \frac{3}{2\pi}\int_{\frac{\pi}{6}+\alpha}^{\frac{5\pi}{6}+\alpha} \sqrt{2}U_2\sin(\omega t)\mathrm{d}(\omega t) = \frac{3\sqrt{6}}{2\pi}U_2\cos\alpha = 1.17U_2\cos\alpha \qquad (4\text{-}3)$$

由式(4-3)可以看出,当 $\alpha=0°$ 时, U_d 最大,为 $U_d=U_{d0}=1.17U_2$。

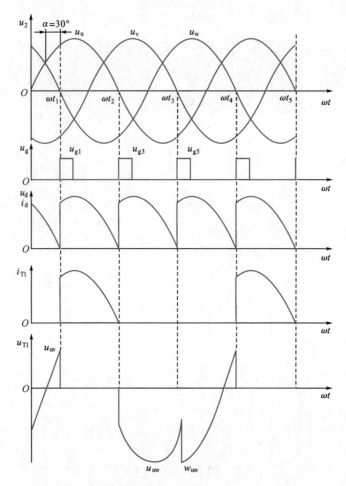

图 4-4   共阴极三相半波可控整流电路带电阻性负载 $\alpha=30°$ 时的波形

当 $30°<\alpha\leqslant150°$ 时,有

$$U_d = \frac{3}{2\pi}\int_{\frac{\pi}{6}+\alpha}^{\pi}\sqrt{2}U_2\sin(\omega t)\mathrm{d}(\omega t) = \frac{3\sqrt{2}}{2\pi}U_2\left[1+\cos\left(\frac{\pi}{6}+\alpha\right)\right]$$

$$= 0.675U_2\left[1+\cos\left(\frac{\pi}{6}+\alpha\right)\right] \tag{4-4}$$

当 $\alpha=150°$ 时,U_d 最小,为 $U_d=0$。

②直流输出电流的平均值 I_d 由于带电阻性负载,不论电流连续与否,电流波形都与电压波形一致,有

$$I_d = \frac{U_d}{R_d} \tag{4-5}$$

③晶闸管承受的电压和控制角的移相范围   由前面的波形分析可以知道,晶闸管承受的最大反向电压为变压器二次侧线电压的峰值。电流断续时,晶闸管承受的是电源的相电压,所以晶闸管承受的最大正向电压为相电压的峰值,即

$$U_{TM}=\sqrt{2}U_{2L}=\sqrt{2}\times\sqrt{3}U_2=\sqrt{6}U_2=2.45U_2 \tag{4-6}$$

④流过一个晶闸管的电流的平均值 I_{dT} 和有效值 I_T 三个晶闸管是轮流导通的,所以有

$$I_{dT}=\frac{1}{3}I_d \tag{4-7}$$

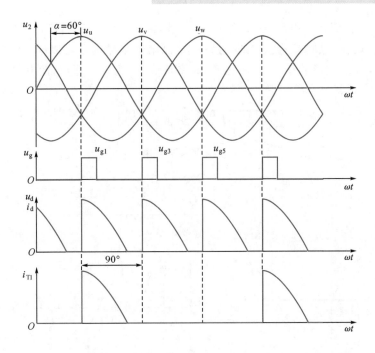

图 4-5　共阴极三相半波可控整流电路带电阻性负载 $\alpha=60°$ 时的波形

当电流连续，即 $0°\leqslant\alpha\leqslant30°$ 时，由图 4-4 可以看出，每个晶闸管轮流导通 $120°$，可得

$$I_{\text{T}}=\sqrt{\frac{1}{2\pi}\int_{\frac{\pi}{6}+\alpha}^{\frac{5\pi}{6}+\alpha}\left[\frac{\sqrt{2}U_2\sin(\omega t)}{R_{\text{d}}}\right]^2\mathrm{d}(\omega t)}=\frac{U_2}{R_{\text{d}}}\sqrt{\frac{1}{2\pi}\left[\frac{2\pi}{3}+\frac{\sqrt{3}}{2}\cos(2\alpha)\right]} \qquad (4\text{-}8)$$

当电流断续，即 $30°<\alpha\leqslant150°$ 时，由图 4-5 可以看出，三个晶闸管仍轮流导通，但导通角小于 $120°$，所以有

$$I_{\text{T}}=\sqrt{\frac{1}{2\pi}\int_{\frac{\pi}{6}+\alpha}^{\pi}\left[\frac{\sqrt{2}U_2\sin(\omega t)}{R_{\text{d}}}\right]^2\mathrm{d}(\omega t)}=\frac{U_2}{R_{\text{d}}}\sqrt{\frac{1}{2\pi}\left[\frac{5\pi}{6}-\alpha+\frac{\sqrt{3}}{4}\cos(2\alpha)+\frac{1}{4}\sin(2\alpha)\right]}$$

$$(4\text{-}9)$$

（2）电感性负载

共阴极三相半波可控整流电路带电感性负载如图 4-6 所示。若负载中所含的电感分量 L_{d} 足够大，则电感的平波作用会使负载电流 i_{d} 的波形基本上是一条水平直线。

当 $\alpha\leqslant30°$ 时，直流输出电压 u_{d} 波形不会出现负值，且输出电压和电流都是连续的，与电阻性负载时的波形一致，但电流 i_{d} 波形则变为一条水平直线，如图 4-6(b) 所示。当 $30°<\alpha\leqslant90°$ 时，直流输出电压 u_{d} 的波形出现了负值，这是因为负载中电感的存在使得当电流变化时，电感产生了自感电动势 e_{L} 来阻碍电流的变化，这样电源电压过零变负时，电流减小，电感两端产生的自感电动势 e_{L} 对晶闸管而言是正向的，因此即使电源电压变为负值，但是只要 e_{L} 的数值大于相应的相电压的数值，那么晶闸管就仍能维持导通状态，直到下一相的晶闸管的触发脉冲到来。如图 4-6(c) 所示为 $\alpha=60°$ 时的波形。当与 u 相相连的晶闸管 VT_1 导通时，电路的整流输出电压为 $u_{\text{d}}=u_{\text{u}}$，至 u 相相电压 u_{u} 过零变负时，由于 e_{L} 的作用，晶闸管 VT_1 会继续导通，此时，输出电压 u_{u} 为负值。直到 VT_3 的触发脉冲到来，由于共阴极的电路中阳极电位高的管子优先导通，而此时 v 相的相电压 u_{v} 大于 u 相相电压 u_{u}，所以晶闸管 VT_1 会让位给 VT_3，电流由 VT_1 换流给 VT_3，输出电压变为 $u_{\text{d}}=u_{\text{v}}$，后面依次类推。与图 4-5 相比较，可以

看出图 4-6(c)中，整流输出电压 u_d 出现了负值，且其波形是连续的，流过负载的电流 i_d 的波形既连续又平稳，三个晶闸管轮流导通，且每一个晶闸管都导通。可以推出，当触发脉冲向后移至 $\alpha=90°$ 时，u_d 的波形的正、负面积相等，其平均值 U_d 为零。所以，此电路 α 的最大的有效移相范围是 $0°\sim90°$。

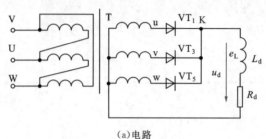

（a）电路

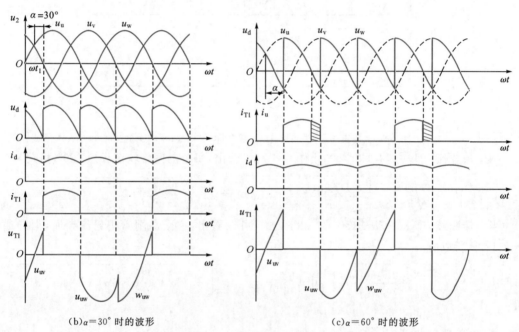

（b）$\alpha=30°$ 时的波形　　　　　　　　（c）$\alpha=60°$ 时的波形

图 4-6　共阴极三相半波可控整流电路带电感性负载

晶闸管所承受的电压的波形分析与电阻性负载时情况相同，除本身导通时不承受电压外，其他两相的晶闸管导通时分别承受相应的线电压，每一部分各为 $120°$。

因为输出电压、电流是连续的，所以输出的直流电压 U_d 为

$$U_d = \frac{3}{2\pi}\int_{\frac{\pi}{6}+\alpha}^{\frac{5\pi}{6}+\alpha} \sqrt{2}U_2\sin(\omega t)\mathrm{d}(\omega t) = \frac{3\sqrt{6}}{2\pi}U_2\cos\alpha = 1.17U_2\cos\alpha \qquad (4-10)$$

可以看出式(4-10)与式(4-3)是一样的，即对于共阴极三相半波可控整流电路，只要电压连续，U_d 就可用式(4-10)计算。另外，由式(4-10)还可看出，当 $\alpha=90°$ 时，$\cos\alpha$ 等于零，所以 U_d 也等于零，与前面由波形得到的结论一致，即带电感性负载时，α 的移相范围是 $0°\sim90°$。

负载上得到的直流输出电流的平均值为

$$I_d = \frac{U_d}{R_d} = 1.17\frac{U_2}{R_d}\cos\alpha \qquad (4-11)$$

当电感足够大时，i_d 波形为一条直线，则每一相的电流以及流过一个晶闸管的电流波形都为矩形波，所以有

$$I_{dT} = \frac{1}{3} I_d \tag{4-12}$$

$$I_T = I_2 = \sqrt{\frac{1}{3}} I_d = 0.577 I_d \tag{4-13}$$

从图 4-6(c)还可看出，晶闸管所承受的最大电压是线电压的峰值，即

$$U_{TM} = \sqrt{2} U_{2L} = \sqrt{6} U_2 \tag{4-14}$$

同单相电路一样，为了扩大移相范围以及增大输出电压，也可在电感性负载两端并联续流二极管 VD_R，如图 4-7 所示。

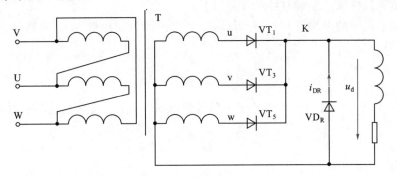

（a）电路

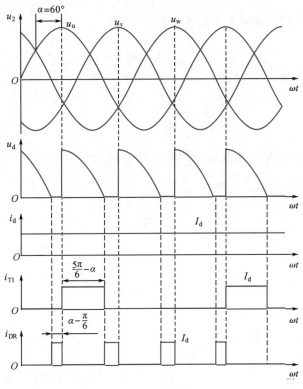

（b）$\alpha = 60°$时的波形

图 4-7 共阴极三相半波可控整流电路带电感性负载、接续流二极管

根据二极管的导通特性，即只有在相电压过零变负时 VD_R 才会导通，故在 $\alpha \leqslant 30°$ 时，输出电压 u_d 均为正值，且 u_d 波形连续，此时续流二极管 VD_R 并不起作用，仍是三个晶闸管轮流

导通 120°,输出电压和电流波形同图 4-4 一样。30°<α≤150° 时,当电源电压过零变负时,续流二极管 VD$_R$ 会导通,为负载提供续流回路,使得负载电流不再经过变压器二次侧绕组,而此时晶闸管则由于承受反向的电源相电压而关断。因此,负载上的输出电压为续流二极管 VD$_R$ 的正相导通压降,接近于零。这样,输出电压 u_d 的波形出现了断续但没有了负值,同时,负载上的电流 i_d 仍是连续的。续流二极管 VD$_R$ 的导通角为 $\theta_{DR}=\left(\alpha-\dfrac{\pi}{T}\right)\times3$,而此时晶闸管的导通角变为 $\theta_T=\dfrac{5\pi}{6}-\alpha$。因此,根据图 4-7 和图 4-6(b),可以推导出共阴极三相半波可控整流电路带电感性负载接续流二极管时各量计算如下:

①直流输出电压的平均值 U_d 当 0°≤α≤30° 时,因为输出电压 u_d 波形与不接续流二极管时一致,故有

$$U_d=\frac{3\sqrt{6}}{2\pi}U_2\cos\alpha=1.17U_2\cos\alpha \tag{4-15}$$

当 30°<α≤30° 时,u_d 波形与电路带电阻性负载时一致,u_d 波形也是断续的,故有

$$U_d=0.675U_2\left[1+\cos\left(\frac{\pi}{6}+\alpha\right)\right] \tag{4-16}$$

②直流输出电流的平均值 I_d 为

$$I_d=\frac{U_d}{R_d} \tag{4-17}$$

③流过一个晶闸管的电流的平均值和有效值   当 0°≤α≤30° 时有

$$I_{dT}=\frac{1}{3}I_d \qquad I_T=\sqrt{\frac{1}{3}}\,I_d \tag{4-18}$$

当 30°<α≤150° 时有

$$I_{dT}=\frac{\dfrac{5\pi}{6}-\alpha}{2\pi}I_d \qquad I_T=\sqrt{\frac{\dfrac{5\pi}{6}-\alpha}{2\pi}}\,I_d \tag{4-19}$$

④流过续流二极管 VD$_R$ 的电流的平均值和有效值   当 0°≤α≤30° 时,续流二极管没起作用,所以流过 VD$_R$ 的电流为零。

当 30°<α≤150° 时有

$$I_{dD}=\frac{\left(\alpha-\dfrac{\pi}{6}\right)\times3}{2\pi}I_d=\frac{\alpha-\dfrac{\pi}{6}}{\dfrac{2\pi}{3}}I_d \qquad I_D=\sqrt{\frac{\alpha-\dfrac{\pi}{6}}{\dfrac{2\pi}{3}}}\,I_d \tag{4-20}$$

⑤晶闸管和续流二极管两端承受的最大的电压为

$$U_{TM}=\sqrt{6}U_2 \qquad U_{DRM}=\sqrt{2}U_2 \tag{4-21}$$

3. 共阳极三相半波可控整流电路

三相半波可控整流电路还可以把晶闸管的三个阳极接在一起,而三个阴极分别接到三相交流电源,形成共阳极三相半波可控整流电路,其带电感性负载的电路如图 4-8(a)所示。因为三个阳极是接在一起的,即是等电位的,所以对于螺栓式的晶闸管来说,可以将晶闸管的阳极固定在同一块大散热器上,散热效果好,安装方便。但是,此电路的触发电路不能再像共阴极电路的触发电路那样,引出公共的一条接阴极的线,而且输出脉冲变压器二次侧绕组也不能有公共线,这就给调试和使用带来了不便。

共阳极三相半波可控整流电路的工作原理与共阴极一致，也是要晶闸管承受正向电压，即其阳极电位高于阴极电位时，才可能导通。所以，共阳极的三个晶闸管 VT_2、VT_4 和 VT_6 哪一个导通，要看哪一个的阴极电位低，触发脉冲应在三相交流电源相应相电压的负半周加上，而且三个管子的自然换相点在电源两相邻相电压负半周的交点，即图 4-8 (b)中的 2、4、6 点，故 2、4、6 点的位置分别是与 w 相、u 相、v 相相连的晶闸管 VT_2、VT_4 和 VT_6 的 α 角的起点。图 4-8(b)中可以看出，当 $\alpha=30°$ 时，输出全部在电源负半周。例如，在 ωt_1 时刻触发晶闸管 VT_2，因其阴极电位最低，满足其导通的条件，故可以被触发导通，此时在负载上得到的输出电压为 $u_d=-u_w$。至 ωt_2 时，给 VT_4 加触发脉冲，由于此时 u 相相电压变负，故 VT_2 会让位给 VT_4，而 VT_4 的导通会立即使 VT_2 承受反向的线电压 u_{uw} 而关断。同理，在 ωt_3 时刻又会换相给 v 相的晶闸管 VT_6。由图可见，共阳极接法时的整流输出电压波形形状与共阴极时是一样的，只是输出电压的极性相反，故共阳极三相半波可控整流电路带电感性负载时的整流输出电压的平均值为

$$U_d=-1.17U_2\cos\alpha \tag{4-22}$$

式(4-22)中的负号表示三相电源的零线为实际负载电压的正端，三个接在一起的阳极为实际负载电压的负端。负载电流的实际方向也与电路图中所示方向相反。

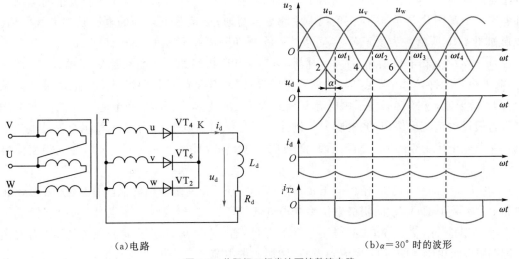

（a）电路　　　　　　　　　　　　（b）$\alpha=30°$ 时的波形

图 4-8　共阳极三相半波可控整流电路

从上面的讨论可以看出，不论是共阴极还是共阳极接法的电路，都只用了三个晶闸管，所以接线都较简单，但其变压器绕组利用率较低，每相的二次侧绕组一周期最多工作 $120°$，而且绕组中的电流(波形与相连的晶闸管的电流波形一样)还是单方向的，因此也会存在铁芯的直流磁化现象；还有晶闸管承受的反向峰值电压较高(与三相桥式全控整流电路相比)；另外，因电路中负载电流要经过电网零线，也会引起额外的损耗。正是由于上述局限，三相半波可控整流电路一般只用于中小容量的场合。

（二）三相桥式全控整流电路

三相桥式全控整流电路实质上是一组共阴极半波可控整流电路与共阳极半波可控整流电路的串联，如图 4-9 所示。共阴极半波可控整流电路实际上只利用电源变压器的正半周期，共阳极半波可控整流电路只利用电源变压器的负半周期，如果两种电路的负载电流一样大小，可以利用同一电源变压器。

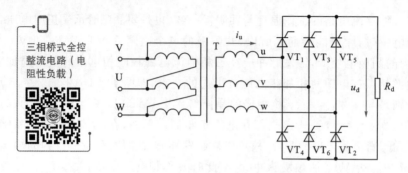

图 4-9   三相桥式全控整流电路

1. 电阻性负载

对于图 4-9 的电路,可以像分析三相半波可控整流电路一样,先分析不可控整流电路的情况,即把晶闸管都换成二极管,这种情况相当于可控整流电路的 $\alpha = 0°$ 时的情况。因此,共阴极的一组晶闸管要在自然换相点 1、3、5 点换相,而共阳极的一组晶闸管则会在自然换相点 2、4、6 点换相。因此,对于可控整流电路,就要求触发电路在三相电源相电压正半周的 1、3、5 点的位置给晶闸管 VT_1、VT_3 和 VT_5 送出触发脉冲,而在三相电源相电压负半周的 2、4、6 点的位置给晶闸管 VT_2、VT_4 和 VT_6 送出触发脉冲,且在任意时刻共阴极组和共阳极组的晶闸管中都各有一个晶闸管导通,这样在负载中才能有电流通过,负载上得到的电压是某一线电压。其波形如图 4-10 所示。为便于分析,可以将一个周期分成 6 个区间,每个区间 60°。

在 $\omega t_1 \sim \omega t_2$,u 相电位最高,在 ωt_1 时刻,即对于共阴极组的 u 相晶闸管 VT_1 的 $\alpha = 0°$ 的时刻,给其加触发脉冲,VT_1 满足其导通的两个条件,同时假设此时共阳极组阴极电位最低的晶闸管 VT_6 已导通,这样就形成了由电源 u 相经 VT_1、负载 R_d 及 VT_6 回电源 v 相的一条电流回路。若假设电流流出绕组的方向为正,则此时 u 相绕组的电流 i_u 为正,v 相绕组上的电流 i_v 为负。在负载电阻上就得到了整流后的直流输出电压 u_d,且 $u_d = u_u - u_v = u_{uv}$,为三相交流电源的线电压之一。

过 60° 后,在 $\omega t_2 \sim \omega t_3$,u 相相电压 u_u 仍是最大,但对于共阳极组的晶闸管来说,因为 w 相相电压 u_w 为最负,即 VT_2 的阴极电位将变得最低,所以在自然换相点 2 点,即 ωt_2 时,给晶闸管 VT_2 加触发脉冲,使其导通,同时由于 VT_2 的导通,VT_6 承受了反向的线电压 u_{wv} 而关断了。即共阳极组由刚才的 VT_6 换流到 VT_2,则形成的电流通路仍由电源 u 相流出,经过还在导通的共阴极组的晶闸管 VT_1,向负载 R_d 供电,由 VT_2 流回到电源 w 相,此时 $u_d = u_u - u_w = u_{uw}$。

再过 60° 后,在 $\omega t_3 \sim \omega t_4$,对于共阴极组来说变为 v 相电压最大,而对于共阳极组仍是 w 相最小。因此,在自然换相点 3 点,即 ωt_3 时要给晶闸管 VT_3 加触发脉冲,共阴极组的晶闸管由 VT_1 换流给了 VT_3,而共阳极组仍是 VT_2 导通,改为由晶闸管 VT_3 和 VT_2 形成通路,所以,负载上得到的输出电压为 $u_d = u_v - u_w = u_{vw}$。

同样,再过 60° 后,在 $\omega t_4 \sim \omega t_5$,$VT_4$ 阴极所接的 u 相相电压 u_u 为最负,故又该触发晶闸管 VT_4,输出电压为 $u_d = u_v - u_u = u_{vu}$。在 $\omega t_5 \sim \omega t_6$,触发导通 VT_5,输出电压为 $u_d = u_w - u_u = u_{wu}$。在 $\omega t_6 \sim \omega t_7$,给共阳极组的晶闸管 VT_6 加触发脉冲,使得输出电压变为 $u_d = u_w - u_v = u_{wv}$。以后又重复上述过程。

由图 4-10 可以看出,三相桥式全控整流电路中两组晶闸管的自然换相点对应相差 60°。由以上分析可以看出,$\alpha = 0°$ 时,各个晶闸管均是在各自的自然换相点换相,导通的顺序是 $VT_1 - VT_2 - VT_3 - VT_4 - VT_5 - VT_6 - VT_1$,每个晶闸管轮流导通 120°,相位相差了 60°,即

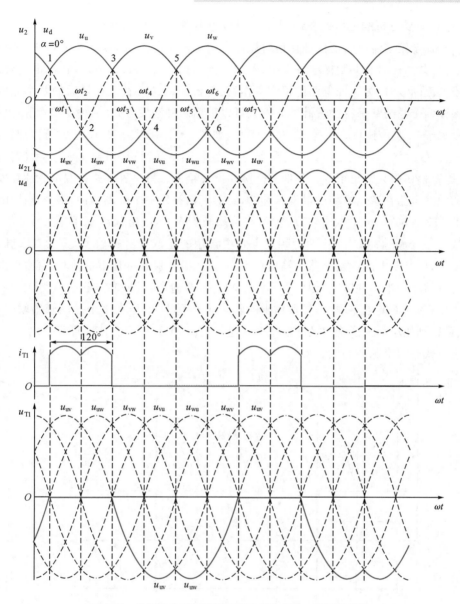

图 4-10 三相桥式全控整流电路带电阻性负载 $\alpha=0°$ 时的波形

六个晶闸管的触发脉冲依次相差 $60°$。负载上得到的输出电压 u_d 的波形,从相电压的波形上看,共阴极组晶闸管导通时,若以变压器二次侧的中点为参考点,则整流输出电压为相电压正半周的包络线;而共阳极组晶闸管导通时,输出电压为相电压负半周的包络线,总的整流输出电压是两条包络线之间的差值,将其对应到线电压波形上,即线电压在正半周的包络线。因此三相桥式全控整流电路的输出波形可用电源线电压波形表示。每个线电压输出了 $60°$。

由图 4-10 可以看出,晶闸管所承受的电压 u_T 的波形与三相半波电路时的分析是一样的,即晶闸管本身导通时,u_T 为零;同组的其他相邻晶闸管导通时,就承受相应的线电压。故晶闸管承受的最大电压仍为 $\sqrt{6}U_2$。而由流过一个晶闸管的电流的波形可以看出,每个晶闸管在一周期内都导通了 $120°$,波形的形状与相应段的 u_d 的波形相同。

由图 4-10 可以看出三相桥式全控整流电路的输出电压 u_d 的波形实际是由六个线电压 u_{uv}、u_{uw}、u_{vw}、u_{vu}、u_{wu} 和 u_{wv} 轮流输出所组成的,因此,在分析三相桥式全控整流电路的输出电压

u_d 的波形时,只要分析线电压的波形即可,可不必再绘制相电压的波形。

三相桥式全控整流电路要保证任何时候都有两个晶闸管导通,这样才能形成向负载供电的回路,且是共阴极组和共阳极组各一个,不能为同一组的晶闸管。所以,在此电路合闸启动过程中或电流断续时,为保证电路能正常工作,就需要保证同时触发应导通的两个晶闸管,即要同时保证两个晶闸管都有触发脉冲。一般可以采用两种触发方式:一种是单宽脉冲触发,即脉冲宽度大于 $60°$,小于 $120°$,一般取 $80°\sim100°$,如图 4-11 中的 u_{g1} 所示,这样可以保证在第二个脉冲 u_{g2} 来的时候,前一个脉冲 u_{g1} 还没有消失,这样两个晶闸管 VT_1 和 VT_2 会同时有脉冲。图 4-11 因篇幅所限只绘出了 u_{g1},其他五个脉冲没有绘出。另一种方式是双窄脉冲触发,即要求本相的触发电路在送出本相的触发脉冲时,给前一相补发一个辅助脉冲,两个脉冲相位相差 $60°$,脉宽一般是 $20°\sim30°$,如图 4-11 所示,在给晶闸管 VT_3 送出脉冲 u_{g3} 的同时,又给晶闸管 VT_2 补发了一个辅脉冲 u'_{g2}。这两种触发方式中常用的是双窄脉冲触发,虽然双窄脉冲的电路比较复杂,但其要求的触发电路的输出功率小,可以减小脉冲变压器的体积。而单宽脉冲触发虽然可以减小一半脉冲输出,但为了不使脉冲变压器饱和,其铁芯体积要做得大一些,绕组的匝数也要多,因而漏电感增大,导致输出的脉冲前沿不陡,这样在多个晶闸管串联时是不利的,虽然可以利用增加去磁绕组的办法来改善这一情况,但这样又会使装置复杂化。所以常选用的触发方式是双窄脉冲触发。

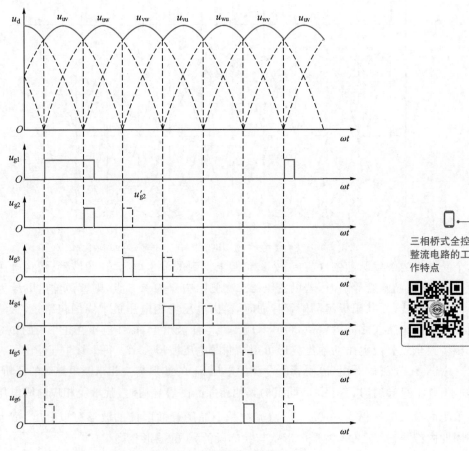

图 4-11 三相桥式全控整流电路的触发脉冲

三相桥式全控整流电路的工作特点

不同控制角时的波形分析如下：

（1）$\alpha=30°$ 时

当控制角 α 发生变化时，电路的工作情况将发生变化。从图 4-12 中可以看出，输出电压 u_d 的波形仍是由六个电源线电压波形组成，与 $\alpha=0°$ 时不同的是，晶闸管的导通时间推迟了，

三相桥式全控整流电路（电阻性负载 $\alpha=30°$）

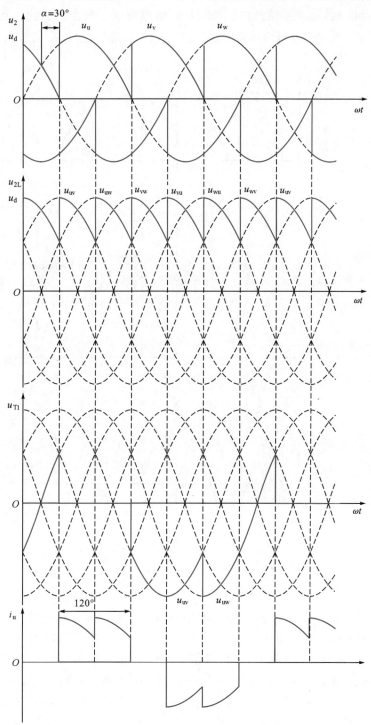

图 4-12　三相桥式全控整流电路带电阻性负载 $\alpha=30°$ 时的波形

输出电压的波形面积小了,输出电压的平均值减小了。晶闸管的导通时间比 $\alpha=0°$ 时推迟了 $30°$,组成输出 u_d 的线电压波形也向后推迟了 $30°$,但晶闸管的导通顺序仍然没有变,与其编号相符,流过变压器二次侧绕组的电流 i_u 为正负各 $120°$ 的对称的波形。

(2)$\alpha=60°$ 时

$\alpha=60°$ 时,u_d 波形继续向后推,且 u_d 波形出现了零点。因此,$\alpha=60°$ 是一临界情况,如图 4-13 所示。对于电阻性负载来说,只要 $\alpha\leqslant60°$,输出电压 u_d 的波形就是连续的,且电流 i_d 波形也是连续的。

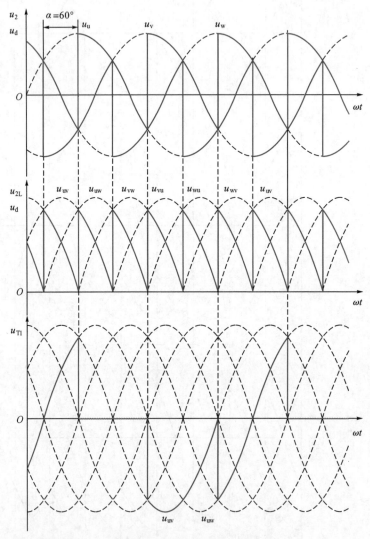

图 4-13　三相桥式全控整流电路带电阻性负载 $\alpha=60°$ 时的波形

另外,在图 4-12 中还给出了变压器二次侧 u 相绕组电流 i_u 的波形。其波形特点是当 $\alpha\leqslant60°$ 时,即电流连续时,为正负对称的波形,即在 VT_1 导通的 $120°$ 期间,电流是由 u 相绕组流出,故 i_u 为正,且 i_u 的波形与同时段的 u_d 的波形相同,而在 VT_4 导通的 $120°$ 期间,电流是由 u 相绕组流入的,所以 i_u 为负,此时 i_u 波形的形状与 VT_1 导通时的电流波形的形状一样,只是为负值。

(3)$\alpha=90°$时

当$\alpha>60°$时,例如图 4-14 所示$\alpha=90°$时,输出电压u_d的波形就出现断续了,每个线电压不再输出 60°了,而是有了 30°的等于零的情况,这是由于当u_d减小到零时,电流i_d也减小到零,晶闸管就会关断,输出电压为零,不会有负值输出。α角越大,电压、电流断续的区间就越大,至$\alpha=120°$时,整流后的输出电压u_d的波形全为零,其平均值U_d也为零。所以,三相桥式全控整流电路带电阻性负载时,α的移相范围是 0°~120°。

而当$\alpha>60°$时,即电流断续时,如图 4-14 所示,i_u的波形仍然是由正负对称的两部分组成,只是每一部分不再是连续的 120°了,而是断续的了,导通的区间也不到 120°了。流过变压器二次侧其他两相电流i_v、i_w的波形与i_u波形形状一致,只是相位依次相差 120°。此三相电流均可统一用i_2来表示。

2.电感性负载

三相桥式全控整流电路一般多用于电感性负载及反电动势负载。反电动势负载常指直流电机或要求能实现有源逆变的负载,对于此类负载,为了改善电流波形,有利于直流电机换向及减小火花,一般都要串入电感量足够大的平波电抗器,分析时等同于电感性负载。

三相桥式全控整流电路带电感性负载如图 4-15 所示。不同控制角时的波形分析如下:

(1)$\alpha\leqslant30°$时

分析方法同带电阻性负载一样,工作情况与带电阻性负载也很相似,整流输出电压u_d的波形、晶闸管的导通情况、晶闸管两端承受的电压u_T的波形都是一样的。

两种负载的区别在于:流过负载的电流i_d的波形不同,带电阻性负载时,i_d的波形的形状与输出电压u_d的波形相同,而带电感性负载时,由于电感有阻碍电流变化的作用,因此得到的负载电流的波形比较平直,特别是当电感足够大时,可以认为负载电流i_d的波形是一条水平的直线。如图 4-15(b)所示为三相桥式全控整流电路带电感性负载$\alpha=30°$时的波形。由图中可以看出,输出电压u_d、电流i_d波形都是连续的,整流输出电压u_d的波形仍由六个线电压组成,在距离相应的自然换相点 30°的位置,要同时保证两个晶闸管都有触发脉冲,使其形成通路,例如在距离自然换相点 1 点 30°的位置,同时给 VT$_1$ 和 VT$_6$ 门极加窄脉冲,使两个管子同时导通,输出线电压u_{uv},至距离 2 点 30°的地方,又触发了晶闸管 VT$_2$,输出线电压u_{uw},依次类推,分别输出线电压u_{vw}、u_{vu}、u_{wu}和u_{wv},且每一线电压都输出了 60°。晶闸管承受的电压的波形同电阻性负载时是一样的。由流过晶闸管的电流i_{T1}波形可以看出,每个晶闸管都导通了120°,且i_{T1}波形为方波,其形状由负载电流i_d的形状决定,不再由u_d波形决定。

(2)$\alpha=60°$时

如图 4-16 所示为$\alpha=60°$时的波形,由输出线电压波形可以看到,相电压中的自然换相点对应于线电压正半周的交点。在距离电源线电压u_{wv}和u_{uv}的交点即 1 点 60°的时刻,给 VT$_1$和 VT$_6$ 的门极送出脉冲,此时线电压u_{uv}为正,于是 VT$_1$和 VT$_6$ 同时被触发导通,输出电压$u_d=u_{uv}$。过 60°后的波形已降到零,而此时又是距离 2 点 60°的时刻,即触发电路又给 VT$_2$送出了脉冲,VT$_2$ 的导通使 VT$_6$ 承受反向线电压而关断了,输出电压为$u_d=u_{uw}$。其余依次类推。其他波形分析同前面的分析类似。由$\alpha=60°$时的波形可以看出,$\alpha=60°$时是一临界情况,即输出电压u_d正好没有负电压的输出。

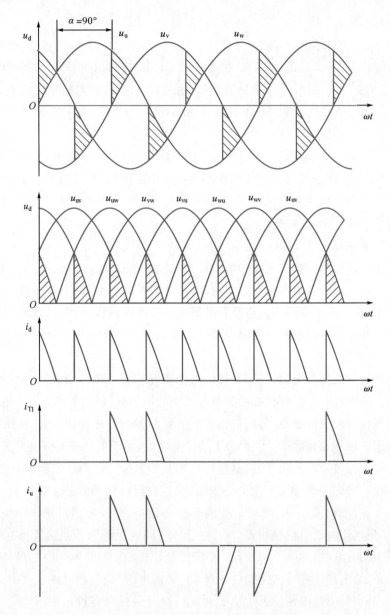

图 4-14　三相桥式全控整流电路带电阻性负载 $\alpha=90°$ 时的波形

（3）$\alpha=90°$ 时

当 $\alpha>60°$ 时，输出电压 u_d 的波形将会出现负值，但是由于是大电感性负载，只要输出电压 u_d 的平均值不为零，则每个晶闸管就仍能维持导通 $120°$。如图 4-17 所示，$\alpha=90°$ 时，输出电压 u_d 的波形正、负面积相等，因此其平均值为零，所以，三相桥式全控整流电路带电感性负载时，α 的有效移相范围是 $0°\sim90°$。

3. 基本的物理量计算

（1）整流电路输出直流平均电压

由上面的分析可以知道，当 $0°\leqslant\alpha\leqslant90°$ 时，整流输出电压和电流都是连续的，若以相应的线电压由负到正的过零点作为坐标原点，则可以很容易推导出

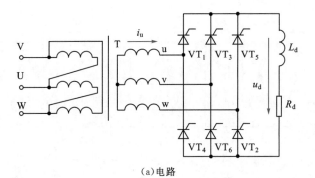

（a）电路

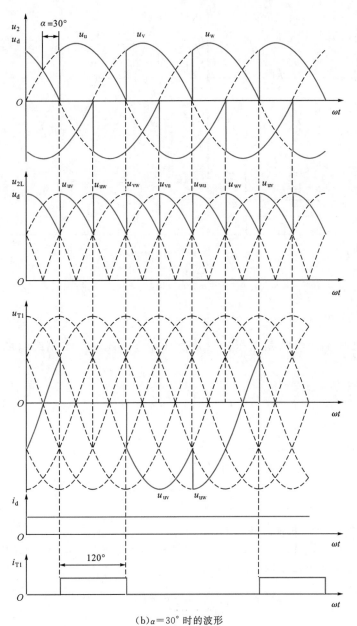

（b）α＝30° 时的波形

图 4-15　三相桥式全控整流电路带电感性负载

三相桥式全控
整流电路（阻
感性负载）

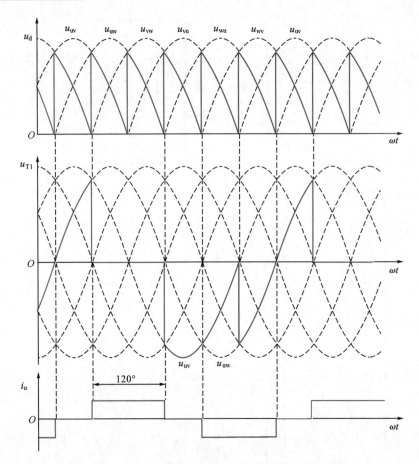

图 4-16　三相桥式全控整流电路带电感性负载 $\alpha = 60°$ 时的波形

$$U_d = \frac{6}{2\pi} \int_{\frac{\pi}{3}+\alpha}^{\frac{2\pi}{3}+\alpha} \sqrt{6} U_2 \sin(\omega t) d(\omega t) = \frac{3\sqrt{6}}{\pi} U_2 \cos\alpha = 2.34 U_2 \cos\alpha = 1.35 U_{2L} \cos\alpha \quad (4\text{-}23)$$

式中，U_2 是变压器二次侧绕组的相电压的有效值，U_{2L} 是变压器二次侧绕组的线电压的有效值。

（2）直流输出电流的平均值 I_d

$$I_d = \frac{U_d}{R_d} \quad (4\text{-}24)$$

（3）流过一个晶闸管的电流的平均值和有效值

因为每组晶闸管都是轮流导通 120°，所以有

$$I_{dT} = \frac{1}{3} I_d \quad I_T = \sqrt{\frac{1}{3}} I_d = 0.577 I_d \quad (4\text{-}25)$$

（4）变压器二次侧绕组的电流有效值 I_2

由图 4-16 中 i_u 的波形可以看出，变压器二次侧相电流的波形为正负对称的方波，正负各 120°，即变压器的二次侧绕组在一周期内有三分之二的时间在工作，所以有

$$I_2 = \sqrt{\frac{2}{3}} I_d = 0.817 I_d \quad (4\text{-}26)$$

另外，晶闸管两端承受的最大电压仍是 $\sqrt{6} U_2$。

综上所述，可以总结三相桥式全控整流电路的特点如下：

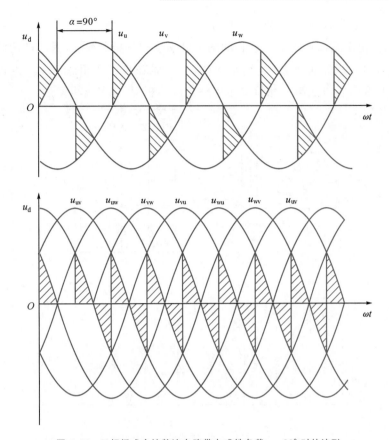

图 4-17　三相桥式全控整流电路带电感性负载 $\alpha = 90°$ 时的波形

①在任何时刻都必须有两个晶闸管导通,且不能是同一组的晶闸管,必须是共阴极组的一个、共阳极组的一个,这样才能形成向负载供电的回路。

②对触发脉冲的相位则要求按晶闸管的导通顺序 $VT_1 - VT_2 - VT_3 - VT_4 - VT_5 - VT_6$ 依次送出,相位依次相差 60°;对于共阴极组晶闸管 VT_1、VT_3、VT_5,其脉冲依次相差 120°,共阳极组 VT_4、VT_6、VT_2 的脉冲也依次相差 120°;但对于接在同一相的晶闸管,如 VT_1 和 VT_4、VT_3 和 VT_6、VT_5 和 VT_2 之间的相位相差 180°。

③为保证电路能启动工作或在电流断续后能再次导通,要求触发脉冲为单宽脉冲或是双窄脉冲。

④整流后的输出电压的波形为相应的变压器二次侧线电压的整流电压,一周期脉动 6 次,每次脉动的波形也都一样,故该电路为 6 脉波整流电路。其基波频率为 300 Hz。

⑤带电感性负载时,晶闸管两端承受的电压的波形同三相半波可控整流时是一样的,但其整流后的输出电压的平均值 U_d 是三相半波可控整流时的 2 倍,所以当要求同样的输出电压 U_d 时,三相桥式全控整流电路对管子的电压要求减小了一半。

⑥带电感性负载时,变压器一周期有 240° 有电流通过,变压器的利用率高,且由于流过变压器的电流是正负对称的,没有直流分量,所以变压器没有直流磁化现象。

因为三相桥式全控整流电路具有上述特点,所以在大功率高电压的场合应用较为广泛,特别对一些要求能进行有源逆变的负载,或中大容量要求可逆调速的直流电机负载应用较多。但是因为此电路必用 6 个晶闸管,触发电路也较复杂,所以,对于一般的电阻性负载,或不可逆直流调速系统可以选用三相桥式半控整流电路。将三相桥式全控整流电路中共阳极组的三

个晶闸管 VT_4、VT_6、VT_2 换成三个二极管 VD_4、VD_6、VD_2，就组成了三相桥式半控整流电路，如图 4-18 所示。由于共阳极组的二极管的阴极分别接在三相电源上，因此在任何时候总有一个二极管的阴极电位最低而导通，即 VD_2、VD_4、VD_6 是在自然换相点 2、4、6 点自然换相。此电路的工作原理和分析方法与单相桥式半控整流电路相似，这里不再赘述。

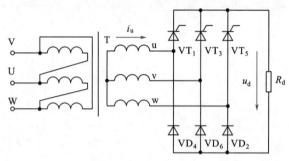

(a)电路

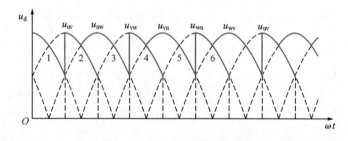

(b)波形

图 4-18　三相桥式半控整流电路

(三)六相半波可控整流电路

从上面对三相桥式全控整流电路的分析可以看出，三相桥式全控整流电路是两组三相半波可控整流电路的串联，适合在高电压、电流不大的场合使用。在实际的工业生产中，有些场合如电解、电镀要求直流电流高达几千甚至几万安培，但对电压要求却较低，仅几伏到十几伏。这种情况下若采用三相半波可控整流电路，将会有很大的电流流过中线，整流变压器铁芯直流磁化将很严重，所以此电路是不可取的。若采用三相桥式全控整流电路，虽然克服了三相半波可控整流电路的缺点，但大电流要经过两个晶闸管，增加了管耗，降低了整流装置的效率。这种情况可以考虑六相半波可控整流电路，它实际上是两组独立的三相半波可控整流电路并联。

六相半波可控整流电路如图 4-19 所示，其整流变压器具有两组二次侧绕组，都接成星形，但同名端相反，其目的是消除变压器铁芯直流磁化问题。变压器二次侧绕组 u 和 u′、v 和 v′、w 和 w′ 分别安装在变压器的三个铁芯上，u 和 u′、v 和 v′、w 和 w′ 的同名端相反，所以每对绕组上的电压存在 $180°$ 的相位差，其六相电压的矢量图是两个相反的星形，如图 4-19(b) 所示，故称"双反星形"。由图中可以看出六个相电压彼此相差 $60°$，顺序为 u_u、$u_{w'}$、u_v、$u_{u'}$、u_w、$u_{v'}$，六相绕组并联且各有一个晶闸管，按其导通顺序给晶闸管编号为 VT_1、VT_2、VT_3、VT_4、VT_5、VT_6。

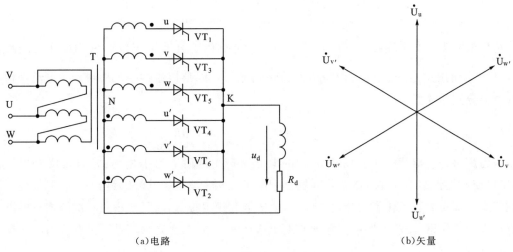

（a）电路　　　　　　　　　　　　　　（b）矢量

图 4-19　六相半波可控整流电路

当 $\alpha=0°$ 时，此电路的电压、电流波形如图 4-20 所示。其中六个相电压的交点就是六个晶闸管控制角 α 的起点，即图中的 1、2、3、4、5 和 6 点。每间隔 $60°$ 给相应晶闸管送出触发脉冲 $u_{g1}\sim u_{g6}$，这样一个周期内，六个晶闸管轮流导通，每个管子导通 $60°$，整流输出电压 u_d 的波形就是六个相电压的包络线，如图 4-20 中粗实线所示，在一个周期内脉动六次，比三相半波可控整流时的输出电压脉动小了。

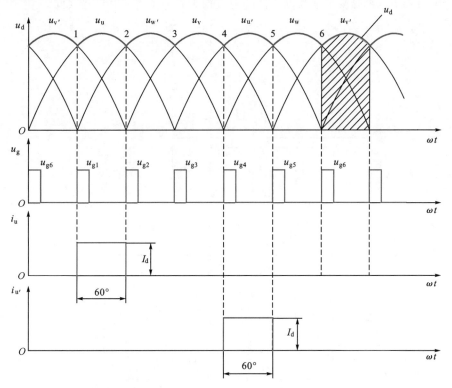

图 4-20　六相半波可控整流电路带电感性负载 $\alpha=0°$ 时的波形

在不同的 α 角下，电感性负载时的输出电压的平均值为

$$U_{\mathrm{d}} = \frac{6}{2\pi} \int_{\frac{\pi}{3}+\alpha}^{\frac{2\pi}{3}+\alpha} \sqrt{2}U_2 \sin(\omega t)\mathrm{d}(\omega t) = \frac{3\sqrt{2}}{\pi}U_2 \cos\alpha = 1.35U_2 \cos\alpha \qquad (4\text{-}27)$$

负载电流为一水平线，大小为 $I_{\mathrm{d}} = \dfrac{U_{\mathrm{d}}}{R_{\mathrm{d}}}$。图 4-20 给出了流过与 u 和 u′ 两相相连的晶闸管 VT_1 和 VT_4 的电流波形，可以看出每个管子只导通了 60°，所以流过一个晶闸管的电流平均值和有效值分别为

$$I_{\mathrm{dT}} = \frac{1}{6}I_{\mathrm{d}} \quad I_{\mathrm{T}} = \sqrt{\frac{1}{6}}I_{\mathrm{d}} = 0.408I_{\mathrm{d}} \qquad (4\text{-}28)$$

因为流过每一对绕组如 u 相和 u′ 相的电流所产生的磁通大小相等、方向相反而相互抵消，所以变压器铁芯不存在直流磁化问题。克服了三相半波可控整流电路的缺点，但是变压器每相绕组一周期内只工作了六分之一周期，变压器利用率很低，而且变压器一次侧绕组电流中含有很大的三次谐波成分，所以实际中并不用这种整流电路，而是采用带平衡电抗器的双反星形可控整流电路。

(四)带平衡电抗器的双反星形可控整流电路

为了提高上面六相半波可控整流电路中变压器的利用率以及减小流过每个晶闸管的电流有效值，可以采取带平衡电抗器的双反星形可控整流电路，如图 4-21 所示，即将六相半波可控整流电路的六个绕组分成两组，一组是 u、v、w，另一组是 u′、v′、w′，两组绕组相位各相差 180°，相当于两组独立的三相半波可控整流电路并联，并在两组绕组的星形中点 N_1 和 N_2 之间串联一个平衡电抗器 L_{b}，负载接于平衡电抗器的中心抽头和晶闸管的共阴极之间。

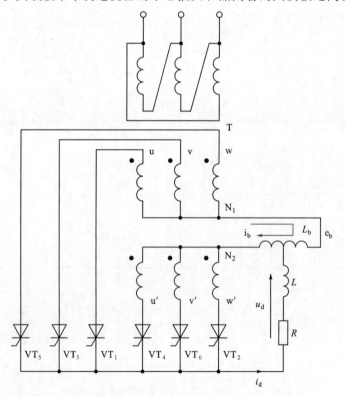

图 4-21　带平衡电抗器的双反星形可控整流电路

　　由于平衡电抗器 L_b 抽头两侧匝数相等,且又是绕在同一个铁芯上,因此线圈中任一侧有变化的电流流过时,其抽头的两侧均会有大小相等、方向一致的感应电动势产生,这样将会使电路不再是六相轮流向负载供电,而是两组中各有一个晶闸管导通,并联向负载供电,每个晶闸管各承受负载电流的一半。

　　图 4-22 分别绘出了电感性负载在 $\alpha=0°$ 时两组晶闸管工作时的电压、电流波形以及电路的输出电压波形。取任一时刻如 ωt_1,同时触发晶闸管 VT_1 和 VT_2,虽然在 $\omega t_1 \sim \omega t_2$,相电压 u_u 和 $u_{w'}$ 均为正值,但 $u_u > u_{w'}$,如果没有平衡电抗器 L_b,则只有 VT_1 会被触发导通,VT_2 由于 VT_1 的导通而承受反压关断。在加了 L_b 后,由于 VT_1 的导通,u 相绕组中的电流 i_u 从零开始增大,因此就会在 L_b 的上半部产生感应电动势 $\dfrac{e_b}{2}$,以阻碍电流 i_u 的变化,它与相电压 u_u 的方向相反,使 VT_1 的正向电压被压低了。同时绕在同一铁芯上的 L_b 的下半部也会产生大小相等、方向一致的感应电动势,而此电动势的方向与相电压 $u_{w'}$ 一致,使 VT_2 的正向电压被抬高了,这样就会使晶闸管 VT_1 和 VT_2 都能被触发导通。因此电抗器 L_b 起到使两相导通的平衡作用,故称为平衡电抗器。

　　再来分析 VT_1 和 VT_2 同时导通后输出电压 u_d 的情况。由图 4-21 可知,平衡电抗器两端的电动势 e_b 用来补偿 N_1 和 N_2 点之间的电位差,也就是 L_b 两端的电压 u_b 等于相电压 u_u 和 $u_{w'}$ 的差值,即

$$u_b = u_{NN'} = u_u - u_{w'} \tag{4-29}$$

　　所以此时有

$$u_d = u_u - \frac{u_b}{2} = u_{w'} + \frac{u_b}{2} = \frac{u_u + u_{w'}}{2} \tag{4-30}$$

　　由式(4-30)可以看出,以平衡电抗器 L_b 的中点作为整流电路输出电压的负端,此时输出电压 u_d 的大小是导通的两相相电压瞬时值的平均值,其波形如图 4-22 所示,它可以被看作一个新的六相半波,其峰值为原六相半波峰值乘以 $\sin 60° = 0.866$。而平衡电抗器 L_b 上的电压 u_b 的波形为两组三相半波输出电压的差值,近似为一个三角波,其频率为 150 Hz。

　　ωt_2 以后,虽然有 $u_{w'} > u_u$,但由于平衡电抗器 L_b 的存在,仍能保证两管都导通,工作情况与上述情况类似。不同的是感应电动势的极性与之相反,即变为使 VT_1 的电压抬至 $u_u + \dfrac{1}{2}u_b$,而 VT_2 的电压被压低至 $u_{w'} - \dfrac{1}{2}u_b$,输出电压也仍是 u_u 和 $u_{w'}$ 相加的一半。

　　VT_1 和 VT_2 导通 60° 后,则要同时触发 VT_3 和 VT_2,由于 v 相电压大于 u 相,故 VT_1 将换流给 VT_3,而 VT_3 的导通也将使 VT_1 承受反压而关断,电路改为 VT_3 和 VT_2 同时导通,输出电压为 $u_d = \dfrac{u_v + u_{w'}}{2}$,工作原理同上所述。

　　因此,可以看出电路中的六个晶闸管的导通顺序与三相桥式全控整流电路是一样的,也是按照 $VT_1 - VT_2 - VT_3 - VT_4 - VT_5 - VT_6 - VT_1$ 的顺序轮流工作。一周期内,每个晶闸管导通 120°,电路 60° 换流一次。并且此电路在任一时刻都有两个晶闸管同时导通,为保证电流断续后,两组三相半波电路仍能同时工作。与三相桥式全控整流电路一样,也要求单宽脉冲或双窄脉冲触发,窄脉冲的脉宽应大于 30°。因为两组电路是并联,任何时候都是两组中各有一个晶闸管导通,所以流过一个晶闸管的电流是负载电流的一半,这一点与三相桥式全控整流电路不一样,但流过每个晶闸管的平均电流仍是 $\dfrac{1}{6}I_d$,与六相半波可控整流电路是一样的,这是

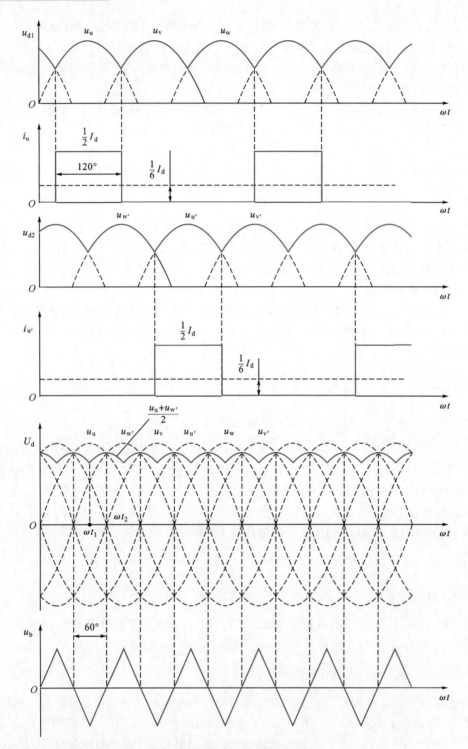

图 4-22 带平衡电抗器的双反星形可控整流电路 $\alpha=0°$ 时的波形

因为每个晶闸管的导通角由六相半波可控整流时的 0° 增大到了 120°。

在这种并联的电路中，还有一个问题需要注意，那就是环流。平衡电抗器 L_b 的存在使得两组三相半波输出电压的瞬时值的压差降到了 L_b 上，在此电压的作用下，就会产生只经过两组中分别导通的晶闸管而直接接通电源的电流 i_b，此电流并不经过负载，故称环流。考虑环流后,每组流过的电流就分别为$\frac{1}{2}I_d \pm i_b$。例如,在前面分析的$\omega t_1 \sim \omega t_2$时刻,$VT_1$和$VT_2$同时导通,流过$VT_1$和$VT_2$的电流分别为

$$i_{T1}=i_u=\frac{1}{2}I_b+i_b \tag{4-31}$$

$$i_{T2}=i_{w'}=\frac{1}{2}I_d-i_b \tag{4-32}$$

因此,为使两组电流尽可能平均分配,一般使平衡电抗器L_b的电感值应足够大,以使环流i_b被抑制到小于最小负载电流的一半,否则会有一个晶闸管无法导通,如$\omega t_1 \sim \omega t_2$时刻的$VT_2$。一般限制环流在负载电流的$1\% \sim 2\%$。

如图4-23所示为带平衡电抗器的双反星形可控整流电路带电感性负载$\alpha=30°$,$\alpha=60°$和$\alpha=90°$时的输出电压u_d的波形以及带电阻性负载$\alpha=90°$时的u_d波形。可以看出要想绘出u_d的波形,先要绘两组三相半波即六相半波的相电压波形,然后求出相邻两相的平均值的轨迹,在导通的两相相应区间的相电压平均值的波形就是u_d的波形。由图4-23(a)可知,电路带电感性负载时,$\alpha=90°$时的输出电压u_d的波形为正负对称,即输出电压的平均值为零,故带电感性负载时,α的有效移相范围是$0° \sim 90°$。由图4-23(b)可以看出,若带电阻性负载,则u_d的波形不会出现负值,当$\alpha>60°$时,u_d的波形将会出现断续。由$\alpha=90°$时的波形不难分析出,带电阻性负载时,此电路α的移相范围是$0° \sim 120°$。

双反星形电路是两组三相半波电路的并联,故负载上得到的输出电压平均值U_d与三相半波可控整流电路的输出电压平均值相等。带电感性负载时,有

$$U_d=\frac{3\sqrt{3}}{2\pi}\sqrt{2}U_2\cos\alpha=1.17U_2\cos\alpha \tag{4-33}$$

在此电路中,因为每组三相半波可控整流电路的输出电流是负载电流的一半,且每个晶闸管在一个周期内导通了$120°$,所以流过一个晶闸管的电流的平均值和有效值分别为

$$I_{dT}=\frac{120°}{360°}\times\frac{1}{2}I_d=\frac{1}{6}I_d \tag{4-34}$$

$$I_T=\sqrt{\frac{120°}{360°}\times\frac{1}{2}}I_d=\frac{1}{2\sqrt{3}}I_d=0.289I_d \tag{4-35}$$

晶闸管承受的最大电压仍为二次绕组线电压的峰值,即$\sqrt{6}U_2$。

带平衡电抗器的双反星形可控整流电路与前面介绍的各电路相比,有如下特点:

(1)带平衡电抗器的双反星形可控整流电路是两组三相半波可控整流电路的并联,输出电压一周期内脉动六次,脉动比三相半波可控整流电路小得多。

(2)与六相半波可控整流电路相比,带平衡电抗器的双反星形可控整流电路的变压器的利用率提高了一倍,故在输出电流相同时,变压器的容量比六相半波可控整流电路要小。

(3)与三相桥式全控整流电路相比,当变压器二次侧电压有效值U_2相等时,带平衡电抗器的双反星形可控整流电路的直流输出电压平均值U_d是三相桥式全控整流电路的一半,与三相半波可控整流电路的输出一样。

(4)带平衡电抗器的双反星形可控整流电路同时有两相导通,使变压器磁路平衡,不再像三相半波可控整流电路一样存在直流磁化问题。

(5)每个晶闸管导通时流过的电流为负载电流的一半,以带电感性负载为例,其有效值为$0.289I_d$,比三相半波可控整流电路和三相桥式全控整流电路的$0.577I_d$及六相半波可控整流

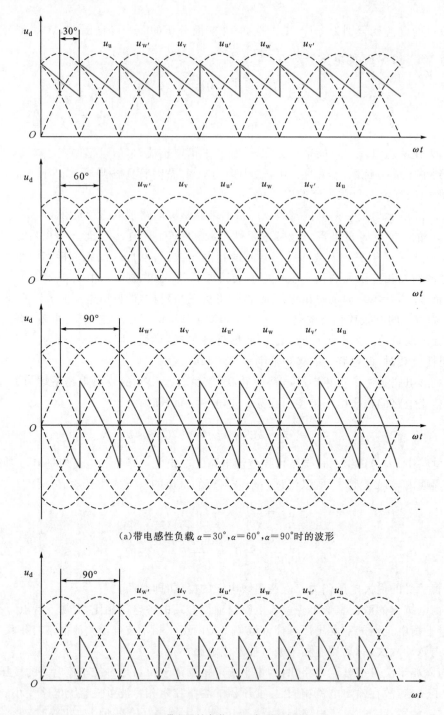

(a)带电感性负载 $\alpha=30°$，$\alpha=60°$，$\alpha=90°$时的波形

(b)带电阻性负载 $\alpha=90°$ 时的波形

图 4-23 带平衡电抗器的双反星形可控整流电路的波形

电路的 $0.408I_d$ 都要小，因此在相同负载电流的情况下，所选晶闸管的额定电流等级也减小了，整流器件承受负载的能力相对提高了。

三、触发电路

三相整流电路大多选用锯齿波同步触发电路和集成触发器。锯齿波同步触发电路原理已在任务二中详细介绍过。下面主要介绍集成触发器。

(一)双脉冲、强触发及脉冲封锁环节

1.双脉冲环节

在图 2-11 中，V_5、V_6 两个晶体管都导通时，V_7、V_8 截止，脉冲变压器 TP 无脉冲输出。但在 V_5、V_6 中只要有一个截止，V_7、V_8 就会导通，就有脉冲输出。可见，欲产生双脉冲输出，可以让 V_5、V_6 先后分别截止。为此，在每个触发电路上引出 X、Y 两个连接端，并顺序将后相的 X 端与前相的 Y 端相连。这里设第一块触发板为前相，第二块触发板为后相。工作时，先由前相的同步移相环节向其电路中 V_5 基极送出负脉冲信号使其截止，V_7、V_8 导通一次，TP 输出第一个窄脉冲；而后由滞后 $60°$ 的后相触发电路(第二块触发板)在其产生本相第一个窄脉冲的同时，将信号由该触发板中 V_4 的集电极经 R_{10} 到 X 端，送到与之相连的前相触发电路的 Y 端，使前相触发电路中 C_4 微分，产生负脉冲送至 V_6 基极，使 V_6 截止，于是前相的 V_7、V_8 又导通一次，前相的 TP 输出第二个窄脉冲。第二个脉冲比第一个脉冲滞后 $60°$ 角。VD_3、R_{10} 的作用是防止双脉冲信号的相互干扰。

由前述三相整流电路的内容可知，三相桥式全控整流电路中，6 个晶闸管需要依次轮流触发，每个晶闸管的触发脉冲都要求是双窄脉冲，相邻两个脉冲的间隔为 $60°$。将 6 个图 2-11 所示的触发电路加以组合就可产生这种双脉冲，如图 4-24 所示。

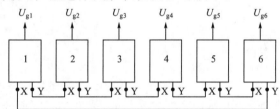

图 4-24 触发电路实现双脉冲的连接

这是由 6 块触发板组成的三相桥式全控触发电路的连接方法。这种连接只适用于三相电源 U、V、W 为正相序，6 个晶闸管的触发顺序为 $VT_1 \rightarrow VT_2 \rightarrow VT_3 \rightarrow VT_4 \rightarrow VT_5 \rightarrow VT_6$ 且彼此间隔 $60°$ 的触发方式。在安装使用这种触发电路的晶闸管装置时，应先测定电源的相序，再正确连接。如果电源相序相反，装置将不会正常工作。

2.强触发及脉冲封锁环节

强触发脉冲通常是指幅值大、前沿陡的触发脉冲。使用强触发脉冲可以缩短晶闸管的开通时间，有利于保证串、并联使用的晶闸管或桥式全控整流电路中的晶闸管被触发时能同时导通，增强触发的可靠性。在大中容量系统的触发电路中都带有强触发环节。

图 2-11 所示电路的右上角部分即强触发环节。单相桥式全控整流电路经阻容 πD 型滤波得到近 50 V 的直流电压，在 V_8 导通前，经 R_{17} 对 C_7 充电，N 点电位为 50 V。当 V_8 导通时，C_7 经 TP 的一次侧、R_{15} 以及 V_8 迅速放电。由于放电回路电阻很小，N 点电位下降很快。在 C_7 放电期间，一方面，50 V 电源也在向 C_7 再充电，力图使其电压回升，但因充电时间常数过大，因而不能阻止因放电引起的 N 点电位的下降；另一方面，当 N 点电位降至 14.3 V 时，VD_{10} 导通，与 VD_{10} 相连的 +15 V 电源成为脉冲变压器一次侧的供电电源，并使 N 点电位不能

低于 14.3 V。因此,在 V_8 导通以后,N 点电位由 50 V 迅速降至 14.3 V,并被钳位于 14.3 V。
当 V_8 再次截止后,C_6 被 50 V 电源充电,N 点电位重新回升至 50 V,为下一次强触发作准备。
C_5 的作用是增大强触发脉冲前沿陡度。

　　在事故情况下,或是逻辑无环流可逆系统中,要求一组晶闸管桥路工作而另一组桥路封
锁,此时可对欲封锁的触发电路引入封锁信号,即将 VD_5 的下端接零电位或负电位,使 V_7、V_8
无法导通,则脉冲变压器无法输出脉冲。VD_5 的作用是防止封锁端接地时,V_5、V_6、VD_4
到 -15 V 产生大电流通路。

　　锯齿波同步触发电路抗干扰能力强,不受电网电压波动与波形畸变的直接影响,移相范围
宽。但它的控制电压 U_c 与整流输出电压 U_d 之间不成线性关系,电路也比较复杂。

　　(二) 集成触发器

　　电力电子技术的重要发展方向之一就是电力电子器件及其门控电路的集成化和模块化。
集成触发器具有体积小、功耗小、调试接线方便、性能稳定可靠等优点。下面简要介绍 KC 系
列中的 KC04 与 KC41C 及由其组成的三相桥式全控触发电路。

　　1. KC04 移相集成触发器

　　KC04 移相集成触发器是具有 16 个引脚的双列直插式集成元件。KC04 触发电路为正极
性电路,控制电压增大,晶闸管输出电压也增大。主要用于单相或三相桥式全控整流装置。
KC04 主要技术数据如下:

　　电源电压:DC$\pm$15 V。

　　电源电流:正电流小于 15 mA,负电流小于 8 mA。

　　移相范围:$0°\sim170°$。

　　脉冲宽度:$15°\sim35°$。

　　脉冲幅度:大于 13 V。

　　最大输出能力:100 mA。

　　如图 4-25 所示为 KC04 电路原理,虚线框内为集成电路部分。该电路可分为同步电源、
锯齿波形成、脉冲形成、脉冲移相、脉冲分配与放大输出等环节。下面分析各环节的工作原理。

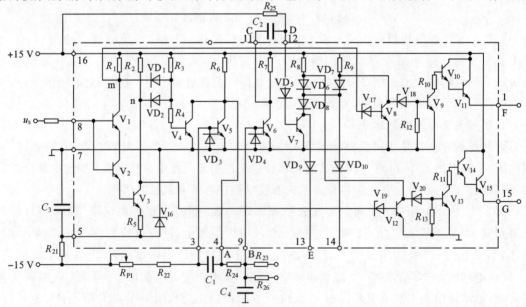

图 4-25　KC04 电路原理

（1）同步电源环节

同步电源环节主要由 $V_1 \sim V_4$ 等元件组成，同步电压 u_s 经限流电阻 R_{20} 加到 V_1、V_2 基极。当 u_s 在正半周时，V_1 导通，V_2、V_3 截止，m 点为低电平，n 点为高电平。当 u_s 在负半周时，V_2、V_3 导通，V_1 截止，n 点为低电平，m 点为高电平。VD_1、VD_2 组成与门电路，只要 m、n 两点有一处是低电平，就将 U_{B4} 钳位在低电平，V_4 截止，只有在同步电压 $|u_s| < 0.7$ V 时，$V_1 \sim V_3$ 都截止，m、n 两点都是高电平，V_4 才饱和导通。所以，每周内 V_4 从截止到导通变化两次，锯齿波形成环节在同步电压 u_s 的正、负半周内均有相同的锯齿波产生，且两者有固定的相位关系。

（2）锯齿波形成环节

锯齿波形成环节主要由 V_5、C_1 等元件组成，C_1 接在 V_5 的基极和集电极之间，组成一个电容负反馈的锯齿波发生器。V_4 截止时，+15 V 电源经 R_6、R_{22}、R_P、-15 V 电源给 C_1 充电，V_5 的集电极电位 U_{C5} 逐渐升高，锯齿波的上升段开始形成，当 V_4 导通时，C_1 经 V_4、VD_3 迅速放电，形成锯齿波的回程电压。所以，当 V_4 周期性地导通、截止时，在 4 端即 U_{C5} 就形成了一系列线性增长的锯齿波，锯齿波的斜率是由 C_1 的充电时间常数 $(R_6 + R_{22} + R_P)C_1$ 决定的。

（3）脉冲形成环节

脉冲形成环节主要由 V_7、VD_5、C_2、R_7 等元件组成，当 V_6 截止时，+15 V 电源通过 R_{25} 给 V_7 提供一个基极电流，使 V_7 饱和导通。同时 +15 V 电源经 R_7、VD_5、V_7、接地点给 C_2 充电，充电结束时，C_2 左端电位 $u_{C6} = +15$ V，C_2 右端电位约为 +1.4 V，当 V_6 由截止转为导通时，u_{C6} 从 +15 V 迅速跳变到 +0.3 V，由于电容两端电压不能突变，C_2 右端电位从 +1.4 V 迅速下跳到 -13.3 V，这时 V_7 立刻截止。此后，+15 V 电源经 R_{25}、V_6、接地点给 C_2 反向充电，当充电到 C_2 右端电压大于 1.4 V 时，V_7 又重新导通，这样，在 V_7 的集电极就得到了固定宽度的脉冲，其宽度由 C_2 的反向充电时间常数 $R_{25}C_2$ 决定。

（4）脉冲移相环节

脉冲移相环节主要由 V_6、U_C、U_B 及外接元件组成，锯齿波电压 U_{C5} 经 R_{24}、偏移电压 U_B 经 R_{23}、控制电压 U_C 经 R_{26} 在 V_6 的基极叠加，当 V_6 的基极电压 $U_{B6} > 0.7$ V 时，V_6 导通（V_7 截止），若固定 U_{C5}、U_B 不变，使 U_C 变动，V_6 导通的时刻将随之改变，即脉冲产生的时刻随之改变，这样脉冲也就得以移相。

（5）脉冲分配与放大输出环节

V_8、V_{12} 组成脉冲分配环节，由两路组成：一路由 $V_9 \sim V_{11}$ 组成；另一路由 $V_{13} \sim V_{15}$ 组成。在同步电压 u_s 一个周期的正、负半周内，V_7 的集电极输出两个相隔 180° 的脉冲，这两个脉冲可以用来触发主电路中同一相上分别工作在正、负半周的两个晶闸管。那么，上述两个脉冲如何分配呢？由图 4-26 可知，其两个脉冲的分配是通过同步电压的正半周和负半周来实现的。当 u_s 为正半周时，V_1 导通，m 点为低电平，n 点为高电平，V_8 截止，V_{12} 导通，V_{12} 把来自 V_7 集电极的正脉冲钳位在零电位。另外，V_7 集电极的正脉冲又通过 VD_7 经 $V_9 \sim V_{11}$ 组成的功放电路放大后由 1 端输出。当 u_s 为负半周时，则情况相反，V_8 导通，V_{12} 截止，V_7 集电极的正脉冲经 $V_{13} \sim V_{15}$ 组成的功放电路放大后由 15 端输出。

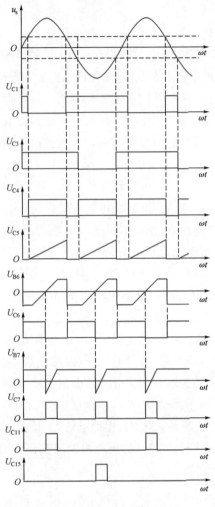

图 4-26 KC04 电路波形

电路中，$V_{11} \sim V_{20}$ 是为了增强电路的抗干扰能力而设置的，用来增大 V_8、V_9、V_{12}、V_{13} 的门槛电压，VD_1、VD_2、$VD_6 \sim VD_8$ 起隔离作用，13、14 端是提供脉冲列调制和封锁脉冲的控制端。该集成触发电路脉冲的移相范围小于 180°，当 $u_s = 30$ V 时，其有效的移相范围为 150°。

2. KC41C 六路双脉冲形成器

KC41C 是一种六路双脉冲形成器件，如图 4-27 所示。用 1 块 KC41C 与 3 块 KC04 或 KC09 可组成三相桥式全控双脉冲触发电路，输出六路双脉冲触发信号，如图 4-28 所示。

3 块 KC04 的 1 端与 15 端产生的 6 个主脉冲分别接到 KC41C 的 1～6 端，经内部集成二极管电路形成双窄脉冲，再由内部集成三极管电路放大后经 10～15 端输出。输出的脉冲信号接到 6 个外部晶体管 $V_1 \sim V_6$ 的基极进行功率放大，可得到 800 mA 的触发脉冲电流，以触发大功率的晶闸管。KC41C 不仅具有双窄脉冲形成功能，而且具有电子开关封锁控制功能。KC41C 内部 V_7 为电子开关，当 7 端接地或处于低电位时，V_7 截止，各路可正常输出触发脉冲；当 7 端置高电位时，V_7 导通，各路无输出脉冲。

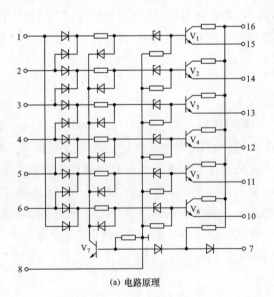

(a) 电路原理

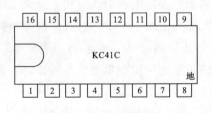

(b) 端子排列

图 4-27 KC41C 的电路原理及端子排列

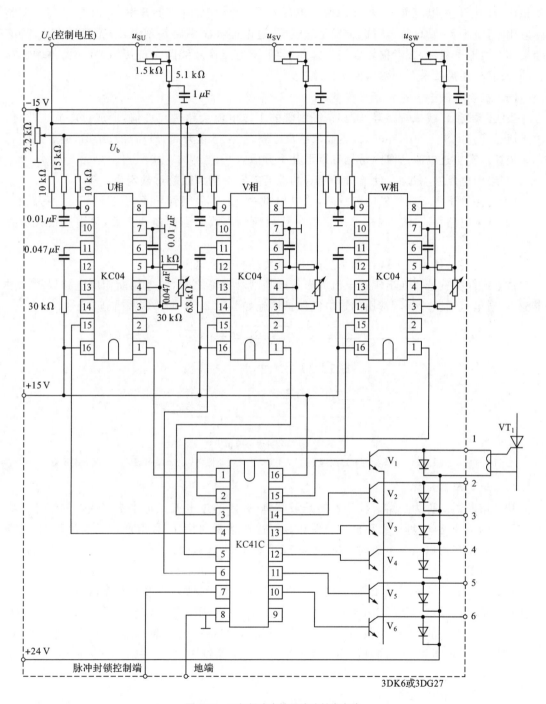

图 4-28 三相桥式全控双脉冲触发电路

四、整流电路的保护

整流电路的保护主要是晶闸管的保护,因为晶闸管元件虽然有许多优点,但与其他电气设备相比,过电压、过电流能力差,能承受的电压上升率 du/dt、电流上升率 di/dt 也不高。在实际应用时,由于各种原因,总可能会发生过电压、过电流甚至短路等现象,若无保护措施,势必会损坏电力电子器件,或者损坏电路。因此,为了避免器件及线路出现损坏,除元器件的选择必须合理外,还需要采取必要的保护措施。

(一)过电流保护

当线路发生超载或短路等情况时,晶闸管的工作电流会超过允许值,形成过电流。此时,由于流过管内 PN 结的电流过大,热量来不及散发,结温迅速升高,最后烧毁结层,造成晶闸管永久损坏。产生过电流的原因常见有以下几个方面:

(1)电网电压波动过大,使流过晶闸管的电流随电源增加而超过额定值。

(2)内部管子损坏或触发电路故障,造成相邻桥臂上的晶闸管导通,引起两相电源短路。

(3)整流电路直流输出侧短路或逆变电路因换流失败而引起逆变失败,可引起很大短路电流。

(4)可逆传动环流过大或控制系统故障,可使晶闸管过电流。

过电流保护就是要在出现过电流尚未造成晶闸管损坏之前,快速切断相应电路以消除过电流,或对电流加以限制。常用的过电流保护措施如图 4-29 所示。这些措施如下:

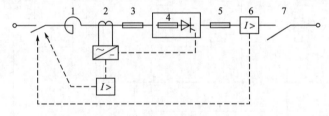

图 4-29　常用的过电流保护措施

1—进线电抗限流;2—电流检测和过流继电器;3、4、5—快速熔断器;6—过流继电器;7—直流快速开关

1. 快速熔断器保护

快速熔断器简称为快熔。使用快熔是最简单、有效的过电流保护措施。快熔的熔体是有一定形状的银质熔丝,埋于石英砂中。快熔具有快速熔断的特征,且所通过的电流越大,其熔断时间越短。当通以短路电流时,其熔断时间可小于 10 ms,因此,可在晶闸管损坏之前快速切断短路故障。

快熔一般有图 4-30 所示的三种接法。图 4-30(a)中,快熔串联接于桥臂,保护效果最好,但使用的熔断器较多。图 4-30(b)中,快熔接在交流一侧,图 4-30(c)中,快熔接在直流一侧,均比图 4-30(a)使用快熔的个数少,但保护效果较差。快熔一旦熔断,即需更换,造价较高,因此,在多种过电流保护措施同时使用的大容量电力变流系统中,快熔一般都作为最后一道保护来使用。

2. 电子线路控制保护

利用电子线路组成的保护电路所实施的过电流保护称为电子线路控制保护。这种保护电路一般由检测、比较和执行等环节组成。其执行保护的途径可以是继电控制保护,也可以是脉冲移相保护。如图 4-31 所示为电子线路控制保护的实用电路。

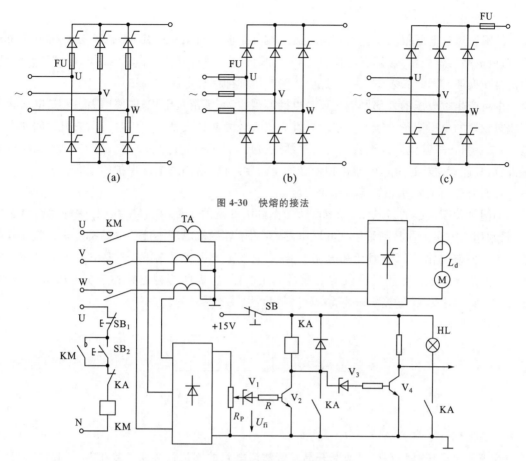

图 4-30 快熔的接法

图 4-31 电子线路控制保护的实用电路

当主电路过电流时,电流互感器 TA 检测到过电流信号,电流反馈电压 U_{fi} 增大,稳压管 V_1 被击穿,使 V_2 导通。此后有两个控制途径:一方面,由于 V_2 导通,灵敏继电器 KA 得电并自锁,同时断开主电路接触器 KM,切断交流电源,实现过电流保护;另一方面,V_2 导通导致 V_4 截止,V_4 集电极输出高电平控制晶闸管触发电路,使触发脉冲迅速往 α 增大方向移动,使主电路输出电压迅速减小,负载电流迅速减小,达到限流保护的目的。当过电流故障严重时,上述限流控制可能来不及发挥作用,为了尽快消除故障电流,此时可控制晶闸管触发脉冲快速移至整流状态的移相范围之外,即进入逆变状态,使输出端瞬时出现负电压,迫使故障电流迅速减小至零。此法也称为拉逆变保护。HL 为过电流指示灯。调节电位器 R_P 可改变被限制电流的大小。SB 为恢复按钮,故障排除后,按下 SB,系统恢复等待状态。

3.直流快速开关保护

这是一种开关动作时间只有 2 ms、全部断弧时间只有 25~30 ms 的开关器件。它可先于快熔而起保护作用,可用于功率大、短路可能性大的系统。但其价格昂贵、结构复杂,因而使用较少。

4.进线电抗限流保护

这种方法是在交流侧串联交流进线电抗器,或采用漏感较大的整流变压器来限制短路电流。此法具有限流效果,但大负载时交流压降大,为此,一般以额定电压 3% 的压降来设计进线电抗值。

(二)过电压保护

晶闸管对过电压很敏感。当正向电压超过其正向转折电压一定值时,就会使晶闸管硬开通,造成电路工作失常,甚至损坏器件;当外加反向电压超过其反向击穿电压时,晶闸管会受反向击穿而损坏。因此必须研究产生过电压的原因和抑制过电压的办法。

电路产生过电压的外部原因主要是电网剧烈波动、雷击及干扰;内部原因主要是电路状态变化时积聚的电磁能量不能及时消散。其主要表现为两种类型:一是器件开、关引起的冲击过电压;二是雷击或其他外来干扰引起的浪涌过电压。几乎不可能从根本上消除产生过电压的根源,而只能设法将过电压的幅度抑制在安全限度之内,这是过电压保护的基本思想。

1. 晶闸管的关断过电压及其保护

晶闸管关断引起的过电压,峰值可达工作电压峰值的 $5 \sim 6$ 倍,针对这种尖峰状瞬时过电压,最常用的方法是在晶闸管两端并联电容,利用电容两端电压不能突变的特性来吸收尖峰电压。为了限制晶闸管开通损耗和电流上升率,并防止电路产生振荡,还要在电容上串联电阻 R。由于 C 与 R 起的作用是吸收或消耗过电压的能量,因此这种电路称为阻容吸收电路,如图 4-32 所示。阻容吸收电路要尽量靠近晶闸管,引线要尽量短。

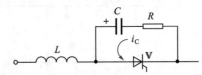

图 4-32   用阻容吸收抑止晶闸管关断过电压

2. 交流侧过电压保护

交流侧过电压是指在接通或断开晶闸管整流电路的交流侧相关电路时所产生的过电压,也称为交流侧操作过电压。这种过电压常发生于下列几种情况:

(1)高压电源供电的整流变压器,由于一次、二次绕组间存在分布电容,在一次侧合闸瞬间,一次侧的高压可通过分布电容耦合到二次侧,使二次侧出现过电压。对于低压整流变压器,一次侧合闸时,变压器的漏电感和分布电容可能发生谐振而在二次侧产生过电压。

(2)整流变压器空载或负载阻抗较大时,若断开一次侧开关,由于电流突变,一次侧会产生很大的感应电动势,二次侧也会感应出很大的瞬时过电压。若这种断开操作发生在励磁电流峰值时刻,则过电压最大。

(3)与晶闸管设备共享一台供电变压器的其他用电设备分断时,变压器漏感和线路分布电感也将释放储能而形成过电压,与电源电压叠加施加于晶闸管设备上。

交流侧过电压都是瞬时的尖峰电压,一般来说,抑制这种过电压最有效的方法是并联阻容吸收电路,如图 4-33 所示。其中,图 4-33(d)所示是整流式阻容吸收电路,与其他三相电路相比,这种电路只用了一个电容,而且电容只承受直流电压,故可采用体积小得多的电解电容。在晶闸管导通时,电容的放电电流也不流过晶闸管。

因雷击或从电网侵入高电压干扰引起的过电压称为浪涌过电压,上述阻容吸收电路抑制浪涌过电压的效果较差。因此,一般可采用阀型避雷器或具有稳压特性的非线性电阻器件(如硒堆、压敏电阻)来抑制浪涌过电压。

压敏电阻是由氧化锌、氧化铋等烧结而成的金属氧化物非线性电阻,具有正、反向都很陡

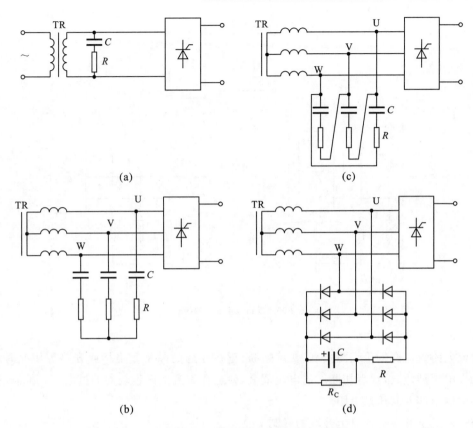

图 4-33　交流侧阻容吸收电路

的稳压特性,其伏安特性如图 4-34 所示。正常电压作用下,压敏电阻没有击穿,漏电流极小(微安级),故损耗很小;遇到过电压时,可释放数千安培的放电电流,因而抑制过电压能力强。此外,压敏电阻反应快、体积小、价格便宜,正在受到广泛的应用。但压敏电阻本身热容量小,一旦工作电压超过其额定电压,很快就会被烧毁,而且每次通过大电流之后,其标称电压都有所减小,因此不宜用于频繁出现过电压的场合。如图 4-35 所示为压敏电阻的几种接法。压敏电阻还可并联于整流输出端作为直流侧过电压保护。

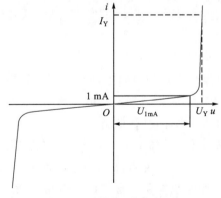

图 4-34　压敏电阻的伏安特性

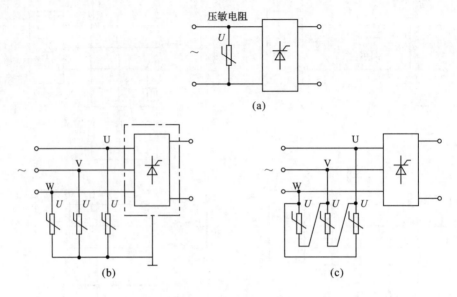

图 4-35　压敏电阻的几种接法

3. 直流侧过电压保护

整流电路直流侧发生切除负载、快熔熔断、正在导通的晶闸管烧坏或开路等情况时,若直流侧为大电感性负载,或者切断时的电流值大,就会在直流侧产生较大的过电压。抑制的办法是在整流输出端并联压敏电阻。

(三)电压上升率与电流上升率的限制

1. 晶闸管的正向电压上升率 du/dt 的限制

晶闸管内含三个 PN 结。在正向阻断状态下,其阳极与阴极之间相当于一个电容,若突然加上正向阳极电压,便会有充电电流流过结面。此电流流过门极与阴极的 PN 结时,相当于门极有触发电流。如果正向电压上升率 du/dt 较大,充电电流也较大,会使晶闸管误导通。因此,对晶闸管的正向电压上升率应当加以限制。

在有整流变压器的设备中,利用变压器漏感及晶闸管两端的阻容吸收电路,可以限制晶闸管的电压上升率。在没有整流变压器的设备中,可在电源输入端串联进线电感并加阻容吸收电路,也可在每个整流桥臂上串联 $20\sim30\ \mu\text{H}$ 的空芯电感,或在桥臂上套上 $1\sim2$ 个铁氧体磁环。

2. 正向电流上升率 di/dt 的限制

晶闸管开始导通时,主电流集中在门极附近,随着时间增加,导通区逐渐扩大,直至全部 PN 结面导通。若阳极电流增大太快,电流来不及扩展到全部结面,则可能引起门极附近电流密度过大而过热,使晶闸管损坏。因此,必须抑制 di/dt。

串联进线电感或桥臂电感,或采用如图 4-33(d)所示整流式阻容吸收电路,使电容放电电流不经过晶闸管,都可抑制 di/dt。应当说明,在桥臂上串联电感,对功率较大或频率较高的逆变电路,可能使换流时间增长而影响电路正常工作。因此,有的桥臂电感采用几个铁氧体磁环,套在桥臂导线上。在管子刚刚导通时,电流小,磁环不饱和,桥臂电感量大,恰能抑制 di/dt 值;到电流变大时,磁环饱和,桥臂电感量减小,阳极电流快速增大(此时电流已在晶闸管 PN 结面上扩散,已允许电流上升率为较大值),可不使换流时间延长。

任务扩展

三相有源逆变电路

常用的有源逆变电路,除单相桥式电路外,还有三相半波和三相桥式电路等。三相有源逆变电路中,变流装置的输出电压与控制角 α 之间的关系仍与整流状态时相同,即

$$U_d = U_{d0} \cos \alpha$$

只不过逆变时,$90° < \alpha < 180°$,使 $U_d < 0$。

（一）三相半波有源逆变电路

如图 4-36(a)所示,三相半波有源逆变电路中,电机产生的电动势 E 为上负下正,令控制角 $\alpha > 90°$,即 $\beta < 90°$,以使 U_d 为上负下正,且满足 $|E| > |U_d|$,则电路符合有源逆变的条件,可实现有源逆变。逆变器输出直流电压 U_d(U_d 的方向仍按整流状态时的规定,从上至下为 U_d 的正方向)的计算式为

$$U_d = U_{d0} \cos \alpha = -U_{d0} \cos \beta = -1.17 U_2 \cos \beta \quad (\alpha > 90°) \quad (4\text{-}36)$$

式中,U_d 为负值,意味着 U_d 的极性与整流状态时相反。

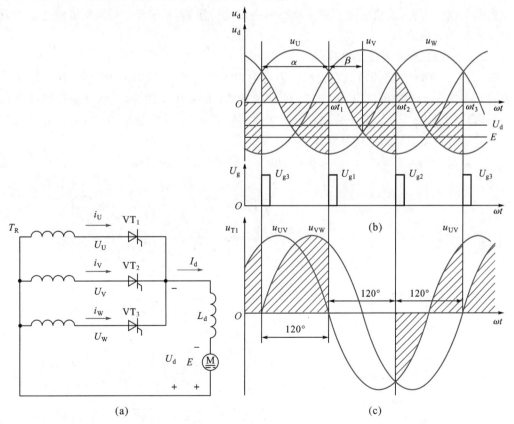

图 4-36　三相半波有源逆变电路

输出直流电流平均值为

$$I_d = \frac{E - U_d}{R_\Sigma} \quad (4\text{-}37)$$

式中，R_Σ 为回路的总电阻。电流从 E 的正极流出，流入 U_d 的正端，即 E 输出电能，经过晶闸管装置将电能送给电网。

下面以 $\beta=60°$ 为例对其工作过程做一分析。在 $\beta=60°$ 时，即 ωt_1 时刻，触发脉冲 U_{g1} 触发晶闸管 VT_1 导通。即使 u_U 相电压为零或为负值，但由于有电动势 E 的作用，VT_1 仍可能承受正压而导通。由电动势 E 提供能量，有电流 I_d 流过晶闸管 VT_1，输出电压波形 $u_d=u_U$。然后，与整流时一样，按电源相序每隔 $120°$ 依次轮流触发相应的晶闸管使之导通，同时关断前面导通的晶闸管，实现依次换相，每个晶闸管导通 $120°$。U_d 的波形如图 4-36（b）中阴影部分所示，U_d 为负值，数值小于电动势 E。

如图 4-36(c)所示为晶闸管 VT_1 两端电压 u_{T_1} 的波形，其绘制方法与整流时的绘制方法相同。在一个电源周期内，VT_1 导通 $120°$ 角，导通期间其端电压为零，随后的 $120°$ 内，VT_2 导通，VT_1 关断，VT_1 承受线电压 u_{UV}，再之后的 $120°$ 内，VT_3 导通，VT_1 承受线电压 u_{UW}。由端电压波形可见，逆变时晶闸管两端电压波形的正面积总是大于负面积，而整流时则相反，正面积总是小于负面积。只有 $\alpha=\beta$ 时，正、负面积才相等。

下面以 VT_1 换相到 VT_2 为例，简单说明一下图 4-36 中晶闸管换相的过程。在 VT_1 导通时，到 ωt_2 时刻，触发 VT_2，则 VT_2 导通，与此同时使 VT_1 承受 U、V 两相间的线电压 u_{UV}。由于 $u_{UV}<0$，故 VT_1 承受反向电压而被迫关断，完成了 VT_1 向 VT_2 的换相过程。其他管的换相可由此类推。可见，逆变电路与整流电路的换相是一样的，晶闸管也是靠阳极承受反压或电压过零来实现关断的。

（二）三相桥式全控有源逆变电路

图 4-37(a)所示为三相桥式全控有源逆变电路带电机负载。当 $\alpha<90°$ 时，其工作在整流状态；当 $\alpha>90°$ 时，其工作在逆变状态。两种状态除 α 的范围不同外，晶闸管的控制过程是一样的，即都要求每隔 $60°$ 依次轮流触发晶闸管使其导通 $120°$，触发脉冲都必须是宽脉冲或双窄脉冲。逆变时输出直流电压的计算式为

$$U_d=U_{20}\cos\alpha=2.34U_{2\varphi}\cos\alpha=-2.34U_{2\varphi}\cos\beta\ (\alpha>90°) \tag{4-38}$$

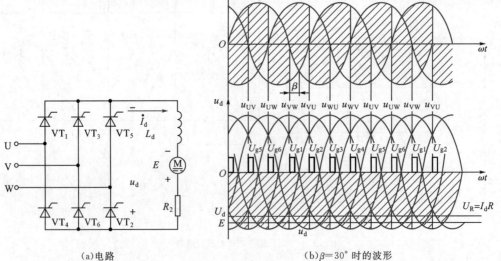

(a)电路　　　　　　　　　　(b)$\beta=30°$ 时的波形

图 4-37　三相桥式全控有源逆变电路带电机负载

如图 4-37(b)所示为 $\beta=30°(\alpha=150°)$ 时输出电压的波形。共阴极组晶闸管 VT_1、VT_3、

VT_5 分别在脉冲 U_{g1}、U_{g3}、U_{g5} 触发时换流，由阳极电位低的管子导通换到阳极电位高的管子导通，因此相电压波形在触发时上跳；共阳极组晶闸管 VT_2、VT_4、VT_6 分别在脉冲 U_{g2}、U_{g4}、U_{g6} 触发时换流，由阴极电位高的管子导通换到阴极电位低的管子导通，因此相电压波形在触发时下跳。晶闸管两端电压波形与三相半波有源逆变电路相同，请读者自行绘出。

下面再分析一下晶闸管的换流过程。设触发方式为双窄脉冲触发方式。在 VT_5、VT_6 导通期间，发 U_{g1}、U_{g6} 脉冲，则 VT_6 继续导通，而 VT_1 在被触发之前，由于 VT_5 处于导通状态，它已承受正向电压 u_{UW}，因此一旦触发，VT_1 即可导通。若不考虑换相重叠角的影响，当 VT_1 导通之后，VT_5 就会因承受反向电压 u_{WU}（为负值）而关断，从而完成了从 VT_5 到 VT_1 的换流过程。其他各管的换流过程可由此类推。

应当指出，传统的有源逆变电路开关元件通常采用普通晶闸管，但近年来出现的可关断晶闸管既具有普通晶闸管的优点，又具有自关断能力，工作频率也高，因此在有源逆变电路中很有可能取代普通晶闸管。

任务实施

一、三相半波可控整流电路的实施

(一)实施准备

了解三相半波可控整流电路的工作原理及其带电阻性负载和电感性负载时的工作情况，以及续流二极管的作用。

(二)实施所用设备及仪器仪表

(1)MCL 系列教学实验台主控制屏。

(2)MCL-18 组件（适合 MCL-Ⅱ）或 MCL-31 组件（适合 MCL-Ⅲ）。

(3)MCL-33(A)组件或 MCL-53 组件（适合 MCL-Ⅱ、Ⅲ、Ⅴ）。

(4)MCL-03 组件（900 Ω，0.41 A）或自配滑线变阻器。

(5)双踪示波器。

(6)万用表。

(三)实施过程及方法

三相半波可控整流电路用三个晶闸管，与单相电路比较，输出电压脉动小，输出功率大，三相负载平衡。不足之处是晶闸管电流即变压器的二次电流在一个周期内只有三分之一时间有电流通过，变压器利用率低。

1.接线并检查脉冲

按图 4-38 所示接线。未接上主电源前，检查晶闸管的脉冲是否正常。

(1)打开 MCL-18 电源开关，给定电压有电压显示。

(2)用双踪示波器观察 MCL-33 的双脉冲观察孔，应有间隔均匀，幅度相同的脉冲。

(3)检查相序，用双踪示波器观察 1、2 孔。若 1 孔脉冲超前 2 孔脉冲 60°，则相序正确；否则，应调整输入电源。

(4)用双踪示波器观察每个晶闸管的门极、阴极，应有幅度为 1～2 V 的脉冲。

2.三相半波可控整流电路带电阻性负载的调试

合上主电源，接上电阻性负载，调节主控制屏输出电压 U_{UV}、U_{VW}、U_{WU}，从 0 调至 110 V。

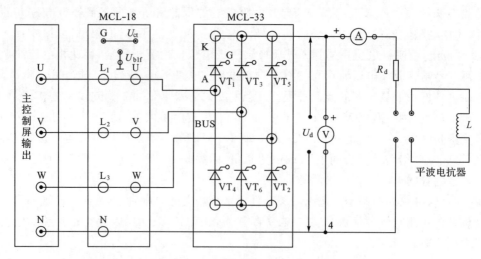

图 4-38   三相半波可控整流电路的实施线路

(1)改变控制电压 U_{ct},观察在不同触发移相角 α 时的可控整流电路的输出电压 $U_d = f(t)$ 和输出电流 $U_i = f(t)$ 波形,并记录相应的 U_d、U_d、U_{ct} 值。

(2)记录 $\alpha = 90°$ 时的 $U_d = f(t)$ 及 $U_i = f(t)$ 的波形。

(3)求取三相半波可控整流电路的输入-输出特性 $U_d/U_2 = f(\alpha)$。

(4)求取三相半波可控整流电路的负载特性 $U_d = f(I_d)$。

3.三相半波可控整流电路带电阻、电感性负载的调试

接入 MCL-33 的电抗器 $L = 700$ mH,可把原负载电阻 R_d 调小,监视电流,不宜超过 0.8 A(若超过 0.8 A,可用导线把负载电阻短路),操作方法同上。

(1)观察在不同触发移相角 α 时的 $U_d = f(t)$ 和 $U_i = f(t)$ 波形,并记录相应的 U_d、I_d 值,记录 $\alpha = 90°$ 时的 $U_d = f(t)$,$U_i = f(t)$,$U_{VT} = f(t)$ 波形。

(2)求取整流电路的输入-输出特性 $U_d/U_2 = f(\alpha)$。

4.注意事项

(1)电路与三相电源连接时,一定要注意相序。

(2)电路的负载电阻不宜过小,应使 I_d 不超过 0.8 A,同时负载电阻不宜过大,保证 I_d 超过 0.1 A,避免晶闸管时断时续。

(3)正确使用双踪示波器,避免双踪示波器的两根地线接在非等电位的端点上,造成短路事故。

(四)检查评估

(1)绘出本三相半波可控整流电路供电给电阻性负载及电阻、电感性负载时的 $U_d = f(t)$,$U_i = f(t)$ 及 $U_{VT} = f(t)$($\alpha = 90°$ 情况下)波形,并进行分析讨论。

(2)根据实施数据,绘出整流电路的负载特性 $U_d = f(I_d)$ 及输入-输出特性 $U_d/U_2 = f(\alpha)$。

(3)思考如何确定三相触发脉冲的相序,以及它们分别应有多大的相位差。

(4)思考根据所用晶闸管的定额,如何确定整流电路允许的输出电流。

二、三相半波有源逆变电路的实施

(一)实施准备

了解有源逆变电路的原理、三相半波可控整流电路在整流状态工作下供电给直流电机的

情况,以及三相半波可控整流电路与直流电机相连接时的有源逆变情况。

(二)实施所用设备及仪器

(1)MCL 系列教学实验台主控制屏。

(2)MCL-18 组件(适合 MCL-Ⅱ)或 MCL-31 组件(适合 MCL-Ⅲ)。

(3)MCL-33(A)组件或 MCL-53 组件(适合 MCL-Ⅱ、Ⅲ、Ⅴ)。

(4)电机导轨及测速发电机。

(5)直流电动机 M_1。

(6)直流发电机 M_2。

(7)三相可调电阻器 MEL-03 或自配滑线变阻器。

(8)双踪示波器。

(9)万用表。

(三)实施过程及方法

1.接线并检查脉冲

按图 4-39 所示接线。未接上主电源之前,检查晶闸管的脉冲是否正常。

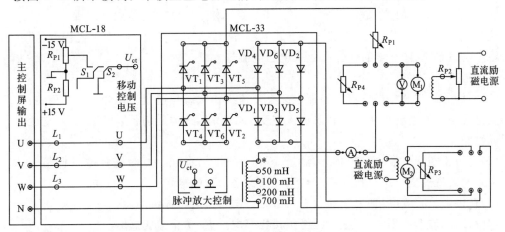

图 4-39　三相半波有源逆变电路的实施线路

(1)打开 MCL-18 电源开关,给定电压有电压显示。

(2)用双踪示波器观察 MCL-33 的双窄脉冲观察孔,应有间隔均匀、幅度相同的双脉冲。

(3)检查相序,用双踪示波器观察 1、2 孔。若 1 孔脉冲超前 2 孔脉冲 60°,则相序正确;否则,应调整输入电源。

(4)用双踪示波器观察每个晶闸管的门极、阴极,应有幅度为 1~2 V 的脉冲。

2.三相半波可控整流电路带电阻性负载的调试

(1)将 R_{P4} 接入整流回路。

(2)用双踪示波器观察整流电路输出电压 U_d 波形,调节主控制屏电压调节旋钮,从 0 调至 110 V。调节给定电位器 R_{P1},U_d 波形在一个周期内(20 ms)应是较为平整的三个波头。

3.三相半波可控整流电路带直流电机负载的调试

(1)调节励磁电压调节电位器 R_{P2},使 M_1 励磁电压接近 220 V。

(2)将 R_{P3} 电阻串入 M_2 电枢回路,R_{P3} 电阻调至最大。即 M_1 作为直流电动机,M_2 作为直流发电机,调节 R_{P3} 即可调节 M_2 的电枢电流。

(3)求取 $\alpha=60°$ 时的电机机械特性:合上直流励磁电源,三相调压器逆时针调到底,合上主电源,调节主控制屏输出电压 U_{UV}、U_{VW}、U_{WU},从 0 调至 110 V,再调节 U_{ct},使 $\alpha=60°$,改变电阻 R_{P3},测量对应的直流电流 I 和转速 n。再用同样方法,测取 $\alpha=30°$ 时的电机机械特性。

(4)分别观察 $\alpha=60°$ 与 $\alpha=30°$ 时整流输出电压 $U_d=f(t)$ 及晶闸管两端电压 $U_{VT}=f(t)$ 波形。

4.三相半波可控整流电路与直流电机相连接时的有源逆变调试

(1)将 S_2 拨到右边,由三相不可控整流桥提供 M_2 直流电枢电压。将 S_1 拨向左边,调节偏移电压电位器,使 $U_{ct}=0$ 时,$\beta=30°$。

(2)开启直流励磁电源,三项调压变压器逆时针调到底,合上主电源,调节主控制屏电压输出 U_{UV}、U_{VW}、U_{WU},从 0 调至 110 V,这时候 M_2 带动 M_1 转动,调节励磁电阻 R_{P2},使 M_1 输出与整流电路在 $\beta=60°$ 时的输出电压平衡。注意:M_1 输出电压的极性应为负。

(3)调节 U_{ct},使 $\beta=60°$,将 S_1 拨向右边,观察并记录逆变电路输出电压 $U_d=f(t)$、逆变电路输出电流 $i_d=f(t)$ 及晶闸管的端电压 $U_{VT}=f(t)$ 波形。

(4)改变 M_1 励磁调节电阻 R_{P2},即改变励磁电流 i_f,测取三相半波可控整流电路在逆变状态下工作时直流电机的机械特性。

(5)调节 R_{P2},使 M_1 励磁电流 i_f 最小。调节 U_{ct},使 $\beta=90°$。重复上述步骤。

注意:i_f 调节要缓慢进行,以防止主电路电流过大,损坏晶闸管。在实施过程中,调节 β,必须监视主电路电流,防止 β 的变化引起主电路电流过大。

5.注意事项

(1)本任务研究三相半波可控整流电路在整流工作状态与逆变工作状态时的静特性,所给出的实验线路不能连续地从整流状态进入逆变工作状态,必须分别予以实现,而对逆变工作一定要谨慎操作。

(2)为防止逆变失败,逆变角必须满足 $30°\leqslant\beta\leqslant90°$。即 $U_{ct}=0$ 时,$\beta=30°$。调整 U_{ct} 时,用直流电压表监视逆变电压,待逆变电压接近 0 时,必须慢慢操作。

(3)在供电给直流电机时(整流状态),必须先向直流电机提供激磁。

(4)双踪示波器使用时,两根地线必须接在等电位点,防止造成短路。

(四)检查评估

(1)绘出实施所得的各特性曲线与波形。

(2)对三相半波可控整流电路在整流状态与逆变状态的工作特点进行比较。

(3)思考:三相半波可控整流电路在整流状态与逆变状态工作时,M_1 的电压极性是否相同? 它们的转向一致否? 如何实现?

(4)思考:三相半波可控整流电路在不同工作状态时,M_1 分别在什么状态下工作? 此时主电路的能量传递关系如何? M_1 的机械特性分别处于什么象限?

三、三相桥式全控整流及有源逆变电路的实施

(一)实施准备

了解三相桥式全控整流及有源逆变电路的工作原理,以及电路出现故障时各量的波形。

(二)实施所用设备及仪器

(1)MCL 系列教学实验台主控制屏。

(2)MCL-18 组件(适合 MCL-Ⅱ)或 MCL-31 组件(适合 MCL-Ⅲ)。

(3)MCL-33(A)组件或 MCL-53 组件(适合 MCL-Ⅱ、Ⅲ、Ⅴ)。

(4)MCL-03 可调电阻器或滑线变阻器(1.8 kΩ,0.65 A)。

(5)MCL-02 芯式变压器。

(6)双踪示波器。

(7)万用表。

(三)实施过程及方法

实施线路如图 4-40 所示。主电路由三相桥式全控整流电路及作为逆变直流电源的三相桥式不可控整流电路组成。触发电路为数字集成电路,可输出经高频调制后的双窄脉冲。

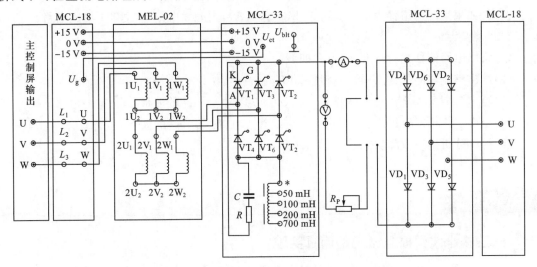

图 4-40　三相桥式全控整流及有源逆变电路的实施线路

1.接线及检查脉冲

按图 4-40 所示接线。未接上主电源之前,检查晶闸管脉冲是否正常。

(1)打开 MCL-18 电源开关,给定电压有电压显示。

(2)用双踪示波器观察 MCL-33 的双窄脉冲观察孔,应有间隔均匀、相互间隔 60°的幅度相同的双脉冲。

(3)检查相序,用双踪示波器观察 1、2 孔。若 1 孔脉冲超前 2 孔脉冲 60°,则相序正确;否则,应调整输入电源。

(4)用双踪示波器观察每个晶闸管的门极、阴极,应有幅度为 1~2 V 的脉冲。

注意:当三相桥式全控整流电路使用Ⅰ组晶闸管 $VT_1 \sim VT_6$ 时,将面板上的 U_{blf} 接地,将Ⅰ组桥式触发脉冲的六个开关均拨到"接通"。

(5)将给定器输出 U_g 接至 MCL-33 面板的 U_{ct} 端,调节偏移电压 U_b ,在 $U_{ct}=0$ 时,使 $\alpha=150°$ 。

2.三相桥式全控整流电路的调试

(1)将 S 拨向左边,将 R_d 调至最大(450 Ω)。

(2)三相调压器逆时针调到底,合上主电源,调节主控制屏输出电压 U_{UV} 、 U_{VW} 、 U_{WU} ,从 0 调至 220 V。

(3)调节 U_{ct} ,使 α 为 30°~90°,用双踪示波器观察记录 $\alpha=30°,60°,90°$ 时,整流电压 $u_d=f(t)$ 及晶闸管两端电压 $u_{VT}=f(t)$ 的波形,并记录相应的 U_d 和交流输入电压 U_2 值。

3.三相桥式有源逆变电路的调试

(1)断开电源开关后,将 S 拨向右边,调节 U_{ct} ,使 α 为 150° 左右。

（2）三相调压器逆时针调到底，合上主电源，调节主控制屏输出电压 U_{UV}、U_{VW}、U_{WU}，从 0 调至 220 V。

（3）调节 U_{ct}，观察 $\alpha = 90°$、120°、150°时，电路中 u_d、u_{VT} 的波形，并记录相应的 U_d、U_2 数值。

4. 电路模拟故障现象观察

在整流状态时，断开某一晶闸管元件的触发脉冲开关，则该元件无触发脉冲，即该支路不能导通，观察并记录此时的 U_d 波形。

说明：如果采用的组件为 MCL-53 或 MCL-33（A），则触发电路是 KJ004 集成电路。

（四）检查评估

（1）绘出电路的移相特性 $U_d = f(\alpha)$ 曲线。

（2）绘出整流电路的输入-输出特性 $U_d/U_2 = f(\alpha)$。

（3）绘出三相桥式全控整流电路 $\alpha = 30°$、60°、90° 时 u_d、u_{VT} 的波形。

（4）绘出三相桥式有源逆变电路 $\beta = 150°$、120°、90° 时 u_d、u_{VT} 的波形。

（5）简单分析模拟故障现象。

仿真实验

一、三相半波可控整流电路仿真实验

（一）实验准备

了解三相半波可控整流电路的结构、工作原理及基本物理量的计算等内容。三相半波可控整流电路有带电阻性负载、带电感性负载、带电动势负载三种情况。本实验主要探讨三相半波可控整流电路带电阻性和带电感性两种情况的仿真。

（二）提取模块

三相半波可控整流电路主要由三个独立电源、三个晶闸管、电阻和脉冲发生器等组成。提取三相半波可控整流电路仿真模型搭建所需要的模块。三相半波可控整流电路仿真模型如图4-41 所示。

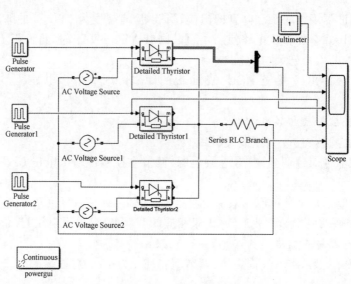

图 4-41　三相半波可控整流电路仿真模型

（三）设置参数

1. 主电路

主电路主要由三相交流电源、晶闸管和电阻等组成。三相交流电源 A 相电源的峰值电压设为 220 V,相位设为 0°,频率设为 50 Hz;B、C 相电源设置和 A 相相同,不过 B 相相位设为 240°,C 相相位设为 120°。电阻模块设为"Series RLC Branch",参数设为电阻 10 Ω。晶闸管的参数采用默认值。在图 4-41 中,A 相晶闸管的端口 m 用于测量晶闸管的电流和电压。本实验采用"Demux"模块,分别测量单个晶闸管的电流和电压。如果 B 相和 C 相的晶闸管不需要测量其电流和电压,在其对应晶闸管参数设置对话框中去掉"Show measurement port"选择框中的"√"即可。

2. 控制电路

控制电路主要由三个脉冲发生器分别通向三个晶闸管。需要注意的是,三相半波可控整流电路的触发角与单相整流电路的触发角不同,单相整流电路的触发角是以 X 轴的 0° 为起点的,而三相半波可控整流电路的触发角是以 30° 为起点的,所以在相位延迟要进行转换,如触发角设为 30° 时,相位延迟就必须再加 30°。A 相脉冲发生器峰值设为 1;周期设为 0.02 s;脉冲宽度设为 10;脉冲发生器的峰值、周期和脉冲宽度都保持不变。B 相、C 相脉冲发生器触发角和 A 相分别相差 120° 和 240°。为了仿真方便,将三相半波可控整流电路触发角和脉冲相位延迟时间的对应关系制成表格,见表 4-1。

表 4-1　　　　　　　三相半波可控整流电路触发角和脉冲相位延迟时间的对应关系

触发角 α/°	A 相脉冲相位延迟时间/s	B 相脉冲相位延迟时间/s	C 相脉冲相位延迟时间/s
0	0.001 67	0.008 33	0.015 00
30	0.003 33	0.010 00	0.016 66
45	0.004 17	0.010 87	0.017 57
60	0.005 00	0.011 67	0.018 33
90	0.006 67	0.013 33	0.020 00
120	0.008 33	0.015 00	0.021 66
150	0.010 00	0.016 66	0.023 33

（四）模型仿真

采用"Multimeter"模块测量电阻两端电压和晶闸管 VT_1 两端电压,仿真算法设为"ode23tb",仿真时间设为 0.08 s。三相半波可控整流电路的仿真结果如图 4-42~图 4-47 所示。从仿真结果可以看出,当 $\alpha=30°$,即 $\omega t=60°$ 时,A 相电压最高,且有触发脉冲加到 VT_1 门极,所以 VT_1 导通,输出电压 $u_d=u_A$,VT_1 两端电压为零。当 $\omega t=150°$ 时,虽然 $u_B>u_A$,但由于 VT_2 门极触发电压脉冲尚未到达,VT_2 仍处于关断状态,而 VT_1 仍正向偏置,因此 VT_1 继续导通。当 $\omega t=180°$ 时,VT_2 门极触发脉冲到达,这时 u_B 最高,则转为 VT_2 导通。VT_2 导通后,输出电压 $u_d=u_B$,VT_1 承受反压 u_{AB} 而关断。当门极触发电压加到 VT_3 时,则 VT_2 换流给 VT_3,输出 $u_d=u_C$,VT_1 转而承受反压 u_A。

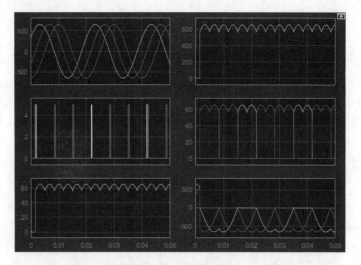

图 4-42 三相半波可控整流电路带电阻性负载 $\alpha=0°$ 时的仿真结果

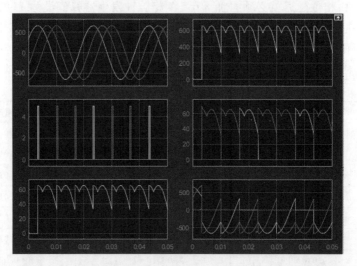

图 4-43 三相半波可控整流电路带电阻性负载 $\alpha=30°$ 时的仿真结果

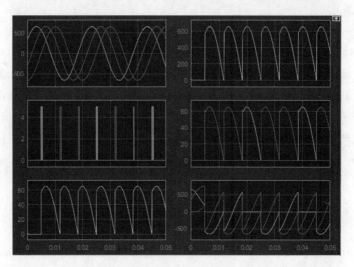

图 4-44 三相半波可控整流电路带电阻性负载 $\alpha=60°$ 时的仿真结果

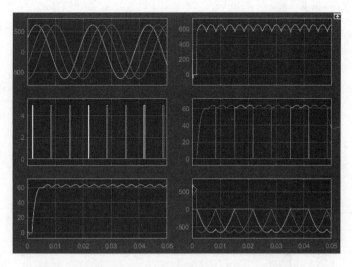

图 4-45　三相半波可控整流电路带电感性负载 $\alpha=0°$ 时的仿真结果

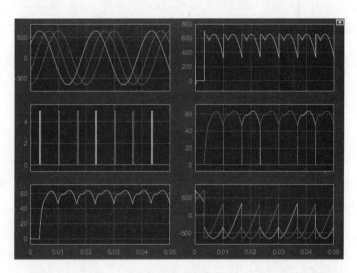

图 4-46　三相半波可控整流电路带电感性负载 $\alpha=30°$ 时的仿真结果

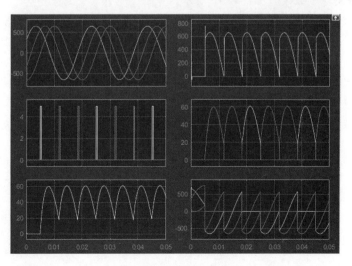

图 4-47　三相半波可控整流电路带电感性负载 $\alpha=60°$ 时的仿真结果

　　本实验需注意,对脉冲触发时间的设置要准确,而且示波器的坐标要调整好。从不同触发角可以看出,随着 α 的增大,输出电压 u_d 减小。当 $\alpha=150°$ 时,电阻两端电压基本为零。因此对于三相半波可控整流电路带电阻性负载移相范围为 $150°$。

　　(五)扩展知识

　　上面的仿真实验采用的是分立元器件晶闸管,下面用现成的"Universal Bridge"模块进行三相半波可控整流电路仿真,仿真模型如图 4-48 所示。

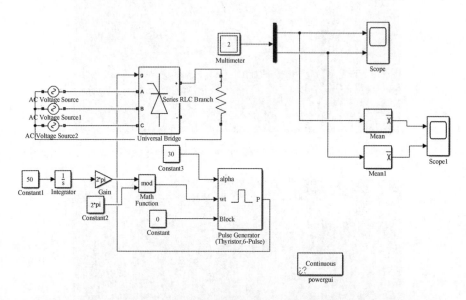

图 4-48　用"UniversalBridge"模块构建仿真模型

　　在三相半波可控整流电路中,主电路由三相对称交流电压源、晶闸管整流桥、负载等组成。由于同步触发器与晶闸管是不可分割的两个环节,通常作为一个整体来讨论,所以将同步触发器归到主电路进行建模。

　　1.主电路建模

　　三相对称电压源建模和参数设置与前述相同。提取出"Universal Bridge"模块。当采用三相整流桥时,桥臂设为 3,电力电子模块选择晶闸管。为了和采用分离式触发脉冲的晶闸管参数相同,整流桥模块参数设置如图 4-49 所示。

　　同步 6 脉冲发生器"Pulse Generator(Thyristor6-Pulse)"模块的提取路径为"Simscape/Simpower Systems/Specialized Technology/Pulse&Signal Generators/Pulse Generator(Thyristor6-Pulse)"。它有 3 个端口,同"alpha-deg"连接的端口为触发角,同"Block"连接的端口是触发器开关信号。当开关信号为"0"时,开放触发器;当开关信号为 1 时,封锁触发器。故取"Constant"模块(提取路径为"Simulink/Sources/Constant")同 Block 端口连接,把参数改为 0,使得触发器开放。同步 6 脉冲发生器参数设置如图 4-50 所示,把脉冲宽度改为 10,"Double pulsing"触发器就能给出间隔 $60°$ 的双脉冲。

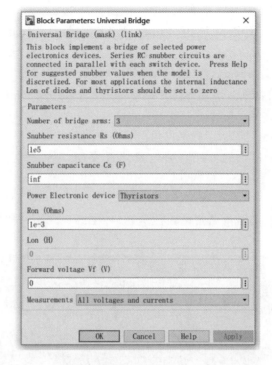

图 4-49　"Universal Bridge"模块参数设置

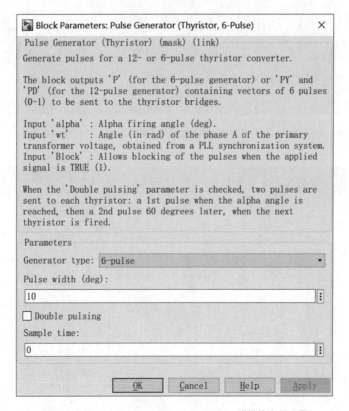

图 4-50　"Pulse Generator(Thyristor,6-Pulse)"模块参数设置

同 ωt 连接的端口为同步合成频率,依次提取"Constant"(此模块即设置的同步合成频率)、"Integrator"(提取路径为"Simulink/Continuous/Integrator")、"Gain"(提取路径为"Simulink/Math Operations/Gain",参数设为"2 * π")、"Math Function"(提取路径为"Simulink/MathOperations/Math Function",参数"Function"设为"mod")、"Constant"(参数设为"2 * π")进行如图 4-48 所示的连接即可。

2. 控制电路建模

提取"Constant"模块,设置触发角。将主电路和控制电路的仿真模型按照如图 4-48 所示进行连接,即得三相半波可控整流电路仿真模型。仿真算法设为"ode23tb";仿真时间设为 0.08 s。

3. 模型仿真

三相半波可控整流电路带电阻性负载(10 Ω)$\alpha=30°$、$60°$ 时的仿真结果分别如图 4-51 和图 4-52 所示。

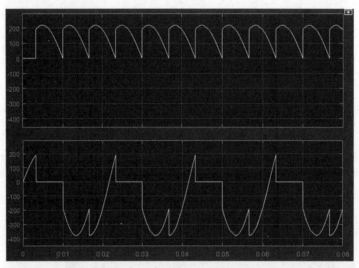

图 4-51　三相半波可控整流电路带电阻性负载(10 Ω)$\alpha=30°$ 时的仿真结果

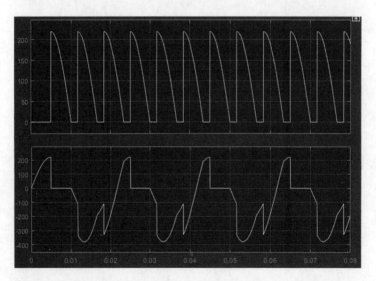

图 4-52　三相半波可控整流电路带电阻性负载(10 Ω)$\alpha=60°$ 时的仿真结果

可以看出仿真结果和前述建模相同,但此仿真模型的优势在于触发角可调,在直流电机调速时非常有用。

将此电路中的电阻改为电阻和电感串联,参数设置:电阻设为 10 Ω,电感设为 1 H;仿真算法设为"ode23tb";仿真时间设为 0.08 s。自行测试 $\alpha=30°$、$60°$ 和 $90°$ 时的仿真结果并进行分析。

从仿真结果可以看出,当 $\alpha \leqslant 30°$ 时,整流输出电压与带电阻性负载时完全相同。当 $\alpha > 30°$ 时,假如 A 相 VT_1 导通,输出 $u_d = u_A$,当 u_A 过零变负后,由于负载中有足够大的电感存在,因此 VT_1 将继续导通,只是它由电源 A 相转而由负载电感提供电流,直到 VT_2 导通,输出 $u_d = u_B$。由于 VT_2 的导通,VT_1 关断,VT_1 的电流终止,负载电流由电感提供转为 B 相提供,晶闸管 VT_2 开始流过电流,其后的过程与 A 相相似。所以 $\alpha > 30°$ 时,由于电感的存在,输出电压有一段时间出现负值。当 $\alpha = 90°$ 时,u_d 波形正、负面积相同,输出电压平均值为零,但输出波形仍连续。三相半波可控整流电路带电感性负载的移相范围为 $90°$。

二、三相桥式半控整流电路仿真实验

(一)实验准备
了解三相桥式半控整流电路的结构、工作原理及基本物理量的计算等内容。

(二)提取模块
三相桥式半控整流电路由三个晶闸管、三个二极管、三相电源、触发器等组成。提取三相桥式半控整流电路仿真模型搭建所需要的模块。

(三)模型仿真
三相桥式半控整流电路仿真模型如图 4-53 所示。

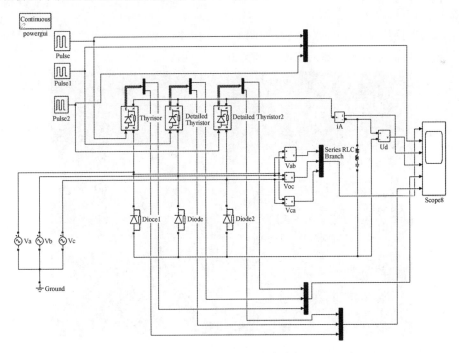

图 4-53　三相桥式半控整流电路仿真模型

(四)设置参数

1.设置电源参数

三相电源的电压峰值电压设为 380 V,可表示为"220 * sqrt(2)";频率设为 50 Hz;相位分别设为 0°、-120°、-240°。

2.设置负载参数

带电阻性负载时,设置 $R=10\ \Omega,H=0,C$ 为"inf";带电感性负载时,设置 $R=10\ \Omega,H=0.01\ F,C$ 为"inf"。

3.设置脉冲参数

触发信号的脉冲参数设置是本实验的难点。本实验中有三个触发脉冲,脉冲宽度可设为 2,振幅设为 5。触发角的设置要特别注意,在三相交流电路中,相位延迟时间并不是直接从 α 换算过来的。由于 α 的零位定在自然换相角,所以在计算相位延迟时间时要增加 30° 相位。因此当 $\alpha=0°$ 时,相位延迟时间应设为 0.003 33 s。其计算可按以下公式:

$$t=(\alpha+30°)T/360°$$

$\alpha=0°$ 时,触发角依次设为 0.001 67,0.008 37,0.015 07。

$\alpha=30°$ 时,触发角依次设为 0.003 33,0.010 00,0.016 77。

$\alpha=45°$ 时,触发角依次设为 0.004 17,0.010 87,0.017 57。

$\alpha=60°$ 时,触发角依次设为 0.005 00,0.011 70,0.018 40。

4.设置晶闸管参数

晶闸管采用默认的参数设置。

(五)模型仿真

算法设为"ode23tb";相对误差设为"Le-3";开始时间设为 0,停止时间设为 0.05 s。设置好各个参数后,就可以进行仿真了。

三相桥式半控整流电路的仿真结果如图 4-54~图 4-59 所示。本实验需注意,对脉冲触发时间的设置要准确,而且示波器的坐标要调整好。

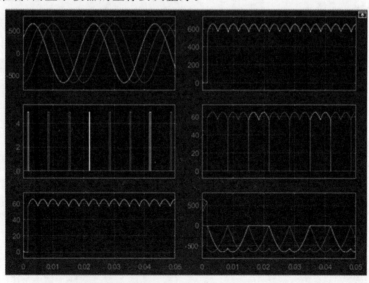

图 4-54　三相桥式半控整流电路带电阻性负载 $\alpha=0°$ 时的仿真结果

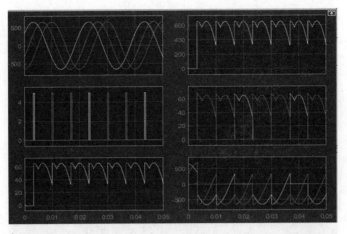

图 4-55　三相桥式半控整流电路带电阻性负载 $\alpha=30°$ 时的仿真结果

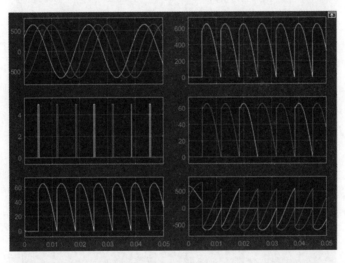

图 4-56　三相桥式半控整流电路带电阻性负载 $\alpha=60°$ 时的仿真结果

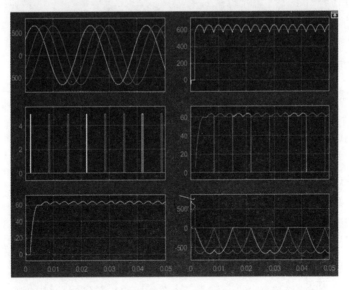

图 4-57　三相桥式半控整流电路带电感性负载 $\alpha=0°$ 时的仿真结果

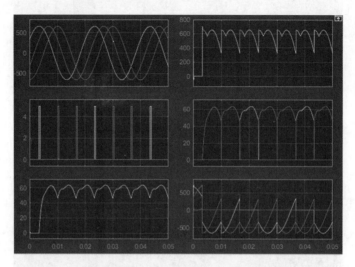

图 4-58　三相桥式半控整流电路带电感性负载 $\alpha=30°$ 时的仿真结果

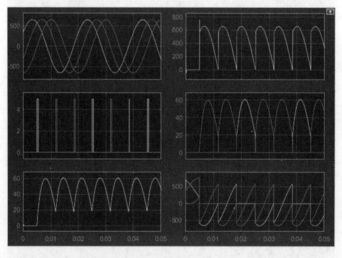

图 4-59　三相桥式半控整流电路带电感性负载 $\alpha=60°$ 时的仿真结果

三、三相桥式全控整流电路仿真实验

(一)三相桥式全控整流电路带电阻性负载仿真实验

1. 实验准备

了解三相桥式全控整流电路的结构、工作原理及基本物理量的计算等内容。

2. 提取模块

提取三相桥式全控整流电路仿真模型搭建所需要的模块。

3. 建立仿真模型

三相桥式全控整流电路仿真模型如图 4-60 所示。

4. 设置参数

(1)设置电源模块参数

电源模块的电压设为 380 V,频率设为 50 Hz。要注意初相角的设置,A 相的相位设为

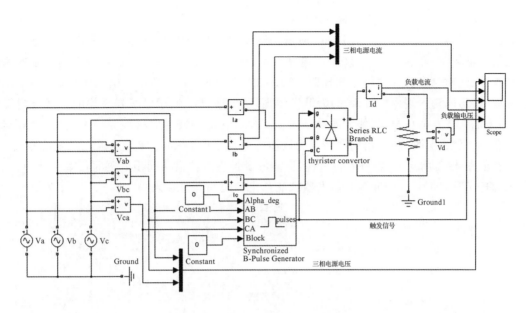

图 4-60　三相桥式全控整流电路仿真模型

0°,B 相的相位设为−120°,C 相的相位设为−240°。负载参数设置:电阻设为 1 Ω,电感设为 0,电容设为"inf"。

(2)设置通用变换器桥模块参数

通用变换器桥模块(提取路径为"Simscape/Power Systems/Specialized Technology/Fundamental Blocks/Power Electronics/")是由 6 个功率电子模块组成的桥式通用三相变换器模块。功率电子模块的类型有 Diode 桥、Thyristor 桥、MOSFET-Diode 桥、IGBT-Diode 桥、Ideal Switch 桥模块等。通用变换器桥模块的结构有单相、两相和三相。

通用变换器桥模块如图 4-61 所示。通用变换器桥模块输入和输出的形式取决于所选择的结构。当"A""B""C"端被选择为输入端,则"＋""−"端就是输出端。当"A""B""C"端被选择为输出端,则"＋""−"端就是输入端。除 Diode 桥模块外,其他功率电子模块的"g(pulse)"输入端可接受来自外部模块的触发信号。

通用变换器桥模块参数设置如图 4-62 所示。

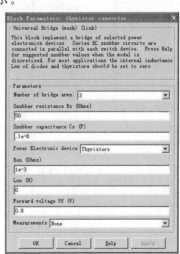

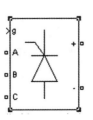

图 4-61　通用变换器桥模块　　　　图 4-62　通用变换器桥参数设置

（3）设置同步 6 脉冲发生器模块参数

同步 6 脉冲发生器模块如图 4-63 所示。该模块有 5 个输入端。"alpha_deg"端是移相控制角信号输入端，单位为（°）。该输入端可与常数模块相连，也可与控制系统中的控制器输出端相连，从而对触发脉冲进行移相控制。"AB""BC""CA"端是同步线电压（连到三相交流电压的线电压）的输入端。"Block"端为触发器模块的使能端，用于触发器模块的开通与封锁操作，当施加大于 0 的信号时，触发脉冲被封锁。同步 6 脉冲发生器模块为一个六维脉冲向量，它包含 6 个触发脉冲，移相角的起始点为同步电压的零点。"pulses"端为输出触发信号端。

在如图 4-64 所示对话框中可以设置同步 6 脉冲发生器模块同步电压的频率和脉冲宽度。如果勾选了"Double pulsing"项，触发器就能给出间隔 60°的双脉冲。

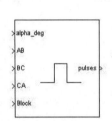

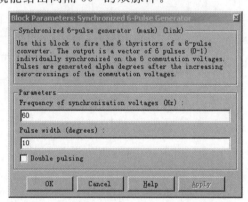

图 4-63　同步 6 脉冲发生器模块　　　　图 4-64　同步 6 脉冲发生器模块参数设置

（4）设置常数模块参数

常数模块如图 4-65 所示。常数模块只有一个输出端，在如图 4-66 所示对话框中可以设置其触发角的大小。

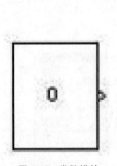

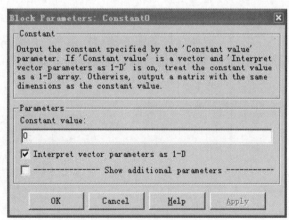

图 4-65　常数模块　　　　　　图 4-66　常数模块参数设置

5. 模型仿真

参数设置好后，即可开始仿真。仿真算法设为"ode23tb"；"stop time"设为 0.1。仿真完成后，可以通过示波器来观察仿真结果。如图 4-67～图 4-70 所示为三相桥式全控整流电路带电阻性负载的仿真结果。

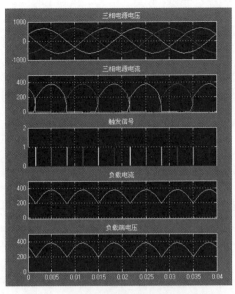

图 4-67 三相桥式全控整流电路带电阻性
负载 $\alpha=0°$ 时的仿真结果

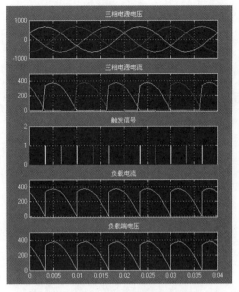

图 4-68 三相桥式全控整流电路带电阻性
负载 $\alpha=30°$ 时的仿真结果

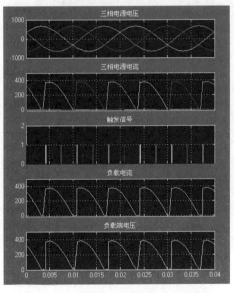

图 4-69 三相桥式全控整流电路带电阻性
负载 $\alpha=45°$ 时的仿真结果

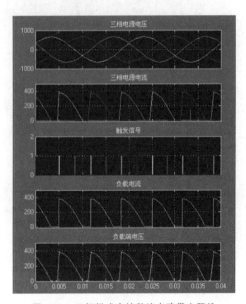

图 4-70 三相桥式全控整流电路带电阻性
负载 $\alpha=60°$ 时的仿真结果

（二）三相桥式全控整流电路带电感性负载仿真实验

带电感性负载的仿真与带电阻性负载的仿真方法基本相同，但需要将负载类型设为"RL"。本实验设置 $R=45\ \Omega$，$L=1\ H$，电容为"inf"。

如图 4-71～图 4-74 所示为三相桥式全控整流电路带电感性负载的仿真结果。

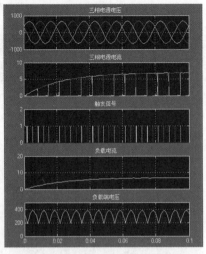

图 4-71　三相桥式全控整流电路带电感性
负载 $\alpha=0°$ 时的仿真结果

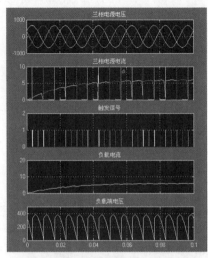

图 4-72　三相桥式全控整流电路带电感性
负载 $\alpha=30°$ 时的仿真结果

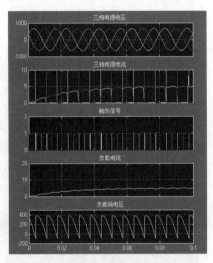

图 4-73　三相桥式全控整流电路带电感性
负载 $\alpha=45°$ 时的仿真结果

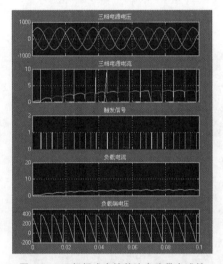

图 4-74　三相桥式全控整流电路带电感性
负载 $\alpha=60°$ 时的仿真结果

巩固训练

4-1　三相半波可控整流电路,如果三个晶闸管共用一套触发电路,如图 4-75 所示,每隔 120° 同时给三个晶闸管送出脉冲,电路能否正常工作?此电路带电阻性负载时的移相范围是多少?

4-2　三相半波可控整流电路带电阻性负载时,如果触发脉冲出现在自然换相点之前 15° 处,则当触发脉冲宽度分别为 10° 和 20° 时,电路能否正常工作?绘出输出电压波形。

4-3　三相半波可控整流电路带大电感性负载,$R_d=10\ \Omega$,相电压有效值 $U_2=220\ \text{V}$。求 $\alpha=45°$ 时,负载直流电压 U_d、流过晶闸管的平均电流 I_{dT} 和有效电流 I_T,并绘出 u_d、i_{T2}、u_{T3} 的波形。

4-4　如图 4-76 所示为三相桥式全控整流电路,分析在控制角 $\alpha=60°$ 时,发生如下故障时,输出电压 U_d 的波形:

(1)熔断器 FU_1 熔断;

(2)熔断器 FU_3 熔断;

(3)熔断器 FU_3、FU_5 熔断。

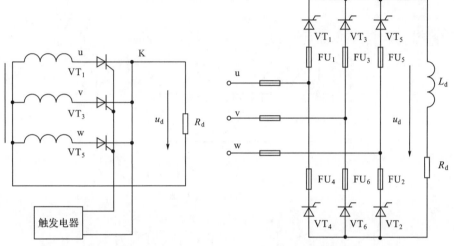

图 4-75　巩固训练 4-1 图　　　图 4-76　巩固训练 4-4 图

4-5　三相桥式全控整流电路,$U_2=100$ V,带电阻、电感性负载,$R=5$ Ω,L 值极大。当控制角 $\alpha=60°$ 时:

(1)绘出 u_d、i_d、i_{VT1} 的波形。

(2)计算负载平均电压 U_d、平均电流 I_d、流过晶闸管平均电流 I_{dVT} 和有效电流 I_{VT} 的值。

4-6　三相桥式全控整流电路,$L_d=0.2$ H,$R_d=4$ Ω,要求 U_d 为 0~220 V。

(1)不考虑控制角裕量,整流变压器二次线电压是多少?

(2)计算晶闸管电压、电流值。如果电压、电流裕量取 2 倍,选择晶闸管型号。

4-7　在晶闸管两端并联 RC 吸收回路的主要作用有哪些?其中 R 的作用是什么?

4-8　触发电路中设置的控制电压 U_c 与偏移电压 U_b 各起什么作用?在使用中如何调整?

4-9　锯齿波同步触发电路由哪些基本环节组成?锯齿波的底宽由什么参数决定?输出脉宽如何调整?

4-10　锯齿波同步触发电路是怎样发出双窄触发脉冲的?

4-11　如何确定控制电路和主电路相位是否一致?触发电路输出脉冲与其所对应控制的晶闸管怎样才能相一致?

4-12　若用双踪示波器观察到三相桥式全控整流电路波形分别如图 4-77(a)和图 4-77(b)所示,试判断电路的故障。

4-13　如果用双踪示波器测出三相桥式全控整流电路带电感性负载输出电压波形如图 4-78 所示,试分析故障原因并判断如何解决。

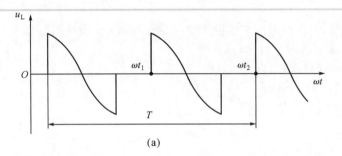

(a)

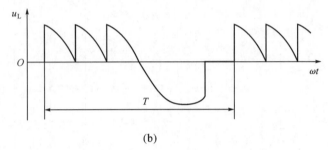

(b)

图 4-77　巩固训练 4-12 图

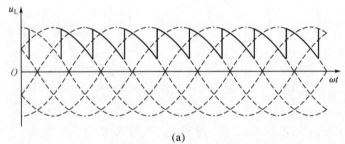

(a)

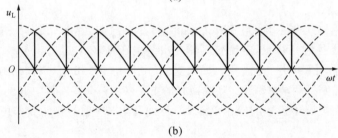

(b)

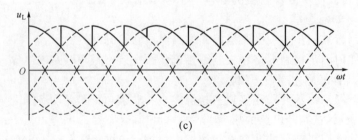

(c)

图 4-78　巩固训练 4-13 图

任务五　电风扇无级调速器的分析与检测 〉〉〉〉

哲思课堂5

学习目标

（1）用万用表测试双向晶闸管的好坏。
（2）掌握双向晶闸管的工作原理。
（3）分析电风扇无级调速器各部分电路的作用及调速原理。
（4）了解交流开关、交流调功器、固态开关的工作原理。
（5）掌握相关英文词汇。

任务引入

电风扇无级调速器在日常生活中随处可见。如图 5-1(a)所示是常见的电风扇无级调速器控制器，旋动旋钮便可以调节电风扇的速度。如图 5-1(b)所示为电风扇无级调速器电路原理。

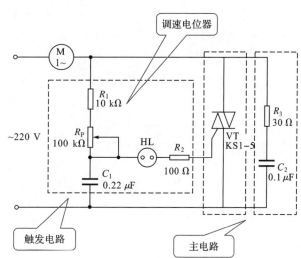

（a）常见的电风扇无级调速器控制器　　　（b）电风扇无级调速器电路原理

图 5-1　电风扇无级调速器

如图 5-1(b)所示，电风扇无级调速器电路由主电路和触发电路两部分构成，在双向晶闸管的两端并联 RC 元件，是利用电容两端电压瞬时不能突变，作为晶闸管关断过电压的保护措施。通过对主电路及触发电路的分析，大家能够理解电风扇无级调速器电路的工作原理，进而掌握分析交流调压电路的方法。

相关知识

一、双向晶闸管的工作原理

(一)双向晶闸管的结构

双向晶闸管的封装形式有 TO-92、TO-126、TO-202AB、TO-220、TO-220AB、TO-3P、SOT-89、TO-251、TO-252 等。双向晶闸管的外形与普通晶闸管类似,有塑封式、螺栓式、平板式几种,如图 5-2 所示。但其内部是一种 NPNPN 五层结构的三端器件,包括两个主电极 T_1、T_2 及一个门极 G。典型产品有 BCM1AM(1 A/600 V)、BCM3AM(3 A/600 V)、2N6075 (4 A/600 V),MAC218-10(8 A/800 V)等。大功率双向可控硅大多采用 RD91 型封装。

(a) 塑封式　　　　　　　(b) 螺栓式　　　　　　　(c) 平板式

图 5-2　双向晶闸管的外形

双向晶闸管的内部结构、等效电路和符号如图 5-3 所示。

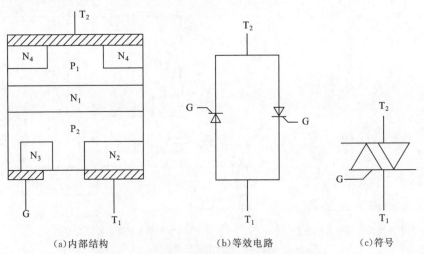

(a)内部结构　　　　　(b)等效电路　　　　　(c)符号

图 5-3　双向晶闸管的内部结构、等效电路和符号

由图 5-3 可见,双向晶闸管相当于两个晶闸管反并联($P_1N_1P_2N_2$ 和 $P_2N_1P_1N_4$),不过它只有一个门极 G,N_3 区的存在使得 G 极相对于 T_1 极无论是正的还是负的,都能触发,而且 T_1 极相对于 T_2 极既可以是正的,也可以是负的。

常见双向晶闸管的引脚排列如图 5-4 所示。

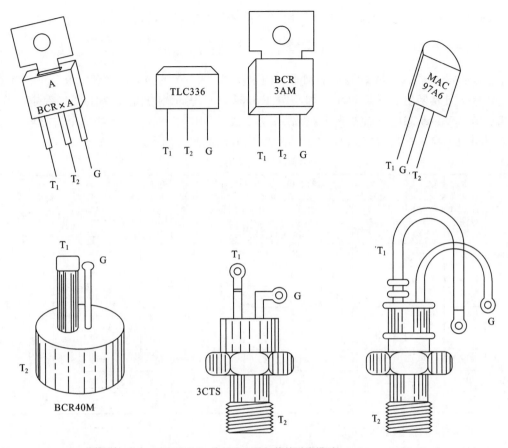

图 5-4　常见双向晶闸管的引脚排列

（二）双向晶闸管的特性与参数

双向晶闸管有正、反向对称的伏安特性曲线。正向部分位于第Ⅰ象限，反向部分位于第Ⅲ象限，如图 5-5 所示。

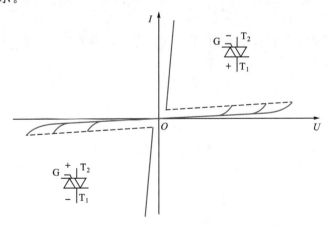

图 5-5　双向晶闸管的伏安特性

双向晶闸管的主要参数中只有额定电流与普通晶闸管有所不同，其他参数定义相似。因为双向晶闸管工作在交流电路中，正、反向电流都可以流过，所以它的额定电流不用平均值而是用有效值来表示。定义：在标准散热条件下，当器件的单向导通角大于 $170°$ 时，允许流过器件的最大交流正弦电流的有效值，用 $I_{T(RMS)}$ 表示。

双向晶闸管额定电流与普通晶闸管额定电流之间的换算关系式为

$$I_{T(AV)} = \frac{\sqrt{2}}{\pi} I_{T(RMS)} = 0.45 I_{T(RMS)} \tag{5-1}$$

以此推算,一个 100 A 的双向晶闸管与两个反并联 45 A 的普通晶闸管电流容量相等。

国产双向晶闸管用 KS 表示。如型号 KS50-10-21 表示额定电流为 50 A、额定电压为 10 级(1 000 V)、断态电压临界上升率 du/dt 为 2 级(不小于 200 V/μs)、换向电流临界下降率 di/dt 为 1 级(不小于 1‰$I_{T(RMS)}$)的双向晶闸管。双向晶闸管的主要参数见表 5-1。

表 5-1　　　　　　　　　　　　　　双向晶闸管的主要参数

系　列	额定通态电流(有效值)$I_{T(RMS)}$/A	断态重复峰值电压(额定电压)U_{DRN}/V	断态重复峰值电流I_{DRM}/mA	额定结温T_{jm}/C	断态电压临界上升率(du/dt)/$(V \cdot \mu s^{-1})$	通态电流临界上升率(di/dt)/$(A \cdot \mu s^{-1})$	换向电流临界下降率(di/dt)/$(A \cdot \mu s^{-1})$	门极触发电流I_{GT}/mA	门极触发电压U_{GT}/V	门极峰值电流I_{GM}/A	门极峰值电压U_{CM}/V	维持电流I_H/mA	通态平均电压$U_{T(AV)}$/V
KS1	1		<1	115	≥20	—		3~100	≤2	0.3	10		
KS10	10		<10	115	≥20	—		5~100	≤3	2	10		
KS20	20	100~200	<10	115	≥20	—	≥0.2%$I_{T(RMS)}$	5~200	≤3	2	10	实测值	上限值各厂由浪涌电流和结温的合格形式实验确定并满足|$U_{T1}-U_{T2}$|≤0.5 V
KS50	50		<15	115	≥20	10		8~200	≤4	3	10		
KS100	100		<20	115	≥50	10		10~300	≤4	4	12		
KS200	200		<20	115	≥50	15		10~400	≤4	4	12		
KS400	400		<25	115	≥50	30		20~400	≤4	4	12		
KS500	500		<25	115	≥50	30		20~400	≤	4	12		

(三)双向晶闸管的触发方式

双向晶闸管正、反两个方向都能导通,门极加正、负电压都能触发。主电压与触发电压相互配合,可以得到四种触发方式:

1. Ⅰ＋触发方式

主极 T_1 为正,T_2 为负;门极 G 为正,T_2 为负。特性曲线在第Ⅰ象限。

2. Ⅰ－触发方式

主极 T_1 为正,T_2 为负;门极 G 为负,T_2 为正。特性曲线在第Ⅰ象限。

3. Ⅲ＋触发方式

主极 T_1 为负,T_2 为正;门极 G 为正,T_2 为负。特性曲线在第Ⅲ象限。

4. Ⅲ－触发方式

主极 T_1 为负,T_2 为正;门极 G 为负,T_2 为正。特性曲线在第Ⅲ象限。

由于双向晶闸管的内部结构原因,四种触发方式的灵敏度不相同。其中Ⅲ＋触发方式灵敏度最低,使用时要尽量避开。常采用的触发方式为Ⅰ＋和Ⅲ－。

(四)双向晶闸管的触发电路

1. 简易触发电路

如图 5-6 所示为双向晶闸管的简易触发电路。图 5-6(a)中,当开关 S 拨至 2 端,双向晶闸管 VT 只在Ⅰ＋触发,负载 R_L 上仅得到正半周电压;当 S 拨至 3 端时,VT 在正、负半周分别在Ⅰ＋、Ⅲ－触发,R_L 上得到正、负两个半周的电压,因而比 S 置 2 时电压大。图 5-6(c)和图 5-6(d)中均引入了具有对称性的触发二极管 VD,这种二极管两端电压达到击穿电压数值(通常为 30 V,不分极性)时被击穿导通,晶闸管便也触发导通。调节电位器 R_P 改变控制角 α,

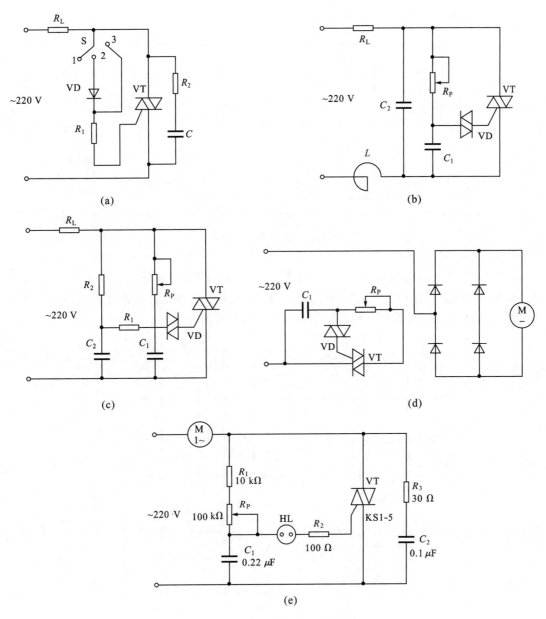

图 5-6 双向晶闸管的简易触发电路

实现调压。图 5-6(c)与图 5-6(b)的不同点在于图 5-6(c)中增设了 R_1、R_2、C_2。在图 5-6(b)中,当工作于大 α 值时,因 R_P 阻值较大,C_1 充电缓慢,到 α 角时电源电压已经过峰值并降得过小,则 C_1 上充电电压过小不足以击穿 VD。而图 5-6(c)在大 α 角时,C_2 上可获得滞后的电压 u_{c2},给 C_1 增加一个充电电路,保证在大 α 角时 VT 能可靠触发。

如图 5-6(e)所示为电风扇无级调速器电路,接通电源后,C_1 充电,当 C_1 两端电压的峰值达到指示灯 HL 的阻断电压时,HL 亮,VT 被触发导通,电风扇转动。改变电位器 R_P,即改变 C_1 的充电时间常数,VT 的导通角发生变化,也就改变电动机两端的电压,因此电风扇的转速改变。由于 R_P 是无级变化的,因此电风扇的转速也是无级变化的。

2. 单结晶体管触发

如图 5-7 所示为单结晶体管触发电路。调节 R_P 可改变负载 R_L 上电压的大小。

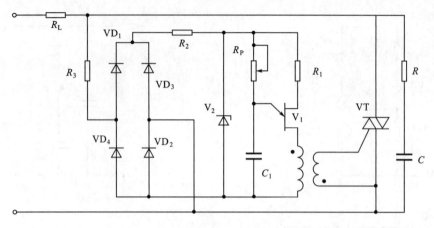

图 5-7　单结晶体管触发电路

3.集成触发器

如图 5-8 所示为集成触发器(KC06)触发电路。该电路主要适用于交流直接供电的双向晶闸管或反并联普通晶闸管的交流移相控制。R_{P1} 用于调节触发电路锯齿波斜率，R_4、C_3 用于调节脉冲宽度，R_{P2} 为移相控制电位器，用于调节输出电压的大小。

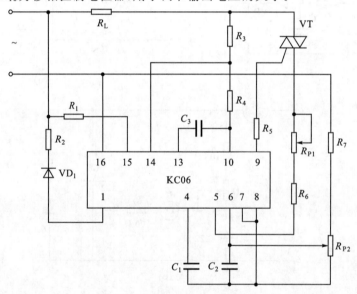

图 5-8　集成触发器(KC06)触发电路

二、单相交流调压电路

电风扇无级调速器实际上就是负载为电感性的单相交流调压电路。交流调压是将一种幅值的交流电能转化为同频率的另一种幅值的交流电能。

(一)电阻性负载

如图 5-9 所示为一双向晶闸管与电阻性负载 R_L 组成的单相交流调压电路，图中双向晶闸管也可改用两个反并联的普通晶闸管，但需要两组独立的触发电路分别控制两个晶闸管。

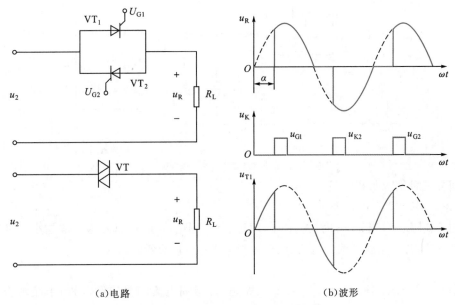

（a）电路　　　　　　　　　　（b）波形

图 5-9　单相交流调压电路带电阻性负载

在电源正半周 $\omega_t = \alpha$ 时，触发 VT 导通，有正向电流流过 R_L，其端电压 u_R 为正值，电流过零时 VT 自行关断；在电源负半周 $\omega_t = \pi + \alpha$ 时，再触发 VT 导通，有反向电流流过 R_L，其端电压 u_R 为负值，电流过零时 VT 再次自行关断。重复上述过程。电阻性负载上交流电压有效值为

$$U_R = \sqrt{\frac{1}{\pi} \int_\alpha^\pi \left[\sqrt{2} U_2 \sin(\omega t) \right]^2 \mathrm{d}(\omega t)} = U_2 \sqrt{\frac{1}{2\pi} \sin(2\alpha) + \frac{\pi - \alpha}{\pi}} \tag{5-2}$$

电流有效值为

$$I = \frac{U_R}{R} = \frac{U_2}{R} \sqrt{\frac{1}{2\pi} \sin(2\alpha) + \frac{\pi - \alpha}{\pi}} \tag{5-3}$$

电路功率因数为

$$\cos \varphi = \frac{P}{S} = \frac{U_R I}{U_2 I} = \frac{U_2}{R} \sqrt{\frac{1}{2\pi} \sin(2\alpha) + \frac{\pi - \alpha}{\pi}} \tag{5-4}$$

电路的移相范围为 $0 \sim \pi$。

通过改变 α 可得到不同的输出电压有效值，从而达到交流调压的目的。由双向晶闸管组成的电路，只要在正、负半周对称的相应时刻（$\alpha, \pi + \alpha$）给触发脉冲，则和反并联电路一样可得到同样的可调交流电压。

交流调压电路的触发电路完全可以套用整流移相触发电路，但是脉冲的输出必须通过脉冲变压器，其两个二次线圈之间要有足够的绝缘。

（二）电感性负载

如图 5-10 所示为单相交流调压电路带电感性负载。由于电感的作用，在电源电压由正向负过零时，负载中电流要滞后一定 φ 角才能到零，即管子要继续导通到电源电压的负半周才能关断。晶闸管的导通角 θ 不仅与控制角 α 有关，而且与负载的阻抗角 φ 有关。控制角越小，则导通角越大，负载的阻抗角 φ 越大，表明负载感抗大，自感电动势使电流过零的时间越长，因而导通角 θ 越大。

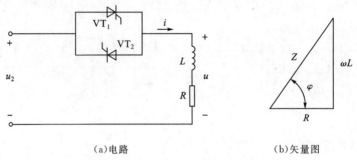

(a)电路　　　　　　　　　　(b)矢量图

图 5-10　单相交流调压电路带电感性负载

下面分三种情况加以讨论。

1. $\alpha > \varphi$

如图 5-11 所示,当 $\alpha > \varphi$ 时,$\theta < 180°$,即正、负半周电流断续,且 α 越大,θ 越小。可见,α 在 $\varphi \sim 180°$,交流电压连续可调。电流、电压波形如图 5-11(a)所示。

2. $\alpha = \varphi$

如图 5-11 所示,当 $\alpha = \varphi$ 时,$\theta = 180°$,即正、负半周电流临界连续,相当于晶闸管失去控制。电流、电压波形如图 5-11(b)所示。

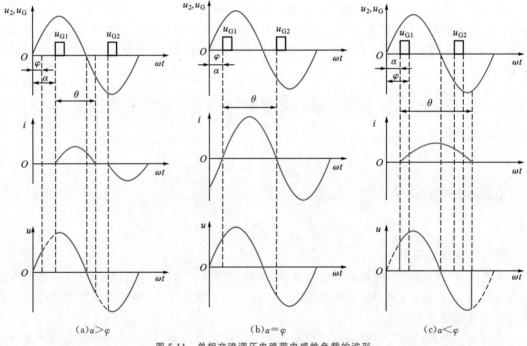

(a) $\alpha > \varphi$　　　　　　　　(b) $\alpha = \varphi$　　　　　　　　(c) $\alpha < \varphi$

图 5-11　单相交流调压电路带电感性负载的波形

3. $\alpha < \varphi$

这种情况时,若开始给 VT$_1$ 以触发脉冲,VT$_1$ 导通,而且 $\theta > 180°$。如果触发脉冲为窄脉冲,当 u_{G2} 出现时,VT$_1$ 的电流还未到零,VT$_1$ 关不断,VT$_2$ 不能导通。当 VT$_1$ 电流到零关断时,u_{G2} 脉冲已消失,此时 VT$_2$ 虽已受正压,但也无法导通。到第三个半波时,u_{G1} 又触发 VT$_1$ 导通。这样负载电流只有正半波部分,出现很大直流分量,电路不能正常工作。因而带电感性负载时,晶闸管不能用窄脉冲触发,可采用宽脉冲或脉冲列触发。

综上所述,单相交流调压有如下特点:

(1)带电阻性负载时,负载电流波形与单相桥式全控整流交流侧电流一致。改变控制角 α 可以连续改变负载电压有效值,达到交流调压的目的。

(2)带电感性负载时,不能用窄脉冲触发。否则当 $\alpha < \varphi$ 时,一个晶闸管会无法导通,产生很大直流分量电流,烧毁熔断器或晶闸管。

(3)带电感性负载时,最小控制角 $\alpha_{min} = \varphi$。所以 α 的移相范围为 $\varphi \sim 180°$,而带电阻性负载时移相范围为 $0° \sim 180°$。

任务扩展

一、交流开关及其应用电路

(一)晶闸管交流开关的基本形式

晶闸管交流开关是以其门极中毫安级的触发电流,来控制其阳极中几安至几百安大电流通断的装置。在电源电压为正半周时,晶闸管承受正向电压并触发导通;在电源电压过零或为负时,晶闸管承受反向电压;在电流过零时,晶闸管自然关断。由于晶闸管总是在电流过零时关断,因而在关断时不会因负载或线路中电感储能而造成暂态过电压。

如图 5-12 所示为晶闸管交流开关的基本形式。如图 5-12(a)所示为普通晶闸管反并联交流开关。当开关 S 闭合时,两个晶闸管均以管子本身的阳极电压作为触发电压进行触发,这种触发属于强触发,对要求大触发电流的晶闸管也能可靠触发。随着交流电源的正负交变,两管轮流导通,在负载上得到基本为正弦波的电压。如图 5-12(b)所示为双向晶闸管交流开关,双向晶闸管工作于Ⅰ＋、Ⅲ－触发方式,这种线路比较简单,但其工作频率低于反并联电路。如图 5-12(c)所示为带整流桥的晶闸管交流开关。该电路只用一个普通晶闸管,且晶闸管不受反压。其缺点是串联元件多,压降损耗较大。

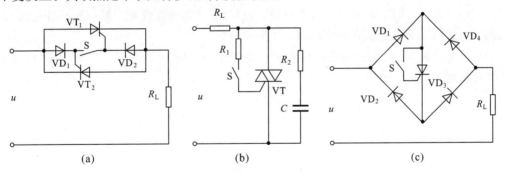

图 5-12　晶闸管交流开关的基本形式

如图 5-13 所示为三相自动控温电热炉电路,它采用双向晶闸管作为功率开关,与 KT 温控仪配合,实现三相电热炉的温度自动控制。控制开关 S 有自动、手动、停止三个挡位。当将 S 拨至"手动"位置时,中间继电器 KA 得电,主电路中三个强触发电路工作,$VT_1 - VT_3$ 导通,电路一直处于加热状态,须由人工控制按钮 SB 来调节温度。当将 S 拨至"自动"位置时,温控仪 KT 自动控制晶闸管的通断,使炉温自动保持在设定温度上。若炉温低于设定温度,KT 常开触点闭合,VT_4 被触发,KA 得电,使 $VT_1 - VT_3$ 导通,R_L 发热使炉温升高。炉温升至设定温度时,KT 触点断开,KA 失电,$VT_1 - VT_3$ 关断,停止加热。待炉温降至设定温度以下时,再次加热。如此反复,则炉温被控制在设定温度附近的小范围内。由于 KA 线圈导通电流不大,故 VT_4 采用小容量的双向晶闸管即可。各双向晶闸管的门极限流电阻(R_1^*、R_2^*)可由实验确定,其值以使双向晶闸管两端交流电压减到 2~5 V 为宜,通常为 30~3 kΩ。

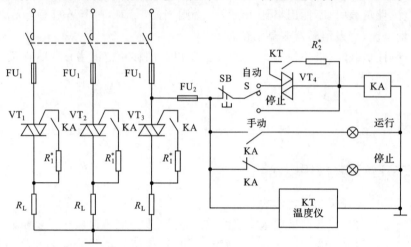

图 5-13　三相自动控温电热炉电路

(二)交流调功器

前述各种晶闸管可控整流电路都是采用移相触发控制。这种触发方式的主要缺点是其所产生的缺角正弦波中包含较大的高次谐波,对电力系统形成干扰。过零触发(零触发)方式则可克服这种缺点。晶闸管过零触发开关是在电源电压为零或接近零的瞬时给晶闸管以触发脉冲使之导通,利用管子电流小于维持电流使管子自行关断。这样,晶闸管的导通角是 2π 的整数倍,不再出现缺角正弦波,因而对外界的电磁干扰最小。

利用晶闸管的过零控制可以实现交流功率调节,这种装置称为交流调功器或周波控制器。其控制方式有全周波连续式和全周波断续式两种,其波形如图 5-14 所示。如果在设定周期内,将电路接通几个周波,然后断开几个周波,通过改变晶闸管在设定周期内通断时间的比例,达到调节负载两端交流电压有效值即负载功率的目的。

如在设定周期 T_C 内导通的周波数为 n,每个周波的周期为 T(50 Hz,$T=20$ ms),则交流调功器输出功率为

$$P=\frac{nT}{T_C}P_n \tag{5-5}$$

交流调功器输出电压有效值为

$$U=\sqrt{\frac{nT}{T_C}}U_n \tag{5-6}$$

式中,P_n、U_n 分别为在设定周期 T_C 内晶闸管全导通时交流调功器输出的功率与电压有效值。显然,改变导通的周波数 n 就可改变输出电压或功率。

交流调功器可以用双向晶闸管,也可以用两个晶闸管反并联连接。其触发电路可以采用集成过零触发器,也可采用分立元件组成的过零触发电路。如图 5-15 所示为全周波连续式过零触发电路。电路由锯齿波发生、信号综合、直流开关、过零脉冲输出与同步电压五个环节组成。

(1)锯齿波是由单结晶体管 V_6 和 R_1、R_2、R_3、R_{P1}、C_1 组成的张弛振荡器产生的,经射极跟

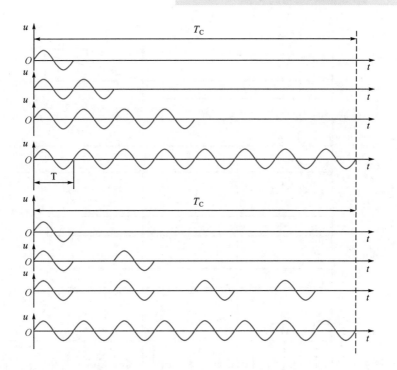

图 5-14　交流调功器过零触发输出电压波形

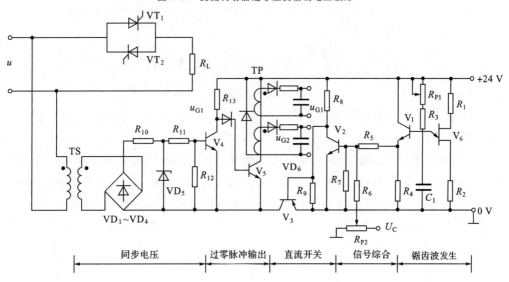

图 5-15　全周波连续式过零触发电路

随器(V_1、R_4)输出。其波形如图 5-16(a)所示。锯齿波的底宽对应着一定的时间间隔(T_C)。调节电位器 R_{P1} 即可改变锯齿波的斜率。由于单结晶体管的分压比一定,故 C_1 放电电压一定。斜率减小,意味着锯齿波底宽增大(T_C 增大);反之,底宽减小。

(2)控制电压(U_C)与锯齿波电压进行叠加后送至 V_2 基极,合成电压为 u_S。当 $u_S > 0$(0.7 V),则 V_2 导通;$u_S < 0$,则 V_2 截止,如图 5-16(b)所示。

(3)由 V_2、V_3 及 R_8、R_9、VD_6 组成一直流开关。当 V_2 基极电压 $U_{BE2} > 0$(0.7 V)时,V_2 导通,U_{BE3} 接近零电位,V_3 截止,直流开关阻断。

当 $U_{BE2} < 0$ 时,V_2 截止,由 R_8、R_9 和 VD_6 组成的分压电路使 V_3 导通,直流开关导通,输

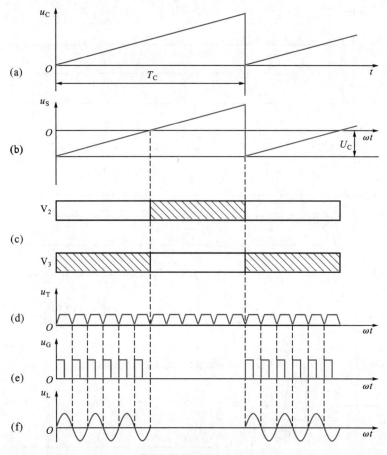

图 5-16　全周波连续式过零触发电路波形

出 24 V 直流电压,V_3 通断时刻如图 5-16(c)所示。VD_6 为 V_3 基极提供一阈值电压,使 V_2 导通时,V_3 更可靠地截止。

(4)由同步变压器 TS、整流桥 $VD_1 \sim VD_4$ 及 R_{10}、R_{11}、VD_5 组成一削波同步电源,其波形如图 5-16(d)所示。它与直流开关输出电压共同去控制 V_4 和 V_5,只有当直流开关导通期间,V_4 和 V_5 集电极和发射极之间才有工作电压,才能进行工作。在这期间,同步电压每次过零时,V_4 截止,其集电极输出一正电压,使 V_5 由截止转为导通,经脉冲变压器输出触发脉冲。此脉冲使晶闸管导通,如图 5-16(e)所示。于是在直流开关导通期间输出连续的正弦波,如图 5-16(f)所示。增大控制电压,便可加长开关导通的时间,也就增多了导通的周波数,从而提高了输出的平均功率。

过零触发虽然没有移相触发高频干扰的问题,但其通断频率比电源频率低,特别是当通断比较小时,会出现低频干扰,使照明出现人眼能觉察到的闪烁或测量电表指针的摇摆等。所以交流调功器通常用于热惯性较大的电热负载。

(三)固态开关

固态开关也称为固态继电器或固态接触器,它是以双向晶闸管为基础构成的无触点通断组件。

如图 5-17(a)所示为采用光电三极管耦合器的零压固态开关内部电路。其中,1、2 为输入端,相当于继电器或接触器的线圈;3、4 为输出端,相当于继电器或接触器的一对触点,与负

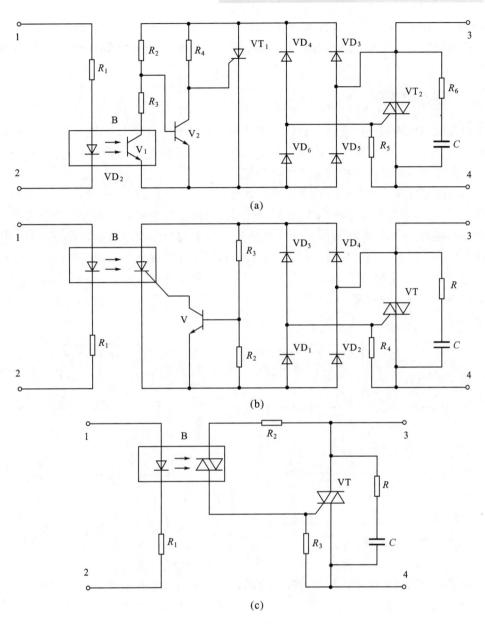

图 5-17　固态开关内部电路

载串联后接到交流电源上。输入端接上控制电压,使发光二极管 VD_2 发光,光敏管 V_1 阻值减小,使原来导通的晶体管 V_2 截止,原来阻断的晶闸管 VT_1 通过 R_4 被触发导通。输出端交流电源通过负载、$VD_1 \sim VD_6$、VT_1 以及 R_6 构成通路,在 R_5 上产生电压降作为双向晶闸管 VT_2 的触发信号,使 VT_2 导通,负载得电。由于 VT_2 的导通区域处于电源电压的零点附近,因而具有零压开关功能。

如图 5-17(b)所示为光电晶闸管耦合器零压开关内部电路。由输入端 1、2 输入信号,光电晶闸管耦合器 B 中的光控晶闸管导通。电流经 3—VD_4—B—VD_1—R_4—4 构成回路。借助 R_4 上的电压降向双向晶闸管 VT 的门极提供分流,使 VT 导通。由 R_3、R_2 与 V_1 组成零压开关功能电路,即当电源电压过零并升至一定幅值时,V_1 导通,光控晶闸管则被关断。

如图 5-17(c)所示为光电双向晶闸管耦合器非零压开关内部电路。由输入端 1、2 输入信号时,光电双向晶闸管耦合器 B 导通。电流经 3—R_2—B—R_3—4 形成回路,R_3 提供双向晶闸管 VT 的触发信号。这种电路相对于输入信号的任意相位,交流电源均可同步接通,因而称为非零压开关。

二、三相交流调压

单相交流调压适用于容量小的负载。当交流功率调节容量较大时,通常采用三相交流调压电路,如三相电热炉、电解与电镀等设备。三相交流调压的电路有多种形式,负载可连接成星形或三角形。下面对常用接线方式加以介绍。

（一）星形连接带中性线的三相交流调压电路

图 5-18 所示为星形连接带中性线的三相交流调压电路,它实际上相当于三个单相反并联交流调压电路的组合,因而其工作原理与波形分析与单相交流调压相同。图 5-18(b)中用双向晶闸管代替了图 5-18(a)中的普通反并联晶闸管,其工作过程分析与图 5-18(a)一样,不过由于所用元件少,触发电路简单,因而装置的成本减少且体积减小。另外,由于其有中性线,故不需要宽脉冲或双窄脉冲触发。

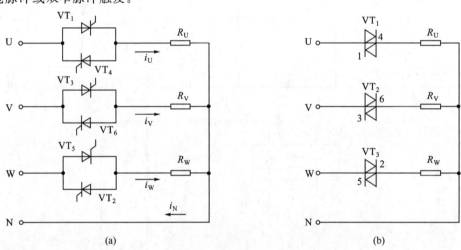

图 5-18　星形连接带中性线的三相交流调压电路

这里需要说明中性线中的高次谐波电流问题。如果各相正弦波均为完整波形,与一般的三相交流电路一样,由于各相电流相位互差 120°,中性线上电流为零。但在交流调压电路中,各相电流的波形为缺角正弦波,这种波形包含有高次谐波,主要是三次谐波电流,而且各相的三次谐波电流之间并没有相位差,因此,它们在中性线中叠加之后,在中性线中产生的电流是每相中三次谐波电流的 3 倍。特别是当 $\alpha = 90°$ 时,三次谐波电流最大,中线电流近似为额定相电流。当三相不平衡时,中线电流更大。因此,这种电路要求中线的截面较大。

需要注意的是,不论单相还是三相调压电路,都是从相电压由负变正的零点处开始计算 α 的,这一点与三相整流电路不同。

（二）三相三线交流调压电路

这种电路是三对晶闸管反并联接于三相线中,负载连接成星形或三角形,如图 5-19 所示。下面以星形连接的电阻性负载为例进行分析。由于没有零线,每相电流必须和另一相电流构成回路,因此与三相全控桥整流电路一样,应采用宽脉冲或双窄脉冲触发。触发相位自 VT_1 至 VT_6 依次滞后 60°。

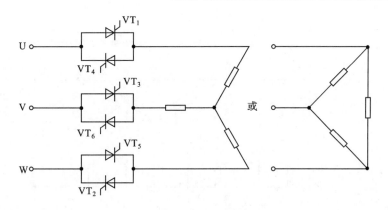

图 5-19　三相三线交流调压电路

下面以 U 相为例,具体分析触发脉冲的相位与调压电路输出电压之间的关系。分析的基本思路是,相应于触发脉冲分配,确定各管的导通区间,再由导通区间判断负载所获得的电压,最后归纳出相应的导通特点。

1. $\alpha = 0°$

$\alpha = 0°$ 即 U 相电源电压过零变正时触发正向晶闸管 VT_1 使之导通,至相电压过零变负时受反压自然关断,而反向晶闸管 VT_4 则在 U 相电压过零变负时导通,变正时自然关断。因为 VT_1 在整个正半周导通,VT_4 在整个负半周导通,所以负载上获得的调压电压仍为完整的正弦波。V、W 两相情况与此相同。此时调压电路相当于一般的三相交流电路。

导通特点:每管持续导通 $180°$;除换相点外,任何时刻都有三个管子同时导通。

2. $\alpha = 30°$

如图 5-20 所示。VT_1 在 U 相电源电压 u_U 过零变正 $30°$ 后被 U_{G1} 触发导通,过零变负时关断,VT_4 在 u_U 过零变负 $30°$ 后被 U_{G4} 触发导通,过零变正时关断。负载电阻在正半周所获得的调压电压 u_{RU} 情况如下:

$\omega t = 0° \sim 30°$,VT_5、VT_6 导通,$u_{RU} = 0$;

$\omega t = 30° \sim 60°$,VT_1、VT_5、VT_6 导通,$u_{RU} = u_U$;

$\omega t = 60° \sim 90°$,VT_1、VT_6 导通,$u_{RU} = u_{UV}/2$;

$\omega t = 90° \sim 120°$,VT_1、VT_2、VT_6 导通,$u_{RU} = u_U$;

$\omega t = 120° \sim 150°$,$VT_1$、$VT_2$ 导通,$u_{RU} = u_{UW}/2$;

$\omega t = 150° \sim 180°$,$VT_1$、$VT_2$、$VT_3$ 导通,$u_{RU} = u_U$。

负半周各时段输出电压与正半周反向对称。

导通特点:每管持续导通 $150°$;有的区间两个管子同时导通构成两相流通回路,有的区间三个管子同时导通构成三相流通回路。

3. $\alpha = 60°$

如图 5-21 所示。具体分析过程与 $\alpha = 30°$ 时相似,请读者自行分析。

导通特点:每管持续导通 $120°$;每个区间均有两个管子导通构成两相流通回路。

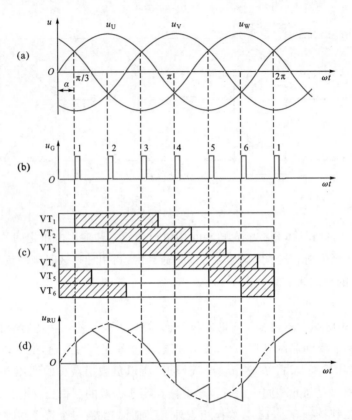

图 5-20　三相三线交流调压电路 $\alpha = 30°$ 时的波形

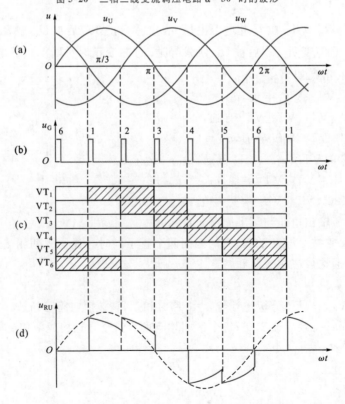

图 5-21　三相三线交流调压电路 $\alpha = 60°$ 时的波形

4. $\alpha = 90°$

如图 5-22 所示。注意,如果认为正半周或负半周结束就意味着相应晶闸管的关断并得到图 5-22(c)所示导通区间图,那是错误的。因为这里出现了有的区间只有一个管子导通的情况,这是不可能的,因为一个管子不能构成回路。图 5-22(d)才是正确的导通区间图。下面进行分析。

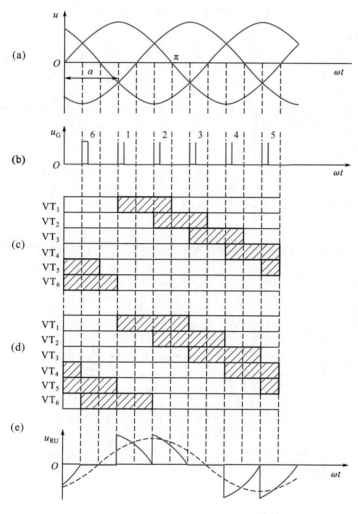

图 5-22　三相三线交流调压电路 $\alpha = 90°$ 时的波形

设触发脉冲宽度大于 60°。在触发 VT_1 时,VT_6 还有触发脉冲,由于此时(ωt_1 时刻)$u_U > u_V$,因此 VT_6 还可与 VT_1 一起导通,构成 U、V 两相回路,电流途径:$VT_1 \rightarrow$ U 相负载 $\rightarrow$ V 相负载 $\rightarrow VT_6$。只要 $u_U > u_V$,VT_1、VT_6 就能导通下去,直到开始 $u_U < u_V$ 时(ωt_2 时刻),VT_1、VT_6 才同时关断。同样,在 U_{G2} 到来时,U_{G1} 还存在,又因 $u_U > u_W$,所以使得 VT_2 与 VT_1 一起触发导通,构成 U、W 两相回路……如此可知,每个管子导通后,与前一个触发的管子一起构成回路,导通 60° 后关断,然后又与新触发的下一个管子一起构成回路,再导通 60° 后关断。

导通特点:每管导通 120°;每个区间有两个管子导通。

5. $\alpha = 120°$

如图 5-23 所示。触发 VT_1 时，VT_6 还有触发脉冲，而此时（ωt_1 时刻）$u_U > u_V$，故 VT_1 与 VT_6 一起导通，构成 U、V 回路，到 ωt_2 时刻开始 $u_U < u_V$ 时，两管同时关断。触发 VT_2 时，由于 VT_1 的触发脉冲还存在，于是 VT_2 与 VT_1 一起导通，又构成 U、W 两相回路，到 $u_U < u_W$ 时，两管又同时关断……如此可知，每个管子与前一个触发的管子一起导通 30° 后关断，关断 30° 后，下一个管子触发时再与之一起构成回路再导通 30°。

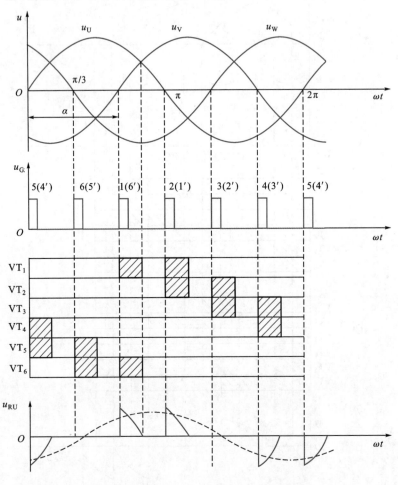

图 5-23　三相三线交流调压电路 $\alpha = 120°$ 时的波形

负载在正半周获得的电压 u_{RU} 如下：

$\omega t = 0° \sim 30°$，VT_4、VT_5 导通，$u_{RU} = u_{UW}/2$；

$\omega t = 30° \sim 60°$，$VT_1 \sim VT_6$ 均不通，$u_{RU} = 0$；

$\omega t = 60° \sim 90°$，VT_5、VT_6 导通，$u_{RU} = 0$；

$\omega t = 90° \sim 120°$，$VT_1 \sim VT_6$ 均不通，$u_{RU} = 0$；

$\omega t = 120° \sim 150°$，$VT_1$、$VT_6$ 导通，$u_{RU} = u_{UV}/2$；

$\omega t = 150° \sim 180°$，$VT_1 \sim VT_6$ 均不通，$u_{RU} = 0$。

导通特点：每管触发后导通 30°，关断 30°，再触发导通 30°；各区间有的是两个管子导通，有的是没有管子导通。

6. $\alpha = 150°$

当发出 U_{G1} 触发 VT_1 时，尽管 VT_6 的触发脉冲仍然存在，但相电压间已越过了 $u_U > u_V$ 区间，故 VT_1、VT_6 即使有触发脉冲也没有正向电压，不能导通，别的管子又没有触发脉冲，更不能导通。因此，在 $\alpha \geqslant 150°$ 以后，从电源到负载构不成通路，没有交流电压输出。

由上述分析可知，$\alpha = 0°$ 时，电路输出全电压；α 增大，输出电压减小；$\alpha = 150°$ 时，输出电压为零。可见其移相范围为 $0° \sim 150°$。另外，随着 α 的增大，电流不连续程度增大，负载上的电压已不是正弦波，但正、负半周仍然对称。由于没有中性线，故不存在三次谐波通路，减轻了对电源的影响。三相交流调压在感性负载时的工作情况比较复杂，这里不予讨论。

三相交流调压电路接线方式及性能特点见表 5-2。

表 5-2　　　　　　　　　　　三相交流调压电路接线方式及性能特点

电路名称	电路图	晶闸管工作电压（峰值）	晶闸管工作电流（峰值）	移相范围	线路性能特点
星形带中性线的三相交流调压电路		$\sqrt{\dfrac{2}{3}}U_1$	$0.45I_1$	$0° \sim 180°$	1. 是三个单相电路的组合 2. 输出电压、电流波形对称 3. 因有中性线可流过谐波电流，特别是三次谐波电流 4. 适用于中小容量可接中性线的各种负载
晶闸管与负载连接成内三角形的三相交流调压电路		$\sqrt{2}U_1$	$0.26I_1$	$0° \sim 150°$	1. 是三个单相电路的组合 2. 输出电压、电流波形对称 3. 与星形连接比较，在同容量时，此电路可选电流小、耐压大的晶闸管 4. 此种接法实际应用较少

续表

电路名称	电路图	晶闸管工作电压（峰值）	晶闸管工作电流（峰值）	移相范围	线路性能特点
三相三线交流调压电路	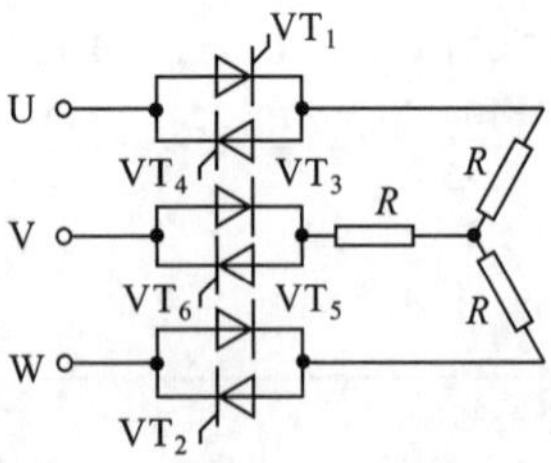	$\sqrt{2}U_1$	$0.45I_1$	0°～150°	1. 负载对称，且三相皆有电流时，如同三个单相组合 2. 应采用双窄脉冲或大于60°的宽脉冲触发 3. 不存在三次谐波电流 4. 适用于各种负载
控制负载中性点的三相交流调压电路	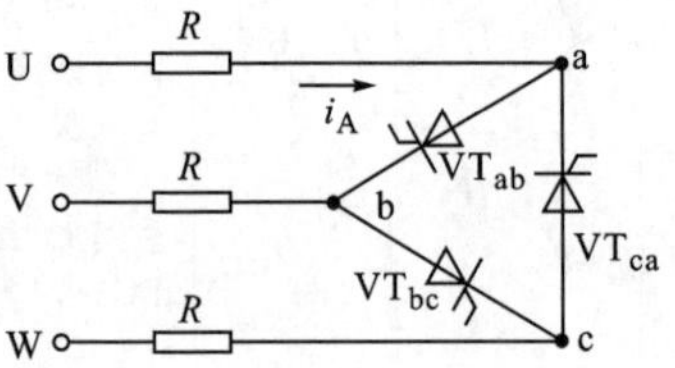	$\sqrt{2}U_1$	$0.68I_1$	0°～210°	1. 线路简单，成本低 2. 适用于三相负载星形连接，且中性点能拆开的场合 3. 因线间只有一个晶闸管，属于不对称控制

任务实施

一、双向晶闸管电极的判定和简单测试

（一）实施准备

了解双向晶闸管的结构，掌握测试双向晶闸管好坏的正确方法。

（二）实施所用设备及仪器

（1）双向晶闸管。

（2）双踪示波器。

（3）万用表。

（三）实施过程及方法

1．双向晶闸管电极的判定

一般可先从元器件外形识别引脚排列。多数的小型塑封双向晶闸管，面对印字面，引脚朝

下,则按从左向右的顺序依次为 T_1、T_2、G 极。但是也有例外,所以有疑问时应通过检测做出判别。

用万用表的 $R×100$ 挡或 $R×1$ k 挡测量双向晶闸管的两个主电极之间的电阻,无论表笔的极性如何,读数均应近似无穷大(∞)。而 G、T_1 极之间的正、反向电阻只有几十欧至一百欧。根据这一特性,很容易通过测量电极之间的电阻大小的方法,识别出双向晶闸管的 T_2 极。同时黑表笔接 T_1 极,红表笔接 G 极,所测得的正向电阻总是要比反向电阻小一些,据此也很容易通过测量电阻大小来识别 T_1 极和 G 极。

2.判定双向晶闸管的好坏

(1)将万用表置于 $R×100$ 挡或 $R×1$ k 挡,测量双向晶闸管的 T_1、T_2 极之间的正、反向电阻,读数应近似无穷大(∞)。测量 T_1、G 极之间的正、反向电阻,读数也应近似无穷大(∞)。如果测得的电阻都很小,则说明被测双向晶闸管的极间已击穿或漏电短路,性能不良,不宜使用。

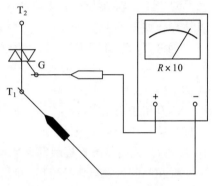

图 5-24 测量 G、T_1 极间正向电阻

(2)将万用表置于 $R×1$ 挡或 $R×10$ 挡,测量双向晶闸管的 T_1、G 极之间的正、反向电阻,若读数为几十欧而不到一百欧,则为正常,且测量 G、T_1 极间正向电阻(图 5-24)时的读数要比反向电阻稍微小一些。如果测得 G、T_1 极间的正、反向电阻均为无穷大(∞),则说明被测晶闸管已开路损坏。

3.双向晶闸管触发特性测试

(1)简易测试方法一

该测试方法无须外加电源,适宜对小功率双向晶闸管触发特性的测试,如图 5-25 所示。具体操作如下:

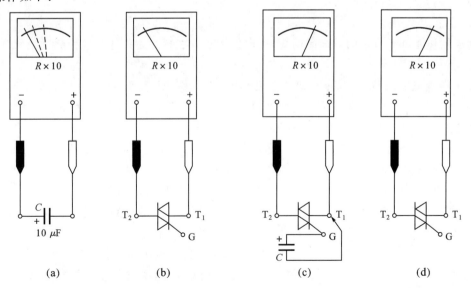

(a) (b) (c) (d)

图 5-25 双向晶闸管触发特性简易测试

①将万用表置于 $R×10$ 挡,取一个容量约为 10 μF 的电解电容,接上万用表内置电池(1.5 V)充电数秒钟(注意黑表笔接电容的正极,红表笔接电容的负极),如图 5-25(a)所示。

这个电容将作为双向晶闸管的触发电源。

②把待测的双向晶闸管 T_1 极与万用表的红表笔相接，T_2 极与黑表笔相接，如图 5-25(b) 所示。

③将已充电的电容负极接双向晶闸管的 T_1 极，电容正极接触一下 G 极之后就立即断开，如果万用表指针有较大幅度偏转并能停留在固定位置上，如图 5-25(c)、图 5-25(d)所示，说明被测双向晶闸管中的一个单向晶闸管工作正常。

用同样的方法，但要改变测试极性（T_1 极接黑表笔，T_2 极接红表笔，电容正极接 T_1 极而用其负极触碰 G 极），则同样可判断双向晶闸管中另一个单向晶闸管工作正常与否。

(2)简易测试方法二

对于工作电流为 8 A 以下的小功率双向晶闸管，也可以用更简单的方法测量其触发特性。具体操作如下：

①将万用表置于 $R\times1$ 挡，红表笔接 T_1 极，黑表笔接 T_2 极。然后用金属镊子将 T_2 极与 G 极短路一下，给 G 极输入正极性触发脉冲，如果此时万用表的指示值由 ∞（无穷大）变为 10 Ω 左右，说明晶闸管被触发导通，导通方向为 T_2 至 T_1 极。

②万用表仍用 $R\times1$ 挡。将黑表笔接 T_1 极，红表笔接 T_2 极。然后用金属镊子将 T_2 极与 G 极短路一下，给 G 极输入负极性触发脉冲，如果此时万用表的指示值由 ∞（无穷大）变为 10 Ω 左右，说明晶闸管被触发导通，导通方向为 T_1 至 T_2 极。

③在晶闸管被触发导通后，即使 G 极不再输入触发脉冲（如 G 极悬空），应仍能维持导通，这时导通方向为 T_1 极至 T_2 极。

④因为在正常情况下，万用表低阻挡的输出电流大于小功率晶闸管维持电流，所以晶闸管被触发导通后如果不能维持低阻导通状态，不是由于万用表输出电流太小，而是说明被测的双向晶闸管性能不良或已经损坏。

⑤如果给双向晶闸管的 G 极一直加上适当的触发电压后仍不能导通，说明该双向晶闸管已损坏，无触发导通特性。

(3)交流测试法

对于耐压 400 V 以上的双向晶闸管，可以在 220 V 工频交流条件下进行测试，测试电路如图 5-26 所示。

在正常情况下，S 闭合时，VT 即被触发导通，白炽灯 EL 正常发光；S 断开时，VT 关断，EL 熄灭。具体一点说，在 220 V 交流电的正半周时，T_2 极为正，T_1 极为负，S 闭合时，G 极通过 R 受到相对 T_1 的正触发，则 VT 沿 T_2-T_1 方向导通。在 220 V 交流电的负半周时，T_1 极为正，T_2 极为负，S 闭合时，G 极通过 R 受到相对 T_1 的负触发，则 VT 沿 T_1-T_2 方向导通。VT 如此交换方向导通，使 EL 有交流电流通过而发光。

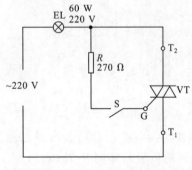

图 5-26　双向晶闸管交流测试电路

交流测试法具体操作说明如下：

①按图 5-26 所示在不通电的情况下正确连接线路（开关耐压≥250 V，绝缘良好）。

②接入 220 V 交流电源，这时 VT 处于关断状态，EL 不亮。如果 EL 轻微发光，说明 T_1、T_2 极之间漏电流大，器件性能不好。如果 EL 正常发光，说明 T_1、T_2 极之间已经击穿短路，该器件已彻底损坏。

③接入 220 V 交流电源后，如果 EL 不亮，则可继续做

如下实验:将 S 闭合,这时 VT 应立即导通,EL 正常发光。如果 S 闭合后 EL 不发光,说明被测双向晶闸管内部受损而断路,无触发导通能力。

(四)检查评估

(1)判别双向晶闸管的电极并鉴别其好坏:将万用表置于 $R \times 100$ 挡或 $R \times 1$ k 挡,测量双向晶闸管的 T_1、T_2 极之间的正、反向电阻,再将万用表置于 $R \times 1$ 挡或 $R \times 10$ 挡,测量双向晶闸管的 T_1、G 极之间的正、反向电阻,并将所测数据填入表 5-3。

表 5-3　　　　　　　　　　　　　　　　测试数据记录

被测晶闸管	R_{T1T2}	R_{T2T1}	R_{T1G}	R_{GT1}	结　论
VT					

(2)双向晶闸管触发特性测试:选择一种方法测试双向晶闸管的触发特性,并判断其触发能力。

(3)根据实验记录判断被测双向晶闸管的好坏,写出简易判断的方法。

(4)写出本次任务实施的心得与体会。

二、单相交流调压电路的实施

(一)实施准备

了解单相交流调压电路的工作原理,以及单相交流调压电路带电阻、电感性负载时对移相范围的要求。

(二)实施所用设备及仪器

(1)MCL 系列教学实验台主控制屏。

(2)MCL-18 组件(适合 MCL-Ⅱ)或 MCL-31 组件(适合 MCL-Ⅲ)。

(3)MCL-33(A)组件或 MCL-53 组件(适合 MCL-Ⅱ、Ⅲ、Ⅴ)。

(4)MCL-05(A)组件或 MCL-54 组件。

(5)MEL-03 组件或自配滑线变阻器(450 Ω,1 A)。

(6)双踪示波器。

(7)万用表。

(三)实施过程及方法

本任务实施采用了锯齿波移相触发器。该触发器适用于双向晶闸管或两个反并联晶闸管电路的交流相位控制,具有控制方式简单的优点。

晶闸管交流调压实施线路由两个反向晶闸管组成,如图 5-27 所示。

1.单相交流调压电路带电阻性负载

将 MCL-33 上的两个晶闸管 VT_1、VT_4 反并联成交流调压器,将触发的输出脉冲端 G_1、K_1 和 G_3、K_3 分别接至 VT_1 和 VT_4 的门极和阴极。

将 S 拨向左边,接上电阻性负载(可采用两个 900 Ω 电阻并联),并调节负载电阻至最大。

MCL-18 的给定电位器 R_{P1} 逆时针调到底,使 $U_{ct} = 0$。调节锯齿波同步移相触发电路偏移电压电位器 R_{P2},使 $\alpha = 150°$。

三相调压器逆时针调到底,合上主电源,调节主控制屏输出电压,使 $U_{UV} = 220$ V。用双踪示波器观察负载电压 $u = f(t)$ 及晶闸管两端电压 $u_{VT} = f(t)$ 的波形,调节 U_{ct},观察不同 α 角时各波形的变化,并记录 $\alpha = 60°$、$90°$、$120°$ 时的波形。

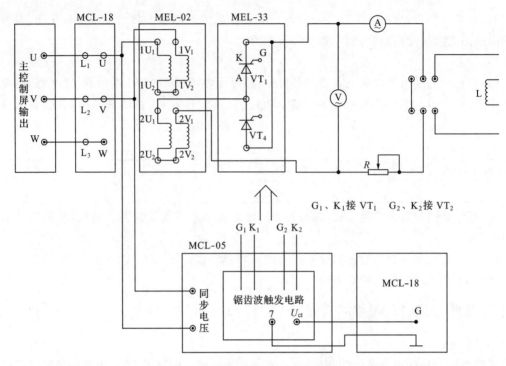

图 5-27 单相交流调压电路的实施线路

2. 单相交流调压电路带电阻、电感性负载

(1)需调节负载阻抗角的大小,因此须知道电抗器的内阻值和电感值。可采用直流伏安法来测量内阻值,$R_L = U_L / I$。

电抗器的电感值可用交流伏安法测量,由于电流大时对电抗器的电感值影响较大,采用自耦调压多测几次取平均值,从而可得交流阻抗为

$$Z_L = U_L / I$$

电抗器的电感值为

$$L_L = \frac{\sqrt{Z_L^2 - R_L^2}}{2\pi f}$$

这样即可求得负载阻抗角为

$$\varphi = \tan^{-1} \frac{\omega L_1}{R_d + R_L}$$

在实施过程中,欲改变阻抗角,只需改变电抗器的值即可。

(2)断开电源,接入电感($L = 700$ mH),调节 U_{ct},使 $\alpha = 45°$。三相调压器逆时针调到底,合上主电源,调节主控制屏输出电压,使 $U_{UV} = 220$ V。用双踪示波器同时观察负载电压 u 和负载电流 i 的波形。也可使阻抗角 φ 为一定值,调节 α 来观察波形。

注意:调节 R 时,需观察负载电流,不可大于 0.8 A。

3. 注意事项

在带电阻、电感性负载时,当 $\alpha < \varphi$ 时,若脉冲宽度不够,会使负载电流出现直流分量,损坏元件。为此电路可通过变压器降压供电,这样即可看到电流波形不对称图像,又不会损坏设备。

(四)检查评估

(1)整理任务实施中记录下的各类波形。

（2）分析带电阻、电感性负载时,α 角与 φ 角相应关系的变化对调压器工作的影响。

（3）分析任务实施中出现的问题。

三、三相交流调压电路的实施

（一）实施准备

了解三相交流调压电路的工作原理,三相交流调压电路带电阻、电感性负载时的工作情况。

（二）实施所用设备及仪器

（1）MCL 系列教学实验台主控制屏。

（2）MCL-18 组件(适合 MCL-Ⅱ)或 MCL-31 组件(适合 MCL-Ⅲ)。

（3）MCL-33 组件或 MCL-53 组件(适合 MCL-Ⅱ、Ⅲ、Ⅴ)。

（4）MCL-03 可调电阻器或滑线变阻器(1.8 kΩ,0.65 A)。

（5）双踪示波器。

（6）万用表。

（7）电抗器。

（三）实施过程及方法

本任务三相交流调压器为三相三线制,由于没有中线,每相电流必须从另一相构成回路。交流调压应采用宽脉冲或双窄脉冲进行触发。这里使用的是双窄脉冲触发。实施线路如图5-28 所示。

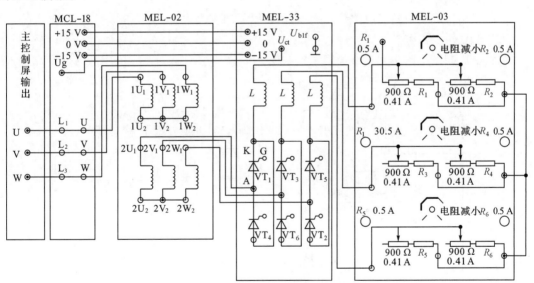

图 5-28　三相交流调压电路的实施线路

1.接线并检查脉冲

（1）打开 MCL-18 电源开关,给定电压有电压显示。

（2）用双踪示波器观察双窄脉冲观察孔。

（3）检查相序,用双踪示波器观察 1、2 孔。若 1 孔脉冲超前 2 孔脉冲 60°,则相序正确;否则,应调整输入电源。

（4）用双踪示波器观察每个晶闸管的门极、阴极,应有幅度为 1～2 V 的脉冲。

2.三相交流调压电路带电阻性负载

按图 5-28 构成调压电路,使用 I 组晶闸管 VT₁～VT₆,其触发脉冲已通过内部连线接好,只要将 I 组触发脉冲的六个开关拨至"接通"即可,接上三相电阻性负载(每相可采用两个 900 Ω 电阻并联),并调节电阻性负载至最大。

三相调压器逆时针调到底,合上主电源,调节主控制屏输出电压为 220 V。用双踪示波器观察并记录 $\alpha=30°$、$90°$、$120°$、$150°$ 时输出电压波形,并记录相应输出电压有效值。

3.三相交流调压电路带电阻、电感性负载

断开电源,改接电阻、电感性负载。接通电源,调节三相负载的阻抗角 $\varphi=60°$,用双踪示波器观察 $\alpha=30°$、$90°$、$120°$ 时的波形,并记录输出电压、电流的波形及输出电压有效值。

(四)检查评估

(1)整理记录下的波形,作出不同负载时的 $U=f(\alpha)$ 的曲线。

(2)分析实施中出现的问题。

仿真实验

单相交流调压电路仿真实验

(一)实验准备

了解单相交流调压电路的结构、工作原理及基本物理量的计算等内容。

(二)提取模块

提取三相桥式全控整流电路仿真模型搭建所需的模块。

(三)建立仿真模型

单相交流调压电路仿真模型如图 5-29 所示。

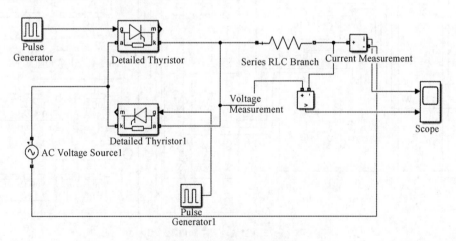

图 5-29　单相交流调压电路仿真模型

(四)设置参数

1.主电路

主电路主要由交流电源、两个晶闸管反并联和电阻性负载等组成。交流电源"AC Voltage Source"的参数设置:峰值电压为 220 V;相位为 0°;频率为 50 Hz;负载为电阻性 10 Ω。

2.控制电路

控制电路主要由两个脉冲发生器组成,分别通向两个反并联晶闸管。参数设置:峰值为1;周期为0.02 s;脉冲宽度为10;相位延迟时间为0.001 67,这是因为本次仿真时把触发角设为30°,另一个触发脉冲器的参数中,触发角和前一个脉冲发生器相差180°,即0.011 67;其他参数设置和前者相同。

3.测量模块

从仿真模型可以看出,本次仿真主要测量负载两端电压和负载电流。

(五)模型仿真

1.带电阻性负载的仿真

仿真算法设为"ode23tb";仿真时间设为0.1 s。单相交流调压电路带电阻性负载的仿真结果如图 5-30 所示。

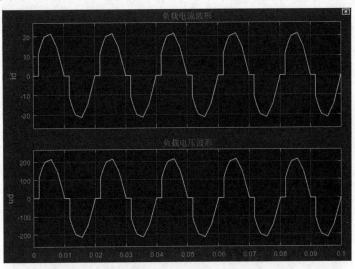

图 5-30　单相交流调压电路带电阻性负载的仿真结果

从仿真结果可以看出,控制角 α 可将电源电压"削去"$0\sim\alpha$,$\pi\sim(\pi+a)$部分,从而在负载上得到不同大小的交流电压。还可以看到,输出电压虽然是交流,但不是正弦波,波形与横轴对称,这与用调压变压器进行交流调压输出是正弦波不同的。因此,只适用对波形没有要求的场合,如温度和灯光调节。如果用作其他调压器,则要注意负载允许多大的波形畸变。

大家自行测试其他触发角的仿真波形并记录。测试单相交流调压电路带电阻性负载的移相范围。

2.带电感性负载的仿真

单相交流调压电路带电感性负载时,由于触发角 α 和负载阻抗角 φ 的关系不同,晶闸管每半周导通时会产生不同的过渡过程,因而出现一些要特别注意的问题。

设置 $R=10\ \Omega$,$L=0.01\ H$,$\alpha=30°$,仿真结果如图 5-31 所示。

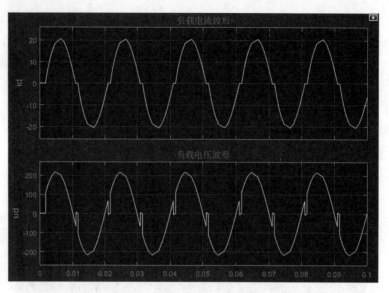

图 5-31　单相交流调压电路带电感性负载的仿真结果(1)

由于负载阻抗角为

$$\varphi=\arctan\frac{\omega L}{R} \tag{$*$}$$

　　将 $R=10\ \Omega$, $L=0.01\ H$ 代入式($*$),可以得到 $\varphi=17.43°$,而 $\alpha=30°$,则 $\alpha>\varphi$。晶闸管每导通一次,就出现一次过渡过程,依次循环。由于这种情况下相邻两次过渡过程完全一样,电源负半波触发脉冲到来前,正半波电流已经为零,晶闸管便自动关断。这种情况输出电压可通过改变 α 连续调节,但电流波形既非正弦又不连续。

　　设置 $R=10\ \Omega$, $L=0.018\ 4\ H$, $\alpha=30°$,仿真结果如图 5-32 所示。

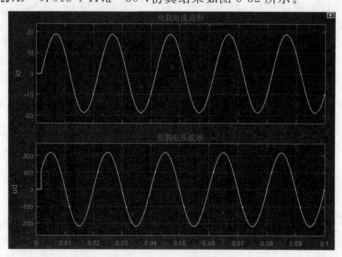

图 5-32　单相交流调压电路带电感性负载的仿真结果(2)

　　将 $R=100\ \Omega$, $L=0.018\ 4\ H$ 代入式($*$),可以得到 $\varphi=30°$,而 $\alpha=30°$,则 $\alpha=\varphi$。这时晶闸管导通角 $\theta=180°$,负载电流波形变成了连续的正弦波。这种情况输出电压为最大值,即输入电压(忽略晶闸管压降),相当于晶闸管已被短接,交流电源直接加于负载。

　　设置 $R=2\ \Omega$, $L=0.01\ H$, $\alpha=30°$,脉冲宽度为 1。为了顺利仿真,把最大步长"Max step size"设为"1e-4"。仿真结果如图 5-33 所示。

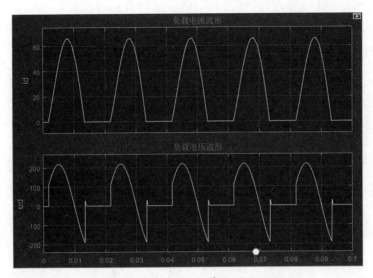

图 5-33　单相交流调压电路带电感性负载的仿真结果(3)

参数保持不变,将脉冲宽度设为 10,仿真结果如图 5-34 所示。

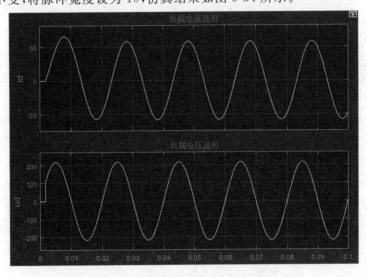

图 5-34　单相交流调压电路带电感性负载的仿真结果(4)

将 $R=2\ \Omega,L=0.01\ H$ 代入式(＊),可以得到 $\varphi=57°$,而 $\alpha=30°$,则 $\alpha<\varphi$。

从仿真结果可以看出,如果用窄触发脉冲,其宽度 $\tau<\theta-180°$,则当 VT_1 的电流下降到零时,VT_2 的门极脉冲已经消失而无法导通,到第二个周期时,VT_1 又重复第一周期的工作,这样电路如同感性负载的半波整流,只有一个晶闸管工作,回路中产生直流分量。这对变压器、电动机绕组一类负载就会造成铁芯饱和,或因线圈直流电阻很小而产生很大的直流电流,烧断熔断器甚至损坏晶闸管。如果采用宽触发脉冲,其宽度 $\tau>\theta-180°$,则 VT_1 的电流降为零后,VT_2 的触发脉冲仍然存在,VT_2 可在 VT_1 之后接着导电,相当于 $\alpha>\varphi$ 的情况,VT_2 的导电角 $\theta<180°$。从第二周期开始,VT_1 的导电角逐渐减小,VT_2 的导电角将逐渐增大,直到两个晶闸管 $\theta=180°$ 时达到平衡,过渡过程结束(通常经过几个时间常数 L/R 的时间),这时的电路工作状态与 $\alpha=\varphi$ 时相同。

由以上分析可见,当 $\alpha\leqslant\varphi$ 时,晶闸管已不再起调压作用;当 $\alpha=\varphi$ 时,输出电压为最大值。单相交流调压电路带电感性负载的移相范围为 $\varphi-180°$。

巩固训练

5-1 双向晶闸管额定电流的定义和普通晶闸管额定电流的定义有何不同？额定电流为 100 A 的两个普通晶闸管反并联可以用额定电流为多少的双向晶闸管代替？

5-2 双向晶闸管有哪几种触发方式？一般选用哪几种？

5-3 指出如图 5-35 所示电路中双向晶闸管的触发方式。

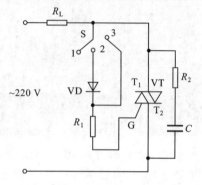

图 5-35 巩固训练 5-3 图

5-4 在交流调压电路中，采用相位控制和通断控制各有何优缺点？为什么通断控制适用于大惯性负载？

5-5 单相交流调压电路中，负载阻抗角为 30°，则控制角 α 的有效移相范围有多大？

5-6 单相交流调压电路中，对于电阻、电感性负载，为什么晶闸管的触发脉冲要用宽脉冲或脉冲列？

5-7 如图 5-36 所示，一台 220 V/10 kW 的电炉采用单相交流调压电路，现使其工作在功率为 5 kW 的电路中，求电路的控制角 α、工作电流以及电源侧功率因数。

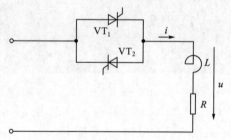

图 5-36 巩固训练 5-7 图

5-8 单相交流调压电路，$U_2 = 220$ V，$L = 5.516$ mH，$R = 1$ Ω，求：

(1)控制角 α 的移相范围。

(2)负载电流最大有效值。

(3)最大输出功率和功率因数。

5-9 采用双向晶闸管组成的单相调功电路采用过零触发，$U_2 = 220$ V，负载电阻 $R = 1$ Ω，在控制的设定周期 T_C 内，使晶闸管导通 0.3 s，断开 0.2 s。求：

(1)输出电压的有效值。

(2)负载上所得的平均功率与假定晶闸管一直导通时输出的功率。

(3)选择双向晶闸管的型号。

任务六 变频器的分析与检测

哲思课堂6

学习目标

(1)了解变频器的发展和应用。

(2)掌握变频器的基本工作原理。

(3)初步熟悉变频器的参数设置。

(4)掌握 IGBT 器件的基本原理及常用的驱动保护电路的原理。

(5)掌握脉宽调制(PWM)逆变电路工作原理。

(6)掌握相关英文词汇。

任务引入

变频器是一种静止的频率变换器,可将电网电源的 50 Hz 频率交流电变成频率可调的交流电,作为电机的电源装置,目前在国内外使用广泛。使用变频器可以节能、提高产品质量和劳动生产率等。如图 6-1 所示为一种工业用西门子变频器。下面具体介绍与变频器相关的知识:变频器的基本原理、变频器常用开关器件(IGBT)、脉宽调制(PWM)逆变电路、变频调速的特点以及变频器的应用。

图 6-1 西门子 MicroMaster
420 通用变频器

相关知识

一、绝缘门极晶体管(IGBT)

(一)IGBT 的结构和基本工作原理

绝缘门极晶体管 IGBT(Insulated Gate Bipolar Transistor)也称为绝缘栅极双极型晶体管,是一种新发展起来的复合型电力电子器件。复合型是指双极型和单极型的集成混合。复合型电力电子器件一般是用普通晶闸管、GTR 以及 GTO 作为主导元件,用 MOSFET 作为控制元件复合而成的,也称 Bi-NOS 器件。这一类器件既具有双极型器件电流密度大、导通压降小的优点,又具有单极型器件输入阻抗大、响应速度快的优点。IGBT 结合了 MOSFET 和 GTR 的特点,既具有输入阻抗大、速度快、热稳定性好和驱动电路简单的优点,又具有输入通态电压小、耐压大和承受电流大的优点,这些都使 IGBT 比 GTR 有更大的吸引力。在变频器驱动电机、开关电源以及要求快速、小损耗的领域,IGBT 占据着主导地位。6 500 V/200 A 的 IGBT 模块已经成功应用在高铁上。

1. IGBT 的基本结构与工作原理

(1)基本结构

IGBT 也是三端器件,它的三个极为漏极(D)、栅极(G)和源极(S)。有时也将 IGBT 的漏极称为集电极(C),源极称为发射极(E)。如图 6-2(a)所示是一种由 N 沟道功率 MOSFET 与晶体管复合而成的 IGBT 的内部结构。比较可以看出,IGBT 比功率 MOSFET 多一层 P^+ 注入区,因而形成了一个大面积的 P^+N^+ 结 J_1,这样使得 IGBT 导通时由 P^+ 注入区向 N 基区发射少数载流子,从而对漂移区电导率进行调制,使得 IGBT 具有很强的通流能力。IGBT 的简化等效电路如图 6-2(b)所示,图中 R_N 为晶体管基区内的调制电阻。可见,IGBT 是以 GTR 为主导器件,功率 MOSFET 为驱动器件的复合管。如图 6-2(c)所示为 IGBT 的符号。

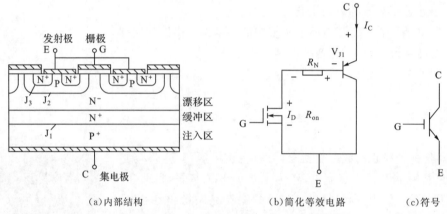

(a)内部结构　　　　　(b)简化等效电路　　　(c)符号

图 6-2　IGBT 的内部结构、简化等效电路和符号

(2)工作原理

IGBT 的驱动原理与功率 MOSFET 基本相同,它是一种电压控型器件。其开通和关断是由栅极和发射极间的电压 U_{GE} 决定的,当 U_{GE} 为正且大于开启电压 $U_{GE(th)}$ 时,MOSFET 内形成沟道,并为晶体管提供基极电流使其导通。当栅极与发射极之间加反向电压或不加电压时,MOSFET 内的沟道消失,晶体管无基极电流,IGBT 关断。

上面介绍的 N 沟道功率 MOSFET 与晶体管复合而成的 IGBT 称为 N 沟道 IGBT,记为 N-IGBT。此外,还有 P 沟道 IGBT,记为 P-IGBT。N-IGBT 和 P-IGBT 统称为 IGBT。由于实际应用中以 N-IGBT 为多,因此下面仍以 N-IGBT 为例进行介绍。

2.IGBT 的基本特性与主要参数

(1)IGBT 的基本特性

①静态特性　与功率 MOSFET 相似,IGBT 的转移特性和输出特性分别描述器件的控制能力和工作状态。如图 6-3(a)所示为 IGBT 的转移特性,它描述的是集电极电流 I_C 与栅射电压 U_{GE} 之间的关系,与功率 MOSFET 的转移特性相似。开启电压 $U_{GE(th)}$ 是 IGBT 能实现电导调制而导通的最小栅射电压。$U_{GE(th)}$ 随温度升高而略有减小,温度升高 1 ℃,其值减小 5 mV 左右。在 +25 ℃时,$U_{GE(th)}$ 的值一般为 2~6 V。

如图 6-3(b)所示为 IGBT 的输出特性,也称为伏安特性,它描述的是以栅射电压为参考变量时,集电极电流 I_C 与集射极间电压 U_{CE} 之间的关系。此特性与 GTR 的输出特性相似,不同的是参考变量,IGBT 为栅射电压 U_{GE},GTR 为基极电流 I_B。IGBT 的输出特性也分为三个区域:正向阻断区、有源区和饱和区。这分别与 GTR 的截止区、放大区和饱和区相对应。此外,当 $U_{CE}<0$,IGBT 为反向阻断工作状态。在电力电子电路中,IGBT 工作在开关状态,因而是在正向阻断区和饱和区之间来回转换。

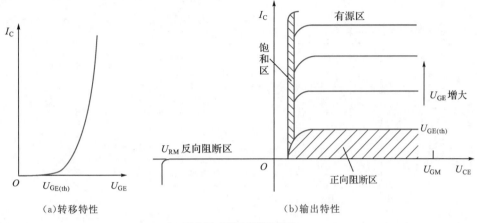

(a)转移特性   (b)输出特性

图 6-3   IGBT 的静态特性

②动态特性   如图 6-4 所示为 IGBT 的开关过程。IGBT 在开通过程中的大部分时间是作为功率 MOSFET 来运行的,因此其开通过程与功率 MOSFET 相似。只是在集射电压减小过程后期,PNP 晶体管由放大区至饱和区,又增加了一段延缓时间,使集射电压波形变为两段,即 t_{fv1} 段和 t_{fv2} 段。其开通时间 t_{on} 也是由开通延迟时间 $t_{d(on)}$ 和上升时间 t_r 组成。其中开通延迟时间 $t_{d(on)}$ 是指从驱动电压 u_{GE} 的前沿上升至其幅值的 10% 的时刻起,到集电极电流 I_C 增大到其幅值的 10% 的时刻止的这段区间;而集电极电流 I_C 从其幅值的 10% 增大到其幅值的 90% 所需的时间为上升时间 t_r。IGBT 的关断时间也是由关断延迟时间 $t_{d(off)}$ 和下降时间 t_f 组成,其中关断延迟时间 $t_{d(off)}$ 是指从驱动电压 U_{GE} 的后沿减小到其幅值的 90% 的时刻算起,到集电极电流 I_C 减小到其幅值的 90% 的时刻为止的这段时间;下降时间 t_f 是指集电极电流 I_C 从其幅值的 90% 减小到其幅值的 10% 所需的时间,而在集电极电流的减小过程中,又分为两段 t_{fi1} 和 t_{fi2},因为功率 MOSFET 关断后,PNP 晶体管中的存储电荷难以迅速消除,造成集电极电流较长的尾部时间。

由上分析可知,IGBT 的开关速度要小于功率 MOSFET。

(2)主要参数

①最大集射极间电压 U_{CES} 指栅射极短路时最大的集射极直流电压。它是由器件内部的 PNP 晶体管所能承受的击穿电压所确定的。

②集电极额定电流 I_{CN} 指在额定的测试温度条件下,元件所允许的集电极最大直流电流。

③集电极脉冲峰值电流 I_{CP} 指在一定脉冲宽度时(常指 1 ms 脉冲),IGBT 的集电极所允许的最大脉冲峰值电流。

④最大集电极功耗 P_{CN} 指在额定的测试温度条件下,元件允许的最大耗散功率。

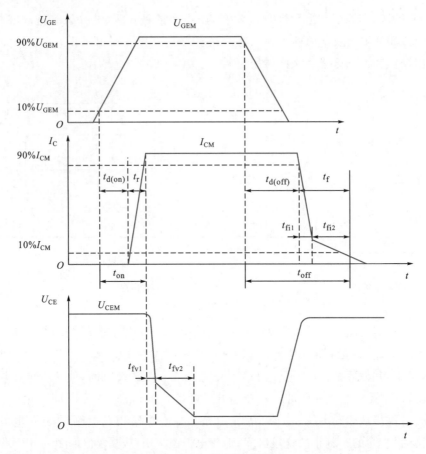

图 6-4　IGBT 的开关过程

（3）IGBT 的擎住效应和安全工作区

从图 6-2(a)所示 IGBT 的内部结构可以发现,在 IGBT 内部寄生着一个 N^-PN^+ 晶体管和作为主开关器件的 P^+N^-P 晶体管组成的寄生晶体管。其中 N^-PN^+ 晶体管基极与发射极之间存在短路电阻,P 形体区的横向空穴电流会在该电阻上产生压降,相当于对 J_3 结施加正偏压,在额定集电极电流范围内,这个偏压很小,不足以使 J_3 开通,然而一旦 J_3 开通,栅极就会失去对集电极电流的控制作用,导致集电极电流增大,造成器件功耗过大而损坏。这种电流失控的现象,就像普通晶闸管被触发以后,即使撤销触发信号,晶闸管仍然因进入正反馈过程而维持导通的机理一样,因此被称为擎住效应或自锁效应。引发擎住效应的原因,可能是集电极电流过大(静态擎住效应),也可能是最大允许电压上升率 dU_{GE}/dt 过大(动态擎住效应),温度升高也会加重发生擎住效应的危险。

动态擎住效应比静态擎住效应所允许的集电极电流小,因此所允许的最大集电极电流实际上是根据动态擎住效应确定的。

根据最大集电极电流、最大集电极间电压和最大集电极功耗可以确定 IGBT 在导通工作状态的参数极限范围,即正向偏置安全工作电压(FBSOA);根据最大集电极电流、最大集射极间电压和最大允许电压上升率可以确定 IGBT 在阻断工作状态下的参数极限范围,即反向偏置安全工作电压(RBSOA)。

擎住效应曾经是限制 IGBT 电流容量进一步增大的主要因素之一,但经过多年的努力,自

20世纪90年代中后期开始,这个问题已得到了极大的改善,促进了IGBT研究和制造水平的迅速提高。

此外,为满足实际电路中的要求,IGBT往往与反并联的快速二极管封装在一起制成模块,成为逆导器件,选用时应加以注意。

(二)IGBT的驱动电路

1.对驱动电路的要求

(1)IGBT是电压驱动的,具有一个2.5~5.0 V的阈值电压,有一个容性输入阻抗,因此IGBT对栅极电荷非常敏感,故驱动电路必须很可靠,保证有一条低阻抗值的放电回路,即驱动电路与IGBT的连线要尽量短。

(2)要用内阻小的驱动源对栅极电容充放电,以保证栅极控制电压U_{GE}的前、后沿足够陡峭,减小IGBT的开关损耗。栅极驱动源的功率也应足够,以使IGBT的开关可靠,并避免在开通期间因退饱和而损坏。

(3)要提供大小适当的正、反向驱动电压U_{GE}。正向偏压U_{GE}增大时,IGBT通态压降和开通损耗均减小,但若U_{GE}过大,则负载短路时,其I_C随U_{GE}的增大而增大,使IGBT能承受短路电流的时间减短,不利于其本身的安全,为此,U_{GE}不宜选得过大,一般U_{GE}为12~15 V。对IGBT施加负向偏压($-U_{GE}$)可防止因关断时浪涌电流过大而使IGBT误导通,但其值又受C、E极间最大反向耐压限制,一般取-5~-10 V。

(4)要提供合适的开关时间。快速开通和关断有利于提高工作频率,减小开关损耗,但在大电感性负载情况下,开关时间过短会产生很大的尖峰电压,造成元器件击穿。

(5)要有较强的抗干扰能力及对IGBT的保护功能。

(6)驱动电路与信号控制电路在电位上应严格隔离。

2.驱动电路

(1)分立组件组成的驱动电路

因为IGBT的输入特性几乎与MOSFET相同,所以用于MOSFET的驱动电路同样可以用于IGBT。在用于驱动电机的逆变器电路中,为使IGBT能够稳定工作,要求IGBT的驱动电路采用正、负偏压双电源的工作方式。为了使驱动电路与信号电隔离,应采用抗噪声能力强、信号传输时间短的光耦合器件。基极和发射极的引线应尽量短,基极驱动电路的输入线应为绞合线,其电路如图6-5所示。

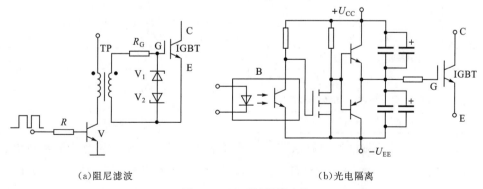

(a)阻尼滤波　　　　　　　　　　　　(b)光电隔离

图6-5　IGBT基极驱动电路

如图6-5(a)所示为脉冲变压器组成的栅极驱动电路。来自脉冲发生器的脉冲信号经晶体管 V 放大后加至脉冲变压器 TP 初级,经 TP 耦合、反向串联双稳压管双向限幅后驱动 IGBT。该电路简单,工作频率较高,可达 100 kHz,但存在漏感和趋肤效应,使绕组的绕制工艺复杂,并容易产生振荡。如图 6-5(b)所示为采用光电耦合器隔离的驱动电路。输入控制信号经光耦合器 B 引入,再经 MOS 管放大,由互补推挽电路输出至 IGBT,为其提供正、反向驱动电流。输出级采用互补形式的电路可减小驱动源的内阻,并加速 IGBT 的关断过程。

(2)集成驱动电路

目前,已研制出许多专用的 IGBT 集成驱动电路,这些集成化模块电路抗干扰能力强、速度快、保护功能完善,可实现 IGBT 的最优驱动。下面介绍其中有代表性的产品——日本富士公司的 EXB 系列集成驱动电路。

EXB 系列集成驱动电路分标准型和高速型两种,EXB850、EXB851 为标准型,最大开关频率为 10 kHz;EXB840、EXB841 为高速型,最大开关频率为 40 kHz。如图 6-6 所示为 EXB841 的功能原理框图。

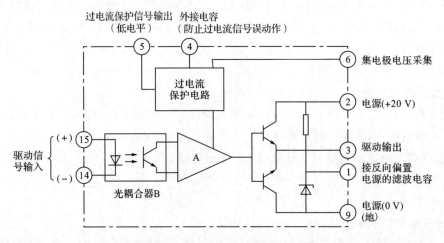

图 6-6　EXB841 的功能原理框图

EXB841 为厚膜集成电路矩形扁片状封装,单列直插,其各端子功能见表 6-1。

表 6-1　　　　　　　　　　　　　　　EXB841 的端子功能

端　子	功　能	端　子	功　能
1	与用于反向偏置电源的滤波电容相连接	6	集电极电压采集
2	供电电源(+20 V)	7、8、10、11	空端
3	驱动输出	9	电源地
4	外接电容,以防止过电流保护电路误动作(绝大部分场合不需要此电容器)	14	驱动信号输入(－)
5	过电流保护信号输出	15	驱动信号输入(＋)

如图 6-7 所示为 EXB841 的电路原理。由图可见,EXB841 的结构可分为隔离放大、过电流保护和基准电源三部分。隔离放大部分由光耦合器 B,晶体管 V_2、V_4、V_5 和阻容组件 R_1、C_1、R_2、R_9 组成。B 的隔离电压可达 250 V。V_2 为中间放大级,V_4、V_5 组成的互补式推挽输出,可为 IGBT 栅极提供导通和关断电压。晶体管 V_1、V_3 和稳压管 V_6 以及阻容组件 R_3~

R_8、$C_2\sim C_4$ 组成过电流保护部分,实现过电流检测和延时保护。电阻 R_{10} 与稳压管 V_7 构成 5 V 基准电源,为 IGBT 的关断提供 -5 V 反偏电压,同时也为光耦合器提供工作电源。芯片的 6 脚通过快速二极管 VD_2 连接 IGBT 的集电极 C,通过检测 U_{CE} 的大小来判断是否发生短路或集电极电流过大。芯片的 5 脚为过电流保护信号输出端,输出信号供控制电路使用。

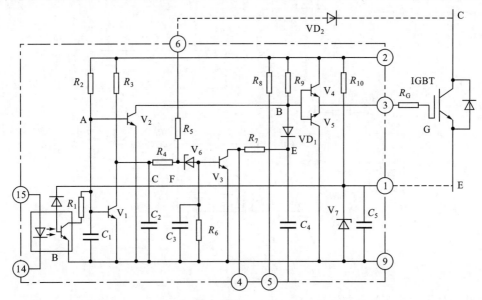

图 6-7 EXB841 的电路原理

如图 6-7 所示电路的工作过程如下:

①IGBT 的开通 当 14 与 15 两脚间通以 10 mA 电流时,B 导通,A 点电位下降使 V_1、V_2 截止。V_2 截止导致 B 点电位升高,V_4 导通,V_5 截止。2 脚电源经 V_4、3 脚及 R_G 驱动 IGBT 栅极,使 IGBT 迅速导通。

②IGBT 的关断 当 14 与 15 两脚间流过的电流为 0 时,B 截止,V_1、V_2 导通,使 B 点电位下降,V_4 截止,V_5 导通。IGBT 栅极电荷经 V_5 迅速放电,使 3 脚电位降至 0,比 1 脚电位低 5 V。因而 $U_{GS}=-5$ V,此反偏电压可使 IGBT 可靠关断。

③保护过程 保护信号采自 IGBT 的集射极压降 U_{CE}。当 IGBT 正常导通时,U_{CE} 较小,隔离二极管 VD_2 导通,稳压管 V_6 不被击穿,V_3 截止,C_4 被充电,使 E 点电位为电源电压值(20 V)并保持不变。一旦发生过电流或短路,IGBT 因承受大电流而退饱和,导致 U_{CE} 增大,VD_2 截止,V_6 被击穿而使 V_3 导通,C_4 经 R_7 和 V_3 放电,E 点及 B 点电位逐渐下降,V_4 截止,V_5 导通,使 IGBT 被慢慢关断从而得到保护。与此同时,5 脚输出低电平,将过电流保护信号送出。

如图 6-8 所示为 EXB841 的实际应用电路。控制脉冲输入端 14 脚为高电平时,IGBT 截止;14 脚为低电平时,IGBT 导通。稳压管 V_1、V_2 用于栅射极间电压限幅保护。C_1、C_2 为电源滤波电容,VD_2 为外接钳位二极管。5 脚接光耦合器 B,当 IGBT 过电流时,5 脚输出低电平,B 导通,输出过电流保护执行信号。

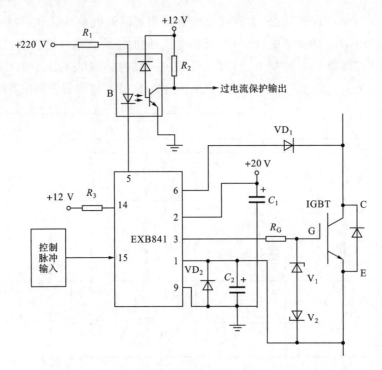

图 6-8　EXB841 的实际应用电路

使用 IGBT 专用驱动电路时应注意：

①驱动电路与 IGBT 栅射极接线长度应小于 1 m，并使用双绞线以提高抗干扰能力。

②若集电极上有大的电压尖脉冲产生，可增大栅极串联电阻 R_G，使尖脉冲减小。R_G 值的选择可参考表 6-2。

表 6-2　　　　　　　　　　　　　IGBT 栅极串联电阻 R_G 参考值

IGBT 额定值	500 V	10 A	15 A	30 A	50 A	100 A	150 A	200 A	300 A	400 A	
	1 000 V		5 A	15 A	25 A	50 A	75 A	100 A	150 A	200 A	300 A
R_G/Ω		250	150	82	50	25	15	12	8.2	5	3.3

③C_1、C_2 的作用是吸收由电源接线阻抗变化引起的电源电压波动。其电容值可选 47 μF。

(三)IGBT 的保护电路

因为 IGBT 是由功率 MOSFET 和晶体管复合而成的，所以 IGBT 的保护可按晶体管、功率 MOSFET 保护电路来考虑，主要是栅源过电压保护、静电保护、采用 R-C-VD(RCD)缓冲电路等。另外，也应在 IGBT 电控系统中设置过电压、欠电压、过电流和过热保护单元，以保证安全可靠工作。应该指出，必须保证 IGBT 不发生擎住效应。具体做法是，实际中 IGBT 使用的最大电流不超过其额定电流。

1. 缓冲电路

IGBT 在电力变换电路中始终工作于开关状态，其工作频率高达 20～50 kHz，很小的电路电感就可能引起很大的感应电动势，从而危及 IGBT 的安全，因此，IGBT 的缓冲电路功能更侧重于开关过程中过电压的吸收与抑制。如图 6-9 所示为几种用于 IGBT 桥臂的典型缓冲电路。其中图 6-9(a)是最简单的单电容电路，适用于 50 A 以下的小容量 IGBT，由于电路无阻尼组件，易产生 LC 振荡，故应选择无感电容或串入阻尼电阻 R_S；图 6-9(b)是将 RCD 缓冲电路用于双桥臂的 IGBT 上，适用于 200 A 以下的中容量 IGBT；在图 6-9(c)中，将两个 RCD 缓冲电路分别用在两个桥臂上,该电路将电容上过冲的能量部分送回电源,因此损耗较小,广泛应用于 200 A 以上的大容量 IGBT。

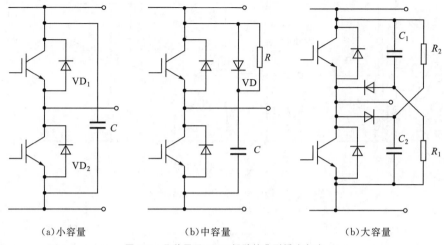

|（a）小容量|（b）中容量|（b）大容量|

图 6-9　几种用于 IGBT 桥臂的典型缓冲电路

2. IGBT 的保护

IGBT 的过电压保护措施已在前面的缓冲电路部分做了介绍,这里只讨论 IGBT 的过电流保护措施。过电流保护措施主要是检测出过电流信号后迅速切断栅极控制信号来关断 IGBT。实际使用中,当出现负载电路接地、输出短路、桥臂某组件损坏、驱动电路故障等情况时,都可能使一桥臂的两个 IGBT 同时导通,使主电路短路,集电极电流过大,器件功耗增大。为此,要求在检测到过电流后,通过控制电路产生负的栅极驱动信号来关断 IGBT。尽管检测和切断过电流需要一定的时间延迟,但只要 IGBT 的额定参数选择合理,$10\ \mu s$ 内的过电流一般不会使之损坏。

如图 6-10 所示为采用集电极电压识别方法的过电流保护电路。IGBT 的集电极通态饱和压降 U_{CES} 与集电极电流 I_C 呈近似线性关系,I_C 越大,U_{CES} 越大,因此,可通过检测 U_{CES} 的大小来判断 I_C 的大小。图 6-10 中,脉冲变压器的①、②端输入开通驱动脉冲,③、④端输入关断信号脉冲。IGBT 正常导通时,U_{CE} 小,C 点电位低,VD 导通并将 M 点电位钳位于低电平,晶体管 V_2 处于截止状态。若 I_C 出现过电流,则 U_{CE} 增大,C 点电位升高,VD 反向关断,M 点电位随电容 C_M 充电电压上升,很快达到稳压管 V_1 阈值使 V_1 导通,进而使 V_2 导通,封锁栅极驱动信号,同时光耦合器 B 也发出过电流信号。

为了避免 IGBT 过电流的时间超过允许的短路过电流时间,保护电路应当采用快速光耦合器等快速传送组件及电路。不过,切断很大的 IGBT 集电极过电流时,速度不能过快,否则会由于 di/dt 值过大,在主电路分布电感中产生过大的感应电动势,损坏 IGBT。为此,应当在允许的短路时间之内,采取低速切断措施将 IGBT 集电极电流切断。

如图 6-11 所示为采用发射极电流识别方法的过电流保护电路。在 IGBT 的发射极电流未超过限流阈值时,比较器 LM311 的同相端电位低于反相端电位,其输出为低电平,V_1 截止,VD_1 导通,将 V_3 关断。此时,IGBT 的导通与关断仅受驱动信号控制:当驱动信号为高电平时,V_2 导通,驱动信号使 IGBT 导通;当驱动信号变为低电平时,V_2 的寄生二极管导通,驱动信号使 IGBT 关断。

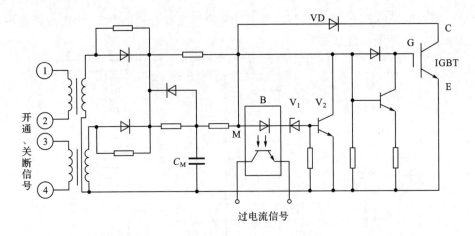

图 6-10　识别集电极电压的过电流保护电路

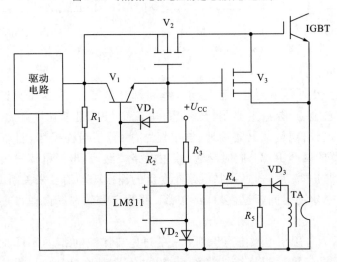

图 6-11　识别发射极电流的过电流保护电路

在 IGBT 的发射极电流超过限流阈值时,电流互感器 TA 二次侧在电阻 R_5 上产生的电压降经 R_4 送到 LM311 的同相端,使该端电位高于反相端,LM311 输出翻转为高电平。VD_1 截止,V_1 导通。一方面,导通的 V_1 迅速泄放掉 V_2 上的栅极电荷,使 V_2 迅速关断,驱动信号不能传送到 IGBT 的栅极;另一方面,导通的 V_1 还驱动 V_3 迅速导通,将 IGBT 的栅极电荷迅速泄放,使 IGBT 关断。为了确保关断的 IGBT 在本次开关周期内不再导通,LM311 加有正反馈电阻 R_2,这样,在 IGBT 的过电流被关断后比较器仍保持输出高电平。然后,当驱动信号由高变低时,LM311 输出端随之变低,同相端电位亦随之下降并低于反相端电位。此时,整个过电流保护电路已重新复位,IGBT 又仅受驱动信号控制:驱动信号再次变高或变低时,仍可驱动 IGBT 导通或关断。如果 IGBT 发射极电流未超限值,过电流保护电路不动作;如果超了限值,过电流保护电路再次关断 IGBT。可见,过电流保护电路实施的是逐个脉冲电流限制,可将电流限值设置在最大工作电流以上,如设为最大工作电流的 1.2 倍,这样,既可保证在任何负载状态甚至是短路状态下都将电流限制在允许值之内,又不会影响电路的正常工作。电流限值可通过调整电阻 R_5 来设置。

二、脉宽调制(PWM)逆变电路

(一)PWM 控制的基本原理

在采样控制理论中有一个重要结论:形状不同而冲量(脉冲的面积)相等的窄脉冲(图 6-12),分别加在具有惯性环节的输入端,其输出响应波形基本相同,也就是说尽管脉冲形状不同,但只要脉冲的面积相等,其作用的效果基本相同。这就是 PWM 控制的重要理论依据。如图 6-13 所示,一个正弦半波完全可以用等幅不等宽的脉冲列来等效,但必须做到正弦半波所等分的六块阴影面积与相对应的六个脉冲列的阴影面积相等,其作用的效果就基本相同。对于正弦波的负半周,用同样方法可得到 PWM 波形来取代正弦负半波。

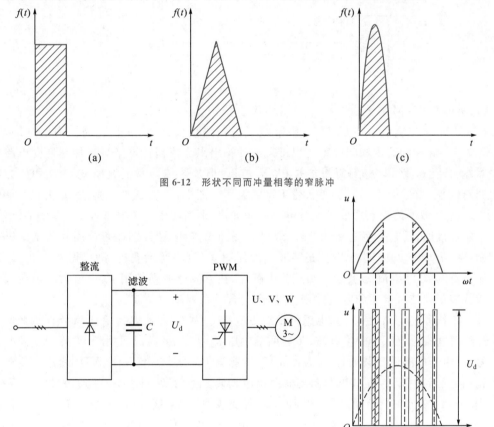

图 6-12 形状不同而冲量相等的窄脉冲

图 6-13 PWM 控制的基本原理

在 PWM 波形中,各脉冲的幅值是相等的,若要改变输出电压等效正弦波的幅值,只要按同一比例改变脉冲列中各脉冲的宽度即可。所以 U_d 直流电源采用不可控整流电路获得,不但使电路输入功率因数接近于 1,而且整个装置控制简单,可靠性高。

下面分别介绍单相和三相 PWM 逆变电路的工作原理。

1.单相桥式 PWM 逆变电路的工作原理

如图 6-14 所示,E 为恒值直流电压,$V_1 \sim V_4$ 为 GTR,$VD_1 \sim VD_4$ 为电压型逆变电路所需的反馈二极管。采用 GTR 作为逆变电路的自关断开关器件。设负载为电感性,控制方式有单极性与双极性两种。

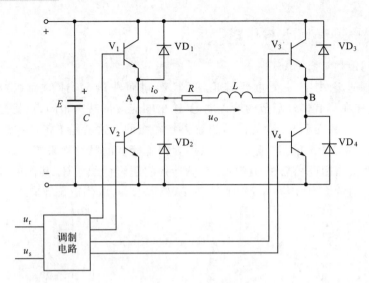

图 6-14　单相桥式 PWM 逆变电路

（1）单极性 PWM 方式

按照 PWM 控制的基本原理，如果给定了正弦波频率、幅值和半个周期内的脉冲个数，PWM 波形各脉冲的宽度和间隔就可以准确地计算出来。依据计算结果来控制逆变电路中各开关器件的通断，就可以得到所需要的 PWM 波形，但是这种计算很烦琐，较为实用的方法是采用调制控制，如图 6-15 所示为单极性 PWM 波形。图中，u_c 为载波三角波，u_r 为正弦调制信号，由 u_r 和 u_c 波形的交点形成控制脉冲。$u_{g1} \sim u_{g4}$ 分别为功率开关器件 $V_1 \sim V_4$ 的驱动信号，高电平使之接通，低电平使之断开。若 u_{g1} 和 u_{g3} 根据倒相信号分别在正半周和负半周进行脉冲调制，而 u_{g2} 和 u_{g4} 根据输出电流过零时刻做如图 6-15（c）所示安排，则可得如图 6-15（d）所示的输出电压 u_o 和电流 i_o 波形。负载为电感性，在方波脉冲列作用下，电流为相位滞后于电压的齿状准正弦波。电压和电流除基波外，还包含一系列高次谐波。

基本工作原理：在 $\omega t = 0$ 时，电感性负载下电流 i_o 为负，即从 B 点流向 A 点。而此时只有 V_2 接通，则电流由 VD_4 和 V_2 续流，负载两端电压 $u_o = 0$。α_1 后，V_2 关断，V_1 和 V_4 同时加接通信号，但由于电感性负载的作用，V_1 和 V_4 不能马上导通，i_o 经 VD_4、VD_1 续流。负载两端加上正向电压 $u_o = E$，i_o 反电压方向流通而快速衰减。α_2 后，又只有 V_2 接通，重复第一种状态的过程。当 i_o 变为正向流通时（α_3 以后），V_4 始终接通。V_1 接通时，$u_o = E$，正向电流快速增大。V_1 关断时，由 VD_2、V_4 续流，$u_o = 0$，正向电流衰减。负半周的工作情况与正半周类似。显然，在正弦调制信号 u_r 的半个周期内，三角载波 u_c 只在一个方向变化，所得到的 SPWM 波形 u_o 也只在一个方向变化，这种控制方式就称为单极性脉宽调制（PWM）方式。

逆变电路输出的 PWM 电压波形对称且脉宽成正弦分布，这样可以减小电压谐波含量。通过改变调制脉冲电压的调制周期，可以改变输出电压的频率，而改变电压的脉冲宽度可以改变输出基波电压的大小。也就是说，载波三角波峰值一定，改变参考信号 u_r 的频率和幅值，就可以控制逆变器输出基波电压频率的高低和电压的大小。

（2）双极性 PWM 方式

如图 6-14 所示，调制信号 u_r 仍然是正弦波，而载波信号 u_c 改为正、负两个方向变化的等腰三角形波，如图 6-16 所示。

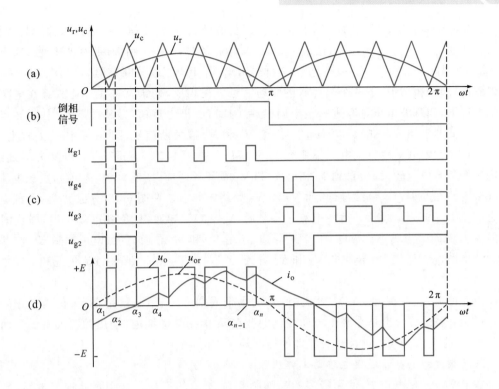

图 6-15　单极性 PWM 波形

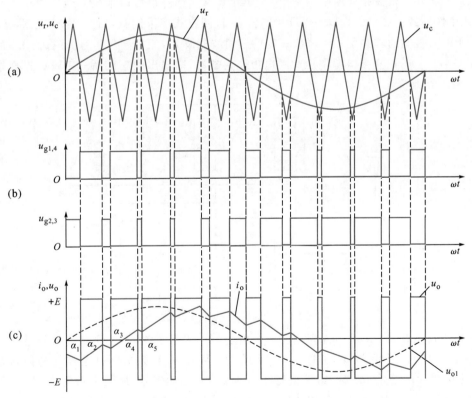

图 6-16　双极性 PWM 波形

工作原理:与单极性 PWM 相同,仍然在调制信号 u_r 和载波信号 u_c 的交点时刻控制各开关器件的通与断。当 $u_r > u_c$ 时,给 V_1 和 V_4 以导通信号,给 V_2 和 V_3 以关断信号,输出电压 $u_o = E$。当 $u_r < u_c$ 时,给 V_2 和 V_3 以导通信号,给 V_1 和 V_4 以关断信号,输出电压 $u_o = -E$。可以看出,同一桥臂上、下两个晶体管的驱动信号极性相反,处于互补工作方式。在电感性负载的情况下,当基波电压过零进入正半周($\omega t = 0$)时,i_o 仍为负值,即从图 6-14 中的 B 点流向 A 点。而此时若给 V_1 和 V_4 以导通信号,给 V_2 和 V_3 以关断信号(图 6-16 中 α_1 处),则 V_2 和 V_3 立即关断,因电感性负载电流不能突变,V_1 和 V_4 并不能立即导通,VD_1 和 VD_4 导通续流。当电感性负载电流较大时,直到下一次 V_2 和 V_3 重新导通前(图 6-16 中 α_2 前),负载电流方向始终未变,VD_1 和 VD_4 持续导通,而 V_2 和 V_3 始终未导通。在图 6-16 中 α_3 以后,负载电流过零之前,VD_1 和 VD_4 续流。负载电流过零之后,V_1 和 V_4 导通,且负载电流反向,即从图 6-14 中的 A 点流向 B 点。不论 VD_1 和 VD_4 导通,还是 V_2 和 V_3 导通,负载电压都是 E。在基波电压的负半周,从 V_1 和 V_4 导通向 V_2 和 V_3 导通切换时,VD_2 和 VD_3 的续流情况和上述情况类似。

由此可见,在双极性 PWM 方式中,u_r 的半个周期内,三角载波是在正、负两个方向变化的,所得到的 u_o 波形也是在两个方向变化的。在 u_r 的一个周期内,输出的波形有 $\pm E$ 两种电平。在 u_r 的正、负半周,对各开关器件的控制规律相同。

2.三相桥式 PWM 逆变电路的工作原理

在 PWM 逆变电路中,使用最多的是如图 6-17 所示的三相桥式 PWM 逆变电路,已被广泛地应用在异步电机变频调速中。它由六个 GTR $V_1 \sim V_6$(也可以采用其他快速功率开关器件)和六个快速续流二极管 $VD_1 \sim VD_6$ 组成。其控制方式多采用双极性 PWM 控制,U、V、W 三相的 PWM 控制通常共用一个峰值一定的三角波载波 u_c,三相调制信号 u_{rU}、u_{rV}、u_{rW} 的相位依次相差 120°。若以直流电源电压中间电位作为参考,则输出的三相桥式 PWM 逆变电路波形如图 6-18 所示。

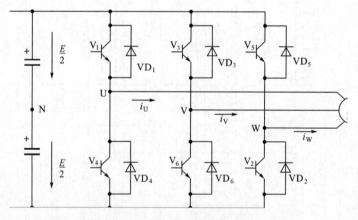

图 6-17 三相桥式 PWM 逆变电路

三相调制信号 u_{rU}、u_{rV} 和 u_{rW} 为相位依次相差 120°的正弦波,而三相载波信号是共用一个正、负方向变化的三角形波 u_c,如图 6-18 所示。U、V 和 W 相自关断开关器件的控制方法相同,现以 U 相为例:$u_{rU} > u_c$ 时,给上桥臂中 V_1 以导通驱动信号,而给下桥臂中 V_4 以关断信号,于是 U 相输出电压相对直流电源 U_d 中性点 N′为 $u_{UN'} = U_d/2$。$u_{rU} < u_c$ 时,给 V_1 以关断信号,给 V_4 以导通信号,输出电压 $u_{UN'} = -U_d/2$。图 6-18 中 $u_{UN'}$ 波形就是三相桥式 PWM 逆变电路 U 相输出的波形(相对 N′点)。

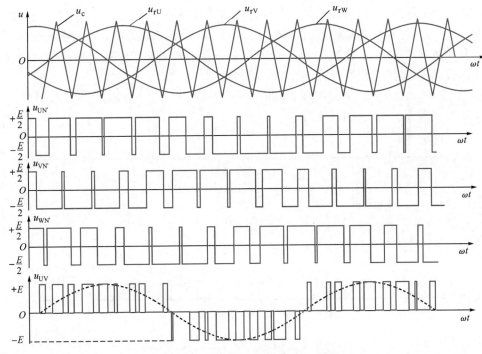

图 6-18　三相桥式 PWM 逆变电路波形

图 6-17 中，$VD_1 \sim VD_6$ 是为电感性负载换流过程提供续流回路，其他两相的控制原理与 U 相相同。三相桥式 PWM 逆变电路的三相输出 PWM 波形分别为 $u_{UN'}$、$u_{VN'}$ 和 $u_{WN'}$，如图 6-18 所示。U、V 和 W 三相之间的线电压 PWM 波形以及输出三相相对于负载中性点 N 的相电压 PWM 波形，读者可按下列计算式求得。

线电压
$$\begin{cases} u_{UV} = u_{UN'} - u_{VN'} \\ u_{VW} = u_{VN'} - u_{WN'} \\ u_{WU} = u_{WN'} - u_{UN'} \end{cases} \tag{6-1}$$

相电压
$$\begin{cases} u_{UN} = u_{UN'} - \dfrac{1}{3}(u_{UN'} + u_{VN'} + u_{WN'}) \\ u_{VN} = u_{VN'} - \dfrac{1}{3}(u_{UN'} + u_{VN'} + u_{WN'}) \\ u_{WN} = u_{WN'} - \dfrac{1}{3}(u_{UN'} + u_{VN'} + u_{WN'}) \end{cases} \tag{6-2}$$

在双极性 PWM 方式中，理论上要求同一相上、下两个桥臂的开关管驱动信号相反，但实际上，为了防止上、下两个桥臂直通造成直流电源的短路，通常要求先施加关断信号，经过 Δt 的延时才给另一个施加导通信号。延时时间的长短主要由自关断功能率开关器件的关断时间决定。这个延时将会给输出 PWM 波形带来偏离正弦波的不利影响，所以在保证安全可靠换流前提下，延时时间应尽可能短。

（二）PWM 逆变电路的调制控制方式

在 PWM 逆变电路中，载波频率 f_c 与调制信号频率 f_r 之比称为载波比，即 $N = f_c / f_r$。根据载波和调制信号波是否同步，PWM 逆变电路有异步调制和同步调制两种控制方式。

1. 同步调制方式

载波比等于常数，并在变频时使载波信号和调制信号保持同步的调制方式称为同步调制方式。在同步调制方式中,调制信号频率变化时,载波比不变。调制信号半个周期内输出的脉冲数是固定的,脉冲相位也是固定的,如图 6-19(a)所示。在三相 PWM 逆变电路中,通常共用一个三角波载波信号,且取载波比为 3 的整数倍,以使三相输出 PWM 波形严格对称,而为了使一相的波形正、负半周镜像对称,载波比应取为奇数。

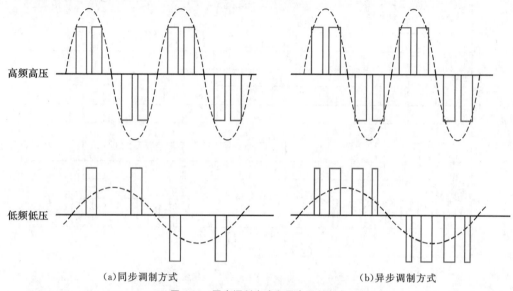

高频高压

低频低压

(a)同步调制方式   (b)异步调制方式

图 6-19   同步调制方式和异步调制方式

当逆变电路输出频率很低时,因为在半个周期内输出脉冲的数目是固定的,所以由 PWM 而产生的 f_c 附近的谐波频率也相应降低。这种频率较低的谐波通常不易滤除。如果负载为电机,就会产生较大的转矩脉动和噪声,给电机的正常工作带来不利影响。

2.异步调制

载波信号和调制信号不保持同步关系的调制方式称为异步调制方式。在异步调制方式中,调制信号频率 f_r 变化时,通常保持载波频率 f_c 固定不变,因而载波比是变化的,如图 6-19(b)所示。这样,在调制信号的半个周期内,输出脉冲的个数不固定,脉冲相位也不固定,正、负半个周期的脉冲不对称。同时,半个周期内前、后 1/4 周期的脉冲也不对称。

当调制信号频率较低时,载波比较大,半个周期内的脉冲数较多,正、负半个周期脉冲不对称和半个周期内前、后 1/4 周期脉冲不对称的影响都较小,输出波形接近正弦波。当调制信号频率增高时,载波比就减小,半个周期内的脉冲数减少,输出脉冲的不对称性影响就变大,还会出现脉冲的跳动。同时,输出波形和正弦波之间的差异也变大,电路输出特性变坏。对于三相 PWM 逆变电路来说,三相输出的对称性也变差。因此,在采用异步调制方式时,希望尽量提高载波频率,以使在调制信号频率较高时仍能保持较大的载波比,来改善输出特性。

3.其他控制方式

为了克服上述缺点,通常都采用分段同步调制方式,即把逆变电路的输出频率范围划分成若干个频段,每个频段内都保持载波比为恒定,不同频段的载波比不同。在输出频率的高频段采用较小的载波比,以使载波频率不致过高,在功率开关器件所允许的频率范围内。在输出频率的低频段采用较大的载波比,以使载波频率不致过低而对负载产生不利影响。各频段的载波比应该都取 3 的整数倍且尽量为奇数。

图 6-20 给出了分段同步调制方式的一个例子,各频率段的载波比标在图中。为了防止频

率在切换点附近时载波比来回跳动,在各频率切换点采用了滞后切换的方法。图中切换点处的实线表示输出频率增高时的切换频率,虚线表示输出频率降低时的切换频率,前者略高于后者而形成滞后切换。在不同的频率段内,载波频率的变化范围基本一致,f_c 为 1.4~2 kHz。提高载波频率可以使输出波形更接近正弦波,但载波频率的提高受到功率开关器件允许最高频率的限制。另外,在采用微机进行控制时,载波频率还受到微机计算速度和控制算法计算量的限制。

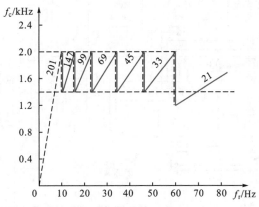

图 6-20　分段同步调制方式

同步调制方式比异步调制方式复杂一些,但使用微机控制时还是容易实现的。也有的电路在低频输出时采用异步调制方式,而在高频输出时切换到同步调制方式,如图 6-21 所示。这种方式可把两者的优点结合起来,和分段同步调制方式的效果接近。

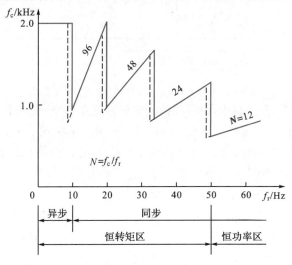

图 6-21　异步和同步调制方式结合

三、变频器的基本原理

(一)变频器主电路的工作原理

目前已被广泛地应用在交流电机变频调速中的变频器是交-直-交变频器,它是先将恒压恒频(Constant Voltage Constant Frequecy,CVCF)的交流电通过整流器变成直流电,再经过逆变器将直流电变换成可控交流电的间接型变频电路。

典型的电压控制型通用变频器的原理框图如图 6-22 所示。

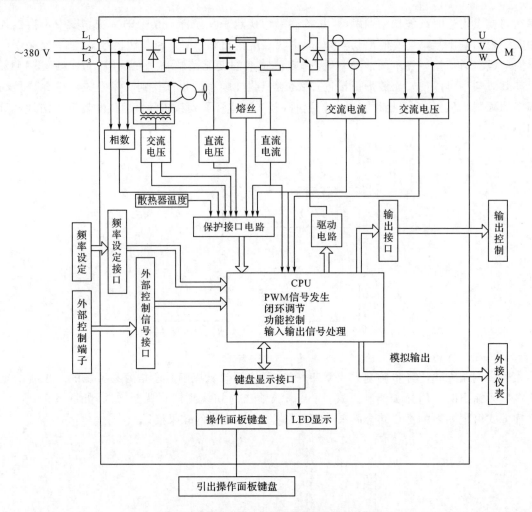

图 6-22　典型的电压控制型通用变频器的原理框图

　　在交流电机的变频调速控制中,为了保持额定磁通基本不变,在调节定子频率的同时,必须改变定子的电压。因此,必须配备变压变频(variable voltage variable frequency,VVVF)装置。最早的 VVVF 装置是旋转变频机组,现在已经几乎无例外地让位给静止式电力电子变压变频装置了。这种静止式的变压变频装置统称为变频器,它的核心部分就是变频电路。下面先介绍交-直-交变频器的主电路,其结构框图如图 6-23 所示。

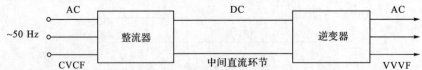

图 6-23　交-直-交变频器主电路的结构框图

　　交-直-交变频器的控制方式可分成以下三种:

　　(1)采用可控整流器调压、逆变器调频的控制方式

　　其结构框图如图 6-24 所示。在这种装置中,调压和调频在两个环节上分别进行,在控制电路上协调配合,结构简单,控制方便。但是,由于输入环节采用晶闸管可控整流器,当电压调得较小时,电网端功率因数较小。而输出环节多用由晶闸管组成的多拍逆变器,每周换相六次,输出的谐波较大,因此这类控制方式现在较少使用。

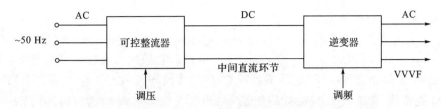

图 6-24　采用可控整流器调压、逆变器调频的控制方式的结构框图

（2）采用不控整流器整流、斩波器调压、逆变器调频的控制方式

其结构框图如图 6-25 所示。整流环节采用不控整流器，只整流不调压，再单独设置斩波器，用脉宽调压。这种控制方式克服功率因数较小的缺点，但输出逆变环节未变，仍有谐波较大的缺点。

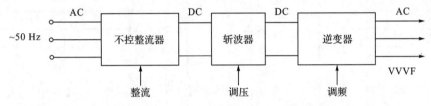

图 6-25　采用不控整流器整流、斩波器调压、逆变器调频的控制方式的结构框图

（3）采用不控制整流器整流、PWM 逆变器调压调频的控制方式

其结构框图如图 6-26 所示。这种方式采用不控整流，则输入功率因数不变；采用 PWM 逆变器，则输出谐波可以减小。这样上述方式中的两个缺点都消除了。PWM 逆变器需要全控型电力半导体器件，其输出谐波减少的程度取决于 PWM 的开关频率，而开关频率则受器件开关时间的限制。采用 IGBT 时，开关频率可达 10 kHz 以上，输出波形已经非常逼近正弦波，因而又称为 SPWM 逆变器。

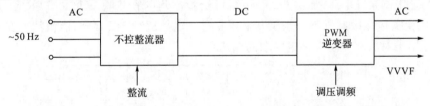

图 6-26　采用不控制整流器整流、PWM 逆变器调压调频的控制方式的结构框图

在交-直-交变频器中，当中间直流环节采用大电容滤波时，直流电压波形比较平直，在理想情况下是一个内阻抗为零的恒压源，输出交流电压波形是矩形波或阶梯波，这类变频器称为电压型变频器，如图 6-27(a)所示，当交-直-交变频器的中间直流环节采用大电感滤波时，直流电流波形比较平直，因而电源内阻抗很大，对负载来说基本上是一个电流源，输出交流电流波形是矩形波或阶梯波，这类变频器称为电流型变频器，如图 6-27(b)所示。

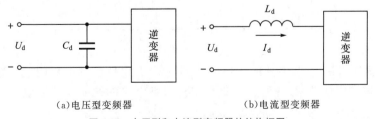

（a）电压型变频器　　　　　　　　（b）电流型变频器

图 6-27　电压型和电流型变频器的结构框图

（二）交-直-交变频器主电路

1. 交-直-交电压型变频电路

如图 6-28 所示为常用的交-直-交电压型变频电路。它采用二极管构成整流器，完成交流到直流的变换，其输出直流电压 U_d 是不可控的；中间直流环节用大电容 C 滤波；GTR $V_1 \sim V_6$ 构成 PWM 逆变器，完成直流到交流的变换，并能实现输出频率和电压的同时调节，$VD_1 \sim VD_6$ 是电压型逆变器所需的反馈二极管。

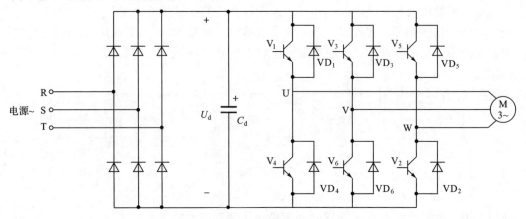

图 6-28　常用的交-直-交电压型变频电路

从图 6-28 中可以看出，整流电路输出的电压和电流极性都不能改变，因此该电路只能从交流电源向中间直流电路传输功率，进而再向交流电机传输功率，而不能从中间直流电路向交流电源反馈能量。当负载电机由电动状态转入制动运行时，电机变为发电状态，其能量通过逆变电路中的反馈二极管流入中间直流电路，使直流电压增大而产生过电压，这种过电压称为泵升电压。为了限制泵升电压，如图 6-29 所示，可给直流侧电容并联一个由 GTR V_0 和能耗电阻 R 组成的泵升电压限制电路。当泵升电压超过一定数值时，V_0 导通，能量消耗在 R 上。这种电路可运用于对制动时间有一定要求的调速系统中。

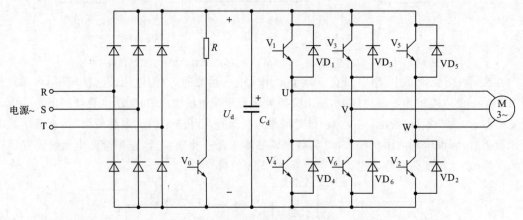

图 6-29　带有泵升电压限制电路的变频电路

在要求电机频繁快速加、减速的场合，上述带有泵升电压限制电路的变频电路耗能较大，能耗电阻 R 也需较大的功率。因此，希望在制动时把电机的动能反馈回电网。这时，需要增加一套有源逆变电路，以实现再生制动，如图 6-30 所示。

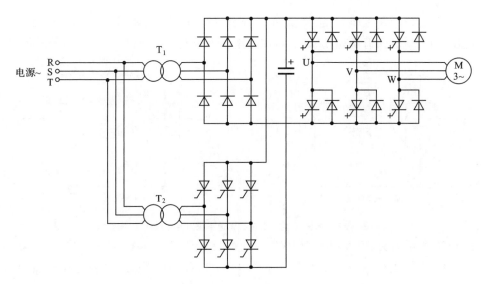

图 6-30　可以再生制动的变频电路

2.交-直-交电流型变频电路

如图 6-31 所示为常用的交-直-交电流型变频电路。其中,整流器采用晶闸管构成的可控整流电路,完成交流到直流的变换,输出可控的直流电压,实现调压功能;中间直流环节用大电感滤波;逆变器采用晶闸管构成的串联二极管式电流型逆变电路,完成直流到交流的变换,并实现输出频率的调节。

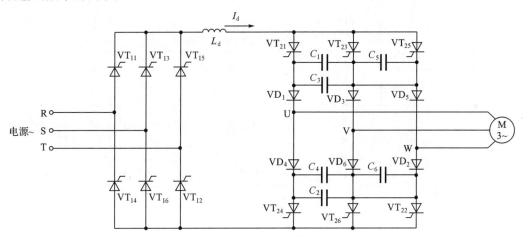

图 6-31　常用的交-直-交电流型变频电路

由图 6-31 可以看出,电力电子器件的单向导向性使得电流 I_d 不能反向,而中间直流环节采用的大电感滤波保证了 I_d 的不变,但可控整流器的输出电压 U_d 是可以迅速反向的。因此,电流型变频电路很容易实现能量回馈。如图 6-32 所示为交-直-交电流型变频调速系统的电动运行和回馈制动两种运行状态。其中,UR 为晶闸管可控整流器,UI 为电流型逆变器。当 UR 工作在整流状态($\alpha<90°$)、UI 工作在逆变状态时,电机在电动状态下运行,如图 6-32 (a)所示。这时,直流回路电压 U_d 的极性为上正下负,电流由 U_d 的正端流入 UI,电能由交流电网经变频器传送给电机,变频器的输出频率 $\omega_1>\omega$,电机处于电动状态。此时如果降低变频器的输出频率,或从机械上增大电机转速,使 $\omega_1<\omega$,同时使可控整流器的控制角 $\alpha>90°$,则异步电机进入发电状态,且直流回路电压 U_d 立即反向,而电流 I_d 方向不变,如图 6-32(b)所示。于是,UI 变成整流器,而 UR 转入有源逆变状态,电能由电机回馈给交流电网。

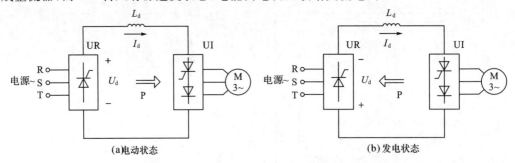

(a)电动状态　　　　　　　　　　　　(b)发电状态

图 6-32　交-直-交电流型变频调速系统的两种运行状态

如图 6-33 所示为交-直-交电流型 PWM 变频电路,负载为三相异步电机。逆变器为采用 GTO 作为功率开关器件的电流型 PWM 逆变电路,GTO 用的是反向导电型器件,因此,给每个 GTO 串联了二极管以承受反向电压。逆变电路输出端的电容是为吸收 GTO 关断时所产生的过电压而设置的,它也可以对输出的 PWM 电流波形起滤波作用。整流电路采用晶闸管而不是二极管,这样在负载电机需要制动时,可以使整流部分工作在有源逆变状态,把电机的机械能反馈给交流电网,从而实现快速制动。

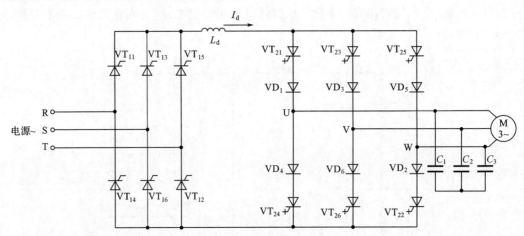

图 6-33　交-直-交电流型 PWM 变频电路

3.交-直-交电压型变频器与电流型变频器的性能比较

从主电路上看,交-直-交电压型变频器和电流型变频器的区别仅在于中间直流环节滤波器的形式不同,但是这样一来,却造成两类变频器在性能上有相当大的差异,主要表现如下:

(1)无功能量的缓冲

对于变频调速系统来说,变频器的负载是异步电机,属电感性负载,在中间直流环节与电机之间,除了有功功率的传送外,还存在无功功率的交换。逆变器中的电力电子开关器件无法储能,无功能量只能靠中间直流环节中作为滤波器的储能元件来缓冲,使它不致影响到交流电网。因此也可以说,两类变频器的主要区别在于用什么储能元件(电容器或电抗器)来缓冲无功能量。

（2）回馈制动

根据对交-直-交电压型与电流型变频电路的分析可知,用电流型变频器给异步电机供电的变频调速系统,其显著特点是容易实现回馈制动,从而便于四象限运行,适用于需要制动和经常正、反转的机械。与此相反,采用交-直-交电压型变频器的变频调速系统要实现回馈制动和四象限运行却比较困难,因为其中间直流环节有大电容钳制着电压,使之不能迅速反向,而电流也不能反向,所以在原装置上无法实现回馈制动。必须制动时,只好采用在中间直流环节中并联电阻的能耗制动(图 6-29),或者与可控整流器反并联设置另一组反向整流器,工作在有源逆变状态,以通过反向的制动电流,而维持电压极性不变,实现回馈制动(图 6-30)。这样做,设备就要复杂多了。

（3）适用范围

交-直-交电压型变频器属于恒压源,电压控制响应慢,所以适用于作为多台电机同步运行时的供电电源但不要求快速加、减速的场合。交-直-交电流型变频器则相反,由于滤波电感的作用,系统对负载变化的反应迟缓,不适用于多电机传动,而更适合于一台变频器给一台电机供电的单电机传动,但可以满足快速启动、制动和可逆运行的要求。

（四）交-交变频电路

交-交变频电路是不通过中间直流环节而把电网频率的交流电直接交换成不同频率的交流电的变流电路。交-交变频电路也称为周波变流器,如图 6-34 所示。因为没有中间直流环节,仅用一次变换就实现了变频,所以效率较高。大功率交流电机调速系统所用的变频器主要是交-交变频器。

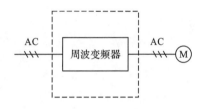

图 6-34 交-交变频电路框图

交-交变频器按输出的相数可分为单相、两相和三相交-交变频器;按输出波形可分为正弦波和方波变频器。下面主要介绍广泛采用的单相和三相正弦波交-交变频电路。

1. 单相交-交变频电路

（1）原理电路

单相交-交变频电路的原理如图 6-35(a)所示,它由正、反两组反并联的晶闸管变流电路组成。只要适当对正、反两组电路进行控制,在负载上就能获得交变的输出电压 u_o。u_o 的幅值取决于整流电路的控制角 α,u_o 的频率取决于两组整流电路的切换频率。变频和调压均由变频器本身完成。

如图 6-35(b)所示为整半周工作方式的输出波形。设正、反两组变流电路为单相全波输出,则在输出的前半周期内($T_o/2$),让正组变流电路工作三个电源电压整半周,此期间反组变流电路被封锁;然后在输出的后半周期内,让反组变流电路工作三个电源电压整半周,此期间正组变流电路停止工作。其输出交流电压频率为电源频率的 1/3,波形趋向方波。以此类推,当每个输出电压半周内包含电源电压整半周个数为 n 时,则输出交流电压频率为电源频率的 $1/n$。

按整半周工作方式工作,输出电压中包含有丰富的谐波。若每个电源电压半周内的控制角 α 不同,而且输出按理想的正弦波进行调制,则能获得如图 6-35(c)所示的波形。其输出交流电压的频率仍为电源频率的 1/3,其输出波形近似正弦波。这种工作方式称为 α 调制工作方式,是实际单相正弦波交-交变频电路所采用的一种工作方式。

在单相正弦波交-交变频电路中,若负载为电阻性,则输出电流与电压同相,正、反两组变流电路均工作在整流状态。若负载为电感性,则输出电流滞后于电压一个角度,波形如图 6-35(d)所示。两组变流电路,在 u_o、i_o 的极性相同时,工作在整流状态,变流电路向负载送出电能;在 u_o、i_o 的极性相反时,工作在逆变状态,变流电路吸收负载电能,回送到交流电网。

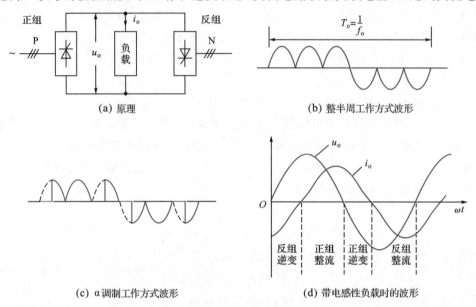

(a) 原理 　　 (b) 整半周工作方式波形

(c) α调制工作方式波形 　　 (d) 带电感性负载时的波形

图 6-35　单相交-交变频电路

单相交-交变频电路中如果正、反两组变流电路同时导通,将经过晶闸管形成环流。为了避免这一情况,可以在两组变流电路之间接入限制环流的电抗器,或者合理安排触发电路,当一组有电流时,另一组不发触发脉冲,使两组间歇工作。这类似于直流可逆系统中的有环流和无环流控制。

(2)单相正弦波交-交变频电路

交-交变频器多由三相电网供电,如图 6-36 所示是由两组三相半波可控整流电路接成反并联的形式供给单相负载的无环流单相正弦波交-交变频电路,它形式上与三相零式可逆整流电路完全一样。当分别以不同 α,即半周期内 α 由大变小,再由小变大,如由 90° 变到接近 0°,再由 0° 变到 90° 去控制正、反两组晶闸管时,只要电网频率相对输出频率高出许多倍,便可得到由低到高,再由高到低接近正弦规律变化的交流输出。如图 6-37 (a)所示是电感性负载有最大输出电压时的波形,其周期为电网周期的 5 倍,电流滞后电压,正、反两组变流电路均出现逆变状态。可以看出,输出电压波形是在每一电网周期,控制相应晶闸管开关在适当时刻导通和阻断,以便从输入波形区段上建造起低频输出波形。或者通俗地说,输出电压是由交流电网电压若干线段"拼凑"起来的。而且,输出频率相对输入频率比越低和相数越多,则输出波形谐波含量就越小。当改变控制角时,即可改变输出幅值,减小输出时的电压波形,如图 6-37(b)所示。

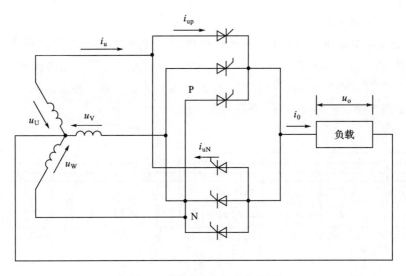

图 6-36　单相正弦波交-交变频电路

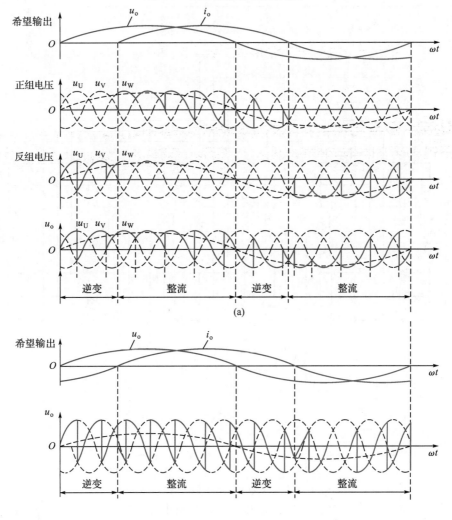

图 6-37　单相正弦波交-交变频电路带电感性负载时的波形

2.三相交-交变频电路

三相交-交变频电路由三套输出电压彼此互差120°的单相交-交变频器组成,它实际上包括三套可逆电路。如图 6-38、图 6-39 和图 6-40 所示分别为由三套三相零式和三相桥式可逆电路组成的三相交-交变频电路,每相由正、反两组晶闸管反并联三相零式或三相桥式电路组成。它们分别需要 18 个、36 个和 36 个晶闸管元件。

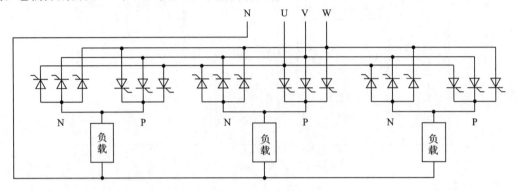

图 6-38   三相零式交-交变频电路

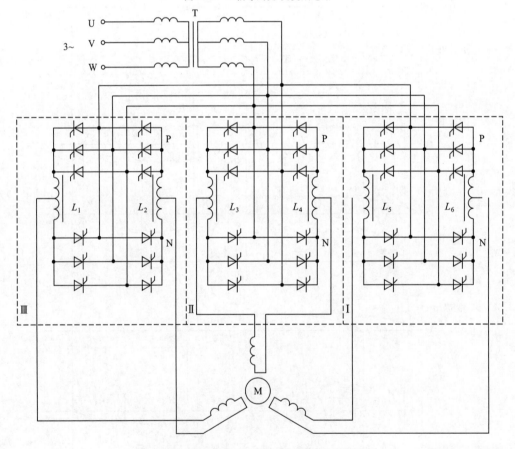

图 6-39   三相桥式交-交变频电路(公共交流母线进线)

三相桥式交-交变频电路有公共交流母线进线和输出星形连接两种方式,分别用于中、大容量,分别如图 6-39 和图 6-40 所示。前者三套单相交-交变频器的电源进线接在公共母线上(图 6-39 中设有公共变压器 T),三个输出端必须互相隔离,电机的三个绕组需拆开,引出六根

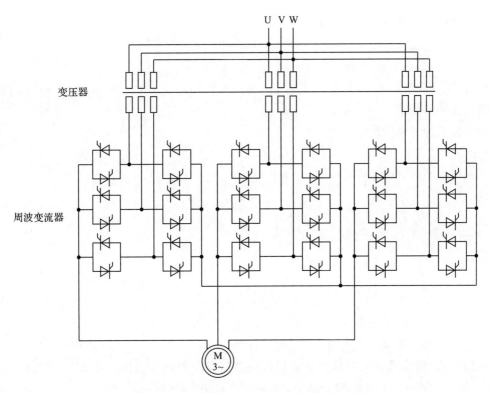

图 6-40　三相桥式交-交变频电路(输出星形连接)

线。后者三套单相交-交变频电路的输出端星形连接,电机的三个绕组也是星形连接,电机绕组的中点不与变频器中点接在一起,电机只引出三根线即可。因为三套单相交-交变频器连在一起,其电源进线就必须互相隔离,所以三套单相交-交变频器分别用三个变压器供电。三相桥式交-交变频电路带电感性负载时的 U 相输出波形如图 6-41 所示。

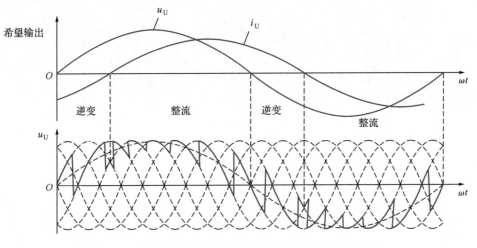

图 6-41　三相桥式交-交变频电路带电感性负载时的 U 相输出波形

3.输出正弦波电压的调制方法

使交-交变频电路的输出电压波形为正弦波的调制方法有多种,现介绍其中使用较广泛的余弦交点法。

晶闸管变流电路的输出电压为

$$u_o = U_{do}\cos\alpha \tag{6-3}$$

式中，U_{do} 为 $\alpha=0°$ 时的理想空载整流电压。

对交-交变频电路来说，每次控制时 α 角都是不同的，式(6-3)中的 u_o 表示每次控制间隔内输出电压的平均值。

设要得到的正弦输出电压为

$$u_o = U_{om}\sin(\omega_o t) \tag{6-4}$$

则比较式(6-3)和式(6-4)可得

$$\cos\alpha = \frac{U_{om}}{U_{do}}\sin(\omega_o t) = \gamma\sin(\omega_o t) \tag{6-5}$$

式中，γ 称为输出电压比，$\gamma = U_{om}/U_{do}(0 \leqslant \gamma \leqslant 1)$。

因此

$$\alpha_P = \cos^{-1}[\gamma\sin(\omega_o t)] \tag{6-6}$$

$$\alpha_N = \cos^{-1}[-\gamma\sin(\omega_o t)] \tag{6-7}$$

式(6-6)和式(6-7)就是用余弦交点法求变流电路 α 角的基本公式。利用计算机在线计算或用正弦波移相的触发装置即可实现 α_P、α_N 的控制要求。

如图 6-42 所示是在电感性负载下利用余弦交点法得到的三相桥式交-交变频电路的 U 相输出波形。其中，三相余弦同步信号 $u_{T1} \sim u_{T6}$ 比其相应的线电压超前 30°。也就是说，$u_{T1} \sim u_{T6}$ 的最大值正好和相应线电压 $\alpha=0°$ 的时刻对应，如以 $\alpha=0°$ 为零时刻，则正好为余弦信号。如图 6-42(b)所示，正组控制角 α_P 是由基准正弦波 u_r 与各余弦同步波的下降段交点 a、b、c、d、e 决定的。而反组控制角 α_N 是由基准正弦波 u_r 与各余弦同步波的上升段交点 f、g、h、i、j 决定的。图 6-42(a)中的 T_o 表示采用无环流控制方式下必不可少的控制死区。

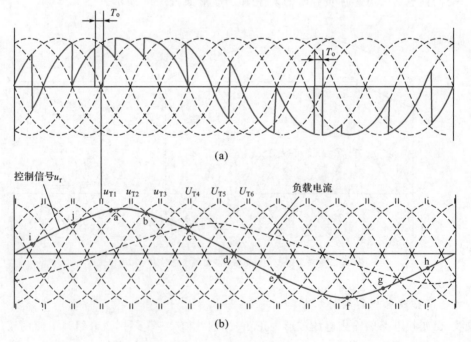

图 6-42　余弦交点法输出波形

　　可以看出,当改变给定基准正弦波 u_r 的幅值和频率时,它与余弦同步信号的交点也改变,从而改变正、反组电源周期各相中的 α,达到调压和变频的目的。由于交-交变频器的输入为电网电压,晶闸管的换流为交流电网换流方式。电网换流不能在任意时刻进行,并且电压反向时最快也只能沿着电源电压的正弦波形变化,所以交-交变频电路的最高输出频率一般不超过电源频率的 $1/3\sim1/2$,即不宜超过 25 Hz。否则,输出波形畸变太大,对电网干扰大,不能用于实际。

　　如图 6-43 所示为使正、反两组变流电路按间歇方式工作的余弦交点法控制框图。由期望输出正弦波与余弦同步信号的交点建立时基信号送到正、反两组触发电路。电流检测作为禁止信号,即一组电流尚在流过时,另一组不得导通。

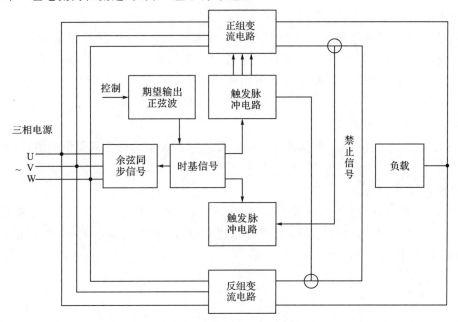

图 6-43　余弦交点法控制框图

4. 交-交变频器的特点

和交-直-交变频器相比,交-交变频器有以下优点:

(1)只用一次变流,且使用电网换相,提高了变流效率。

(2)和交-直-交电压型变频器相比,可以方便地实现四象限工作。

(3)低频时输出波形接近正弦波。

其主要缺点如下:

(1)接线复杂,使用的晶闸管较多。由三相桥式变流电路组成的三相交-交变频电路至少需要 36 个晶闸管。

(2)受电网频率和变流电路脉波数的限制,输出频率较低。

(3)采用相控方式,功率因数较小。

由于以上优、缺点,交-交变频器主要用于 500 kW 或 1 000 kW 以上,转速在 600 r/min 以下的大功率、低转速的交流调速装置中。目前已在矿石破碎机、水泥球磨机、卷扬机、鼓风机及轧机主传动装置中获得了较多的应用。它既可用于异步电机传动,也可用于同步电机传动。

　　应当指出的是,交-交变频器也分为电压源型和电流源型两种,以上介绍的是异步电机调速系统中常用的交-交电压型变频器,且采用的是电网换相方式。当使用负载谐振换相(感应加热电源用交-交变频电路)或器件换相(全控型器件构成的交-交变频电路)时,可以使输出频率高于输入电网频率。

四、变频器的控制方式

变频器的主电路基本上都是一样的(所用的开关器件有所不同),而控制方式却不一样,需要根据电机的特性对供电电压、电流、频率进行适当的控制。

变频器具有调速功能,但采用不同的控制方式所得到的调速性能、特性以及用途是不同的。控制方式大体可分 U/f 控制方式、转差频率控制、矢量控制。

(一)U/f 控制

U/f 控制是一种比较简单的控制方式。它的基本特点是对变频器的输出电压和频率同时进行控制,通过增大 U/f 值来补偿频率下调时引起的最大转矩减小而得到所需的转矩特性。采用 U/f 控制方式的变频器控制电路成本较低,多用于对精度要求不太高的通用变频器。

1.U/f 控制曲线的种类

为了方便用户选择 U/f,变频器通常都是以 U/f 控制曲线的方式提供给用户,如图 6-44 所示。

(1)基本 U/f 控制曲线

基本 U/f 控制曲线表明没有补偿时定子电压和频率的关系,它是进行 U/f 控制时的基准线。在基本 U/f 控制曲线上,与额定输出电压对应的频率称为基本频率,用 f_b 表示。基本 U/f 控制曲线如图 6-45 所示。

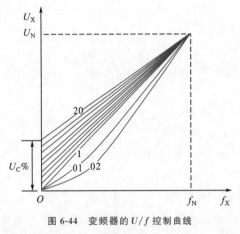

图 6-44　变频器的 U/f 控制曲线

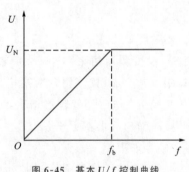

图 6-45　基本 U/f 控制曲线

(2)转矩补偿的 U/f 控制曲线

特点:在 $f=0$ 时,不同的 U/f 控制曲线电压补偿值不同,如图 6-44 所示。

适用负载:经过补偿的 U/f 控制曲线适用于低速时需要较大转矩的负载,且根据低速时负载的大小来确定补偿程度,选择 U/f 控制曲线。

(3)负补偿的 U/f 控制曲线

特点:低速时,U/f 控制曲线在基本 U/f 控制曲线的下方,如图 6-44 中的 01、02 曲线所示。

适用负载:主要适用于风机、泵类的平方率。由于这种负载的阻转矩和转速的平方成正比,即低速时负载转矩很小,即使不补偿,电机输出的电磁转矩都足以带动负载。

(4)分段补偿的 U/f 控制曲线

特点: U/f 控制曲线由几段组成,每段的 U/f 值均由用户自行给定,如图 6-46 所示。

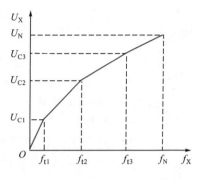

适用负载:负载转矩与转速大致成比例的负载。在低速时,补偿少;在高速时,补偿程度需要加大。

2.选择 U/f 控制曲线时常用的操作方法

上面讲解了 U/f 控制曲线的选择方法和原则,但是由于具体补偿量的计算非常复杂,因此在实际操作中,常用实验的方法来选择 U/f 控制曲线。具体操作步骤如下:

图 6-46　分段补偿的 U/f 控制曲线

(1)将拖动系统连接好,带以最重的负载。

(2)根据所带负载的性质,选择一个较小的 U/f 控制曲线。在低速时观察电机的运行情况,如果此时电机的带负载能力达不到要求,需将 U/f 控制曲线提高一挡。依次类推,直到电机在低速时的带负载能力达到拖动系统的要求。

(3) 如果负载经常变化,在步骤(2)中选择的 U/f 控制曲线还需要在轻载和空载状态下进行检验。检验方法:将拖动系统带以最轻的负载或空载,在低速下运行,观察定子电流的大小,如果过大或者变频器跳闸,说明原来选择的 U/f 控制曲线过大,补偿过分,需要适当调低 U/f 控制曲线。

(二)转差频率控制

转差频率控制是对 U/f 控制的一种改进。在采用这种控制方式的变频器中,电机的实际速度由安装在电机上的速度传感器和变频器控制电路得到,而变频器的输出频率则由电机的实际转速与所需转差频率的和自动设定,从而达到在进行调速控制的同时,控制电机输出转矩的目的。

转差频率控制是利用了速度传感器的速度闭环控制,并可以在一定程度上对输出转矩进行控制,所以和 U/f 控制相比,在负载发生较大变化时,仍能达到较高的速度精度和具有较好的转矩特性。但是,由于采用这种控制方式时,需要在电机上安装速度传感器,并需要根据电机的特性调节转差,通常多用于厂家指定的专用电机,通用性较差。

(三)矢量控制

矢量控制是一种高性能的异步电机的控制方式,它从直流电机的调速方法得到启发,利用现代计算机技术解决了大量的计算问题,是异步电机一种理想的调速方法。

矢量控制的基本思想是将异步电机的定子电流在理论上分成两部分,即产生磁场的电流分量(磁场电流)和与磁场相垂直、产生转矩的电流分量(转矩电流),并分别加以控制。

由于在进行矢量控制时,需要准确地掌握异步电机的有关参数,这种控制方式过去主要用于厂家指定的变频器专用电机的控制。随着变频调速理论和技术的发展,以及现代控制理论在变频器中的成功应用,目前在新型矢量控制变频器中,已经增加了自整定功能。带有这种功能的变频器,在驱动异步电机进行正常运转之前,可以自动地对电机的参数进行识别,并根据辨识结果调整控制算法中的有关参数,从而使得对普通异步电机进行矢量控制也成为可能。

使用矢量控制的要求：

1. 矢量控制的设定

现在在大部分的新型通用变频器都有了矢量控制功能，只需在矢量控制功能中选择"用"或"不用"就可以了。在选择矢量控制后，还需要输入电机的容量、极数、额定电压、额定频率等。

由于矢量控制是以电机的基本运行数据为依据，因此电机的运行数据就显得很重要，如果使用的电机符合变频器的要求，且变频器容量和电机容量相吻合，变频器就会自动搜寻电机的参数，否则就需要重新测定。

2. 矢量控制的要求

若选择矢量控制方式，则要求：一台变频器只能带一台电机；电机的极数要按说明书的要求，一般以 4 极电机为最佳；电机容量与变频器容量相当，最多差一个等级；变频器与电机间的连接不能过长，一般应在 30 m 以内，如果超过 30 m，需要在连接好电缆后，进行离线自动调整，以重新测定电机的相关参数。

3. 使用矢量控制的注意事项

在使用矢量控制时，可以选择是否需要速度反馈；频率显示以给定频率为好。

(四)三种控制方式的特性比较

以上三种控制方式的特性比较见表 6-3。

表 6-3　　　　　　　　　　　三种控制方式的特性比较

名　称		U/f 控制	转差频率控制	矢量控制
加、减速特性		急加、减速控制有限度，四象限运转时，在零速度附近有空载时间，过电流抑制能力弱	急加、减速控制有限度（比 U/f 控制有提高），四象限运转时，通常在零速度附近有空载时间，过电流抑制能力中	急加、减速控制无限度，可以进行连续四象限运转，过电流抑制能力强
速度控制	范围	1：10	1：20	1：100 以上
	响应	—	5～10 rad/s	30～100 rad/s
	定常精度	根据负载条件转差频率发生变动	与速度检出精度、控制运算精度有关	模拟最大值的 0.50% 数字最大值的 0.05%
转矩控制		原理上不可能	除车辆调速等外，一般不适用	适用，可以控制静止转矩
通用性		基本上不需要因电机特性差异进行调整	需要根据电机特性给定转差频率	按电机不同的特性需要给定磁场电流、转矩电流、转差频率等多个控制量
控制构成		最简单	较简单	稍复杂

(五)直接转矩控制

直接转矩控制是利用空间矢量坐标的概念，在定子坐标系下分析交流电机的数学模型，控制电机的磁链和转矩，通过检测定子电阻来达到观测定子磁链的目的，因此省去了矢量控制等复杂的变换计算，系统直观、简洁，计算速度和精度都比矢量控制方式有所提高。即使在开环的状态下，也能输出 100% 的额定转矩，对于多拖动具有负荷平衡功能。

(六)最优控制

最优控制在实际中的应用根据要求的不同而有所不同，可以根据最优控制的理论对某一个控制要求进行个别参数的最优化。例如在高压变频器的控制应用中,可采用时间分段控制和相位平移控制两种策略实现一定条件下的电压最优波形。

（七）其他非智能控制方式

在实际应用中,还有一些非智能控制方式在变频器的控制中得以实现,如自适应控制、滑模变结构控制、差频控制、环流控制、频率控制等。

五、变频器的控制电路

向变频器的主电路提供控制信号的电路,称为控制电路。

（一）控制电路的构成

1.运算电路

运算电路将外部的速度、转矩等指令同检测电路的电流、电压信号进行比较运算,决定变频器的输出电压、频率。

2.检测电路

检测电路与主电路电位隔离检测电压、电流等。检测方式见表6-4。

表6-4　　　　　　　　　　　　　　　检测方式

名　称	方　式	特　点
电流检测	CT	只能检测交流电流
	霍尔 CT	交、直流两用,有温度漂移
	分流器	交、直流两用,需要隔离放大器
电压检测	PT	只能检测交流电压
	电阻分压	交、直流两用,需要隔离放大器

3.驱动电路

驱动电路用于驱动主电路元件。它与控制电路隔离使主电路元件导通、关断。

4.速度检测电路

速度检测电路以装在异步电机轴上的速度检测器的信号为速度信号,送入运算电路,根据指令和运算可使电机按指令速度运转。

5.保护电路

保护电路检测主电路的电压、电流等。当发生过载或过电压等异常时,为了防止变频器和异步电机损坏,使变频器停止工作或抑制电压、电流值。

（二）模拟控制与数字控制

模拟控制与数字控制的比较见表6-5。

表6-5　　　　　　　　　　　　　模拟控制与数字控制的比较

名　称	模拟控制	数字控制
稳定性、精度	易受温度变动、长时间运行产生的变化和器件的参差性的影响	不易受温度变动、长时间运行产生的变化和器件的参差性的影响
整定	需要再整定,整定点多且复杂,微调	基本上不需要再整定,整定点少且容易
电路组成	元器件多,电路复杂	元器件少,电路较简单
分辨率	连续变化,可以进行微小控制	受位数限制,分辨率较低,在微小控制的场合要注意
运算速度	并联运算,高速	为离散系统,决定于离散时间和处理时间
抗干扰性	抗干扰性差,用滤波器难以消除干扰	抑制在数字 IC 变化水平以下,则不易受影响

由表 6-5 可以看出,数字控制在整定、稳定性、精度方面性能优良,所以在变频器中被普遍采用。

(三)保护电路

变频器控制电路中的保护电路,可分为变频器保护电路和异步电机保护电路两种,具体保护功能如下。

1. 变频器保护电路

(1)瞬时过电流保护电路

由于变频器负载侧短路等,当流过变频器的电流达到异常值(超过允许值)时,瞬时停止变频器运转,切断电流。变流器的输出电流达到异常值,也同样停止变频器运转。

(2)过载保护电路

若变频器输出电流超过额定值,且持续流通达规定的时间以上,为了防止变频器元件、电线等损坏要停止运转。恰当的保护需要反时限特性,采用热继电器或者电子热保护。过负载是负载的 GD^2(惯性)过大或因负载过大使电机堵转而产生的。

(3)再生过电压保护电路

采用变频使电机快速减速时,再生功率使直流电路电压增大,有时会超过允许值,这时可以采取停止变频器或停止快速减速的办法,防止过电压。

(4)瞬时停电保护

对于数毫秒以内的瞬时停电,控制电路工作正常,但瞬时停电如果达数十毫秒以上,通常不仅控制电路误动作,主电路也不能供电,所以检出停电后使变频器停止运转。

(5)接地过电流保护电路

变频器负载侧接地时,为了保护变频器有时有接地过电流保护功能。但为了确保人身安全,需要装设漏电保护器。

(6)冷却风机异常保护电路

有冷却风机的装置,当风机异常时,装置内温度将上升,因此采用风机热继电器或元件散热片温度传感器,检测到异常温度后停止变频器运转。在温度上升很小且对运转无妨碍的场合,可以省略。

2. 异步电机保护

(1)过载保护电路

过载检测装置与变频器保护共用;为防止低速运转造成的过热,在异步电机内埋入温度检测装置,或者利用装在变频器内的电子热保护来检测过热。动作频繁时,可以考虑减轻电机负载、增大电机及变频器容量等。

(2)超频(超速)保护电路

变频器的输出频率或者异步电机的速度超过规定值时,停止变频器运转。

3. 其他保护电路

(1)防止失速过电流保护电路

急加速时,如果异步电机跟踪迟缓,则过电流保护电路动作,运转就不能继续进行(失速)。所以,在负载电流减小之前要进行控制,抑制频率上升或使频率下降。对于恒速运转中的过电流,有时也进行同样的控制。

(2)防止失速再生过电压保护电路

减速时产生的再生能量使主电路直流电压增大,为了防止再生过电压保护电路动作,在直流电压减小之前要进行控制,抑制频率下降,防止不能运转(失速)。

六、变频器的选择和容量计算

由于变频器的控制方式不同,各种型号的变频器的应用场合也有不同。为了达到最优的控制,选择和使用好变频器是非常重要的一个环节。

(一)负载特性

现在就变频器的负载特性介绍如下,以便更好地使用变频器。

1.负载转矩的特性

负载被传动时要求电机产生转矩,其大小随负载各种条件而变化。但如果负载侧其他条件不变,或者负载侧处于有效地进行正规控制的状态下,表示各种转速下转矩大小的转矩-转速曲线,根据其形状大体可分三类,如图 6-47 所示。

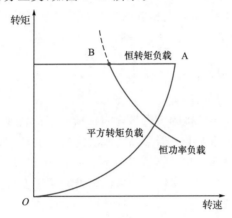

图 6-47　转矩-转速曲线

(1)恒转矩负载,如挤压机、传送带等。

(2)平方转矩负载,如泵、风机等。

(3)恒功率(反比例转矩)负载,如卷取机、机床主轴等。

通常,传动系统的额定点选为图 6-47 中的 A 点,但对于恒功率负载多选为 B 点。此外,这些曲线多数只表示通常状态下的特性,但根据负载的种类,有些加、减速时的曲线与此不同,需要注意。

2.负载的启动转矩

负载在启动时的转矩与上述不相关,在选择变频器时,以额定工作点的转矩为 100%,则负载启动转矩值大体如下:

风扇、鼓风机:30% 以下;

挤压机、压缩机:150% 以上。

3.PUGD^2

旋转体惯性的大小多用 GD^2 表示,GD^2 是决定旋转体加、减速特性的重要因素。但是掌握用电机额定转矩和额定转速表示的单位值,在确定加、减速时间上比绝对值方便,所以也常使用式(6-8)表示 PUGD^2 的值。

$$PUGD^2 = (GD^2 n_N^2)/(365 P_N) \times 10^{-2} \tag{6-8}$$

式中,GD^2 为旋转体的飞轮转矩,N·m^2;n_N 为额定转速,r/min;P_N 为电机额定输出功率,kW。

PUGD² 表示当负载转矩为零、电机额定转矩在各速度下不变并加在具有 GD² 的旋转体上时,速度从零加速到额定转速时所需要的时间。典型负载的 PUGD² 值如下:

普通电机:0.2~1.0 s;

泵:0.1~0.5 s;

风扇、鼓风机:10~30 s。

4. 过负载

根据负载的不同,启动后在达到常规状态之前,有的要求长时间过载运转,有的由于运转中负载侧的外界干扰,常常要求额定以上的转矩;而且电机的输出转矩不仅是负载的常规转矩,还包括电机、负载的惯性系统加速用转矩,对于负载转矩的常规最大值,如果电机转矩的额定值选择时没有一定裕量,那么加速用转矩就要在变频器和电机的过载容量范围内得到供给。

即使在这样的状态下,为了运转能正常地继续进行,或者为了确保所需的加、减速时间,也必须选择变频器和电机使它们具有与此相应过载容量。如果变频器和电机的过载容量(大小、持续时间)不能满足这些要求,就需要选择更大的额定容量。

5. 齿轮的作用

当电机的转速不能完全满足负载时,还需要齿轮配合调速。

通常,在下列场合可考虑使用齿轮:

(1)机械的额定转速比标准电机的极数与 50 Hz 所决定的转速低时,可以使用减速齿轮。

(2)机械的所需的最大转速比变频器最高频率决定的电机转速大时,可以使用增速齿轮。

(3)仅使用变频器最低频率到 50 Hz 额定频率的范围,电机最大/最小转速的比不足时,利用变频器工频以上的增速特性,此时多维持原来的最低频率不变,使用相对的减速齿轮以使最大速度与原来的额定速度一致。

(4)增大启动转矩时,可以使用减速齿轮。为使最大转速与原来的额定速度相一致,变频器的最高频率要选高些。

对于情况(1)来说,如果减小输入变频器指令的上限,以适应机械的额定转速,不用齿轮也能满足,但额定速度/最低速度的比将减小,速度控制范围变窄,导致变频器和电机的利用率低。另外,通用变频器在工频以上输出频率区域为恒功率特性,随着频率的上升,转矩减小,所以对于(3)(4)两种情况,使用齿轮时,要考虑在高速区转矩的问题。

使用齿轮比 $G_1:G_2$(电机侧:机械侧)的齿轮时,电机侧与负载侧的物理量关系为(假设齿轮的效率为理想化,即效率为 100%):

$$n_2 = G_1 n_1 / G_2 \tag{6-9}$$

$$T_2 = G_2 T_1 / G_1 \quad (GD^2)'_2 = (G_1/G_2)(GD^2)_2 \tag{6-10}$$

式中,n_1 为电机转速;n_2 为机械侧转速;$(GD^2)_2$ 为负载的 GD^2;$(GD^2)'_2$ 为折算到电机侧的负载 GD^2。

6. 前馈控制与反馈控制

调速系统控制方式可分为前馈控制和反馈控制两种。

前馈控制也称预测控制。对于前馈控制,确定作为目标的控制对象的值,其因数即使有若干个,只要用其中的一个因数就可以基本上确定控制对象的值,其他因数的采用对控制对象的影响不太大,或者即使存在影响大的因素,由控制系统内的某一个值基本上可以预测修正其影响。

反馈控制用于决定控制对象的值的因数多、预测修正困难的场合,或者用于仅用前馈控制精度不能满足要求的场合。控制对象的值用传感器直接检测出,为了使此值与目标值一致,调整直接的操作量(主要是输出频率),而不是控制对象。

前馈控制与反馈控制的特点见表 6-6。

表 6-6　　　　　　　　　　　　　　　　前馈控制与反馈控制的特点

名　称	前馈控制	反馈控制
控制电路	相对简单	复杂
反馈	无(开环)	有(闭环)
抗干扰性	差	强
传感器	不需要	需要
精度	低	高

(二)变频器类型的选择

调速电机所传动的生产机械的控制对象中,有速度、位置、张力等。对于每一个控制对象,生产机械的特性和要求的性能是不同的。选择变频器要考虑这些特点。

(1)当调速系统控制对象是改变电机速度时,其变频器的选择需考虑表 6-7 中的因素。

表 6-7　　　　　　　　　　　　　　　　控制速度的变频器的选择

控制对象	通用变频器	转差频率控制变频器	矢量控制变频器
转矩	选用满足该转矩的变频器	选用满足该转矩的变频器	选用满足该转矩的变频器
加、减速时间	加速时必须限制频率指令的上升率	在速度指令急速改变时,本身能将电流限制在允许值以内	在速度指令急速改变时,本身能将电流限制在允许值以内
速度控制范围	必须选择能覆盖所需速度控制范围的变频器	必须选择能覆盖所需速度控制范围的变频器	必须选择能覆盖所需速度控制范围的变频器
避免危险速度下的运转	选择具有频率跳变电路的机种	选择具有频率跳变电路的机种	选择具有频率跳变电路的机种
速度传感器和调节器的使用	考虑温度漂移和干扰的影响	考虑温度漂移和干扰的影响	考虑温度漂移和干扰的影响
高精度	选用高频率分辨率的变频器	选用高频率分辨率的变频器	选用高频率分辨率的变频器

(2)当调速系统控制对象是控制负载的位置或角度时,其变频器的选择需考虑表 6-8 中的因素。

表 6-8　　　　　　　　　　　　　　　　控制负载的变频器的选择

控制方式	通用变频器	通用伺服机用变频器	专用伺服机用变频器
开环位置控制方式	通用变频器;通用变频器+制动单元;通用变频器+制动单元+机械制动器	不需要	不需要
手动决定位置的控制方式	满足	不需要	不需要
闭环位置控制方式	选用转矩增益大的、带有齿隙补偿功能的变频器	必须选择能覆盖所需速度控制范围的变频器	必须选择能覆盖所需速度控制范围的变频器
精度	1 mm	10 μm	1 μm

(3)对于造纸、钢铁、胶卷等工厂中处理薄带状加工物的设备,由于产品质量上的要求,必须进行使生产中加工物的张力为一定值的控制。其变频器的选择需考虑表 6-9 中的因素。

表 6-9　　　　　　　　　　有产品质量要求时变频器的选择

控制方式	变频器
采用转矩电流控制的张力控制	用于移动物体的变频器可采用通用变频器；用于施加与旋转方向相反的转矩的变频器采用矢量控制变频器，必须要有速度限制功能
采用拉延的张力控制	使用具有速度反馈控制的变频器，应具有制动功能
采用调节辊的张力控制	通用变频器
采用张力检测器的张力控制	矢量控制变频器

（4）当要求调节响应快、精度高时，其变频器的选择需考虑表 6-10 中的因素。

表 6-10　　　　　　　　要求调节响应快、精度高时变频器的选择

控制对象	变频器
要求响应快的系统	对于 PWM 控制的变频器，要求开关频率为 $1\sim3$ kHz；能满足机床等用途的变频器，要有再生制动功能；通用变频器不常使用；转差频率控制变频器响应速度较快，但不能满足更快的要求；矢量控制变频器可以满足更快的要求，主电路的开关频率要高
要求高精度的系统	采用全数字控制的变频器，数据运算在 16 位以上

（5）几乎对于所有的用途，电机都是要克服来自负载的阻碍旋转的反抗转矩，使负载向着所要求的方向旋转。与此相反，要求电机产生与其转向相反转矩的负载，称为负负载。对于此类负载，变频器的选择需考虑表 6-11 中的因素。

表 6-11　　　　　　　　　　负负载的变频器的选择

控制方式	变频器
再生过电压失速防止控制	具有再生制动功能的变频器，制动力矩为额定转矩的 $10\%\sim20\%$，设置再生过电压失速防止功能，响应速度快
制动单元	对于小容量的变频器，选择有内藏此功能的机种，也可在外部附加；对于大容量的变频器，控制单元和电阻单元分设，响应速度快
再生整流器	带有再生整流器的专用变频器

（6）加有冲击的负载称为冲击负载。对于此类负载，变频器的选择同样需考虑表 6-11 中的因素。

（三）变频器容量的选择

1.根据电机电流选择变频器容量

采用变频器驱动异步电机调速，在异步电机确定后，通常应根据异步电机的额定电流来选择变频器，或者根据异步电机实际运行中的电流值（最大值）来选择变频器。

（1）连续运行的场合变频器容量的选择

由于变频器供给电机是脉动电流，其脉动瞬时值比工频供电时瞬时电流要大，因此须将变频器的容量留有适当的余量。通常应取变频器额定输出电流 I_{NV} 大于或等于 $1.05\sim1.10$ 倍电机的额定电流（铭牌值）I_N 或电机实际运行中的最大电流 I_{max}，即

$$I_{NV}\geqslant(1.05\sim1.10)I_N \quad 或 \quad I_{NV}\geqslant(1.05\sim1.10)I_{max} \tag{6-11}$$

若按电机实际运行中的最大电流来选定变频器，则变频器的容量可以适当缩小。

（2）加、减速时变频器容量的选择

变频器的最大输出转矩是由变频器的最大输出电流决定的。一般情况下,对于短时间的加、减速而言,变频器允许达到额定输出电流130%～150%(视变频器容量),因此,在短时间加、减速时,输出转矩也可以增大。反之,如果只需要较小的加、减速转矩,也可减小变频器的容量。由于电流的脉动原因,此时应将变频器的最大输出电流减小10%后再进行选择。

（3）频繁加、减速运转时变频器容量的选择

如图6-48所示,可根据加速、恒速、减速等各种运行状态下的电流值,按式(6-12)进行选择。

$$I_{NV}=[(I_1t_1+I_2t_2+I_3t_3+I_4t_4+I_5t_5)/(t_1+t_2+t_3+t_4+t_5+t_6)]K \qquad (6\text{-}12)$$

式中,$I_1 \sim I_5$ 为各运行状态下的平均电流,A;$t_1 \sim t_6$ 为各运行状态下的时间,s;K 为安全系数,运行频繁时 $K=1.2$,其他时间为1.1。

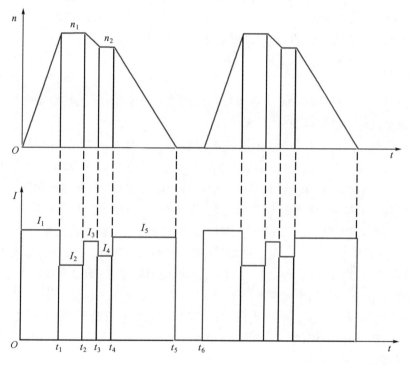

图6-48　运行曲线

（4）电流变化不规则时变频器容量的选择

在运行中,若电机电流不规则变化,此时不易获得运行曲线,这时可使电机在输出最大转矩时的电流限制在变频器的额定输出电流内进行选择。

（5）电机直接启动时变频器容量的选择

通常,三相异步电机直接用工频启动时启动电流为其额定电流的5～7倍,直接启动时可按式(6-13)选取变频器。

$$I_{NV} \geqslant I_K/K_g \qquad (6\text{-}13)$$

式中,I_K 为在额定电压、额定频率下电机启动时的堵转电流,A;K_g 为变频器的允许过载倍数,一般为1.3～1.5。

（6）多台电机共用一台变频器供电时变频器容量的选择

除了以上几条要考虑的,还应考虑以下几点:

①在电机总功率相等的情况下,由多台小功率电机组成的一方,比台数少但功率大的一方效率低,因此两者电流值并不等。所以可根据各电机的电流值来选择变频器。

②在整定软启动、软停止时,一定要按启动最慢的那台电机进行整定。

③如果有一部分电机直接启动时,可按式(6-14)进行计算。

$$I_{NV} \geqslant [N_2 I_K + (N_1 - N_2) I_N] / K_g \qquad (6\text{-}14)$$

式中,N_1 为电机总台数;N_2 为直接启动的电机台数。

多台电机依次直接启动,到最后一台时,启动条件最不利。另外,当所有电机均启动完毕后,还应满足 $I_{NV} \geqslant$ 多台电机的额定电流的总和。

(7)容量选择的注意事项

①并联追加投入启动　用一台变频器带多台电机并联运转时,如果所有电机同时启动加速可如前所述选择容量。但是对于一小部分电机开始启动后再追加投入其他电机启动的场合,此时变频器的电压、频率已经增大,追加投入的电机将产生大的启动电流。因此,变频器容量与同时启动时相比较需要大些,额定输出电流可计算为

$$I_{NV} \geqslant \sum^{N_1} K I_m + \sum^{N_2} I_{ms} \qquad (6\text{-}15)$$

式中,N_1 为先启动的电机台数;N_2 为追加投入启动的电机台数;I_m 为先启动的电机的额定电流,A;I_{ms} 为追加投入电机的启动电流,A。

②大过载容量　根据负载的种类往往需要过载容量大的变频器,但通用变频器过载容量通常为 125%,60 s 或 150%,60 s。需要超过此值的过载容量时,必须增大变频器的容量。

③轻载电机　电机的实际负载比电机的额定输出功率小时,多认为可选择与实际负载相称的变频器容量。但是对于通用变频器,即使实际负载小,使用比按电机额定功率选择的变频器容量小的变频器并不理想,其理由如下:电机在空载时也流过额定电流的 30%~50% 的励磁电流;启动时流过的启动电流与电机施加的电压、频率相对应,而与负载转矩无关,如果变频器容量小,此电流超过过电流容量,则往往不能启动;电机容量大,则以变频器容量为基准的电机漏抗百分比变小,变频器输出电流的脉动增大,因而过电流保护容易动作,往往不能运行;电机用通用变频器启动时,其启动转矩同用工频电源启动相比多数变小,根据负载的启动转矩特性有时则不能启动,另外,在低速运转时的转矩有比额定转矩减小的倾向,用选定的变频器和电机不能满足负载所要求的启动转矩和低速区转矩时,变频器和电机的容量还需要加大。

2. 根据输出电压选择变频器容量

变频器输出电压可按电机额定电压选定。按我国标准,可分成 220 V 系列和 400 V 系列两种。对于 3 kV 的高压电机使用 400 V 级的变频器,可在变频器的输入侧装设输入变压器,输出侧装设输出变压器,将 3 kV 下降为 400 V,再将变频器的输出升高到 3 kV。

3. 根据输出频率选择变频器容量

变频器的最高输出频率根据机种不同而有很大不同,有 50/60 Hz、120 Hz、240 Hz 或更高。50/60 Hz 的变频器以在额定速度以下进行调速运转为目的,大容量通用变频器基本都属于此类。最高输出频率超过工频的变频器多为小容量,在 50/60 Hz 以上区域由于输出电压不变,为恒功率特性,应注意在高速区转矩的减小。但车床等机床根据工件的直径和材料改变速度,在恒功率的范围内使用,在轻载时采用高速可以提高生产率,只是应注意不要超过电机和负载的允许最高速度。

七、变频器的运行方式

变频器在调速系统中,由于各种控制对象和负载以及调速系统要求的响应速度、精度不一样,要求采用变频器的外围设备及运行方式是不同的。

(一)正、反转运行

变频器基本上都有正、反转功能,无此功能的变频器则利用接触器切换输出侧的主电路。对于正转→停止→反转的电路,停止操作后要经过时间继电器的延时后才能进行下一步操作,时间继电器用于确认电机停止。

对于有反转功能的变频器,用继电器电路构成正转或反转信号输入变频器。

注意事项:

(1)变频器的保护功能动作时,可切断电源或接通复位端使变频器复位。

(2)时间继电器的整定时间要超过电机停止时间或变频器的减速时间。

(3)对于带有接触器进行输出切换的电路,正、反转的接触器要互锁。

(二)远距离操作运行

当变频器与操作地点的距离很远时,信号电缆长,由于频率给定信号电路电压小,电流微弱,非常容易受干扰。此时,采用选用件构成电路。选用件设置在变频器附近,按钮、启动开关等设置在操作地点,可进行远距离操作。

注意事项:

(1)选用件要设置在变频器的附近。

(2)信号电缆与动力电缆要分开布置。

(三)寸动运行

电机进行寸动运行时,另设寸动运行用频率给定器给出低速的频率指令,而不用平常运行时使用的频率给定器。启动、停止控制也是单独设置寸动运行电路,以此来选择寸动频率给定器,同时给变频器输入启动指令信号。

注意事项:

(1)不要在变频器负载侧另加接触器进行寸动运行。

(2)带制动器的电机的寸动运行,停止时使用变频器的输出停止端子。

(四)三速选择运行

电机以预先给定的三种速度运行,如风扇或鼓风机根据季节的风量切换,涂装设备根据漆零件切换,采用以预先给定的速度运行。使用选用件,选用件由启动、停止按钮和三种频率给定器以及上限频率给定器构成。高速、中速和低速指令由外部输入后,则选定频率给定信号给变频器输入指令,电机以设定的速度运行。

注意事项:

(1)选用件与变频器的频率给定信号由于电压小、电流弱等原因,原则上不能有接点加入。加入接点时,为了防止接触不良,应当用两个微电流继电器接点并联使用。

(2)要有互锁电路,以防止有两个外部速度给定信号同时输入。

(五)自动运行

检测风机、泵输出的流量、压力、温度的变化,用 PID 调节器调节速度,使输出量为恒值。现在的变频器大都有 PID 调节功能,如果没有此功能,可以加设专用的 PID 调节器,利用 U/I 转换器将调节器的电压信号转换成电流信号,输入到变频器的 20 mA 端子。

注意事项：

当使用专用的 PID 调节器进行自动运行时,可将变频器本身的频率给定信号切换开关选择在 20 mA 处,不需要前置放大器。

(六)并联运行

对于小容量风机、换气扇等,可用一台变频器使多台电机同时并联运行。

注意事项：

(1)不能使用变频器内的电子热保护,所以每台电机外加热继电器。

(2)变频器在运行中如果将停止的电机直接投入,有时因启动电流使保护装置动作,变频器停止运行。

(七)比例运行

在混料系统中,需要由几台带轮输送机按一定的比例分别供给相应的原料,在此系统中需要控制多台变频器。每个变频器输出的速度按比例给定,由比例给定单元给定,只要调节主速给定器就可以同步改变全体的速度了。

注意事项：

(1)由于频率给定信号电压小、电流弱,需要接入接点时,要用微电流开关用继电器的两个接点并联。

(2)信号线要远离动力线,并采用绞合屏蔽线。

(八)同步运行

两台变频器控制两台电机以同一速度运行,计算转速也一致,如带轮输送机。

注意事项：

(1)两台变频器的启动、停止要共用一个操作单元,使运行指令完全一致。

(2)一台变频器的速度由操作单元直接给定,另一台变频器的速度由位移检测装置与操作单元共同决定。

(九)同速运行

当一个传送带需要两台电机驱动,此时要求两台电机以同一速度运行,如挂链等。

注意事项：

(1)两台变频器的启动、停止要共用一个操作单元,使运行指令完全一致。

(2)一台变频器的速度由操作单元直接给定,另一台变频器的速度由位移检测装置与操作单元共同决定。

(十)带制动器的电机的运行

当接收停止指令后,运转中的电机急速停止,并要求确实保持电机的停止状态,如卷扬机、卷放机、升降装置等。

注意事项：

需加制动单元,制动电阻的大小要根据负载的大小选择。

(十一)变极电机的运行

当使用变极电机又使用变频器调速时,变频器的输出侧应加装变极的接触器。在变极转换时,应在电机停止转动时进行。在控制电路应加设时间继电器,用以延时电机的停止与再次启动的时间间隔。

注意事项：

(1)时间继电器的延时时间应超过从高速运转到以自由停止的时间。

(2)从高速到低速、低速到高速的切换,应在电机停止后进行。

(3)对于星形-三角形启动的电机,只使用三角形接法。

(十二)变频器异常时自动切换到工频电源运行

变频器发生异常时,需要电路控制电机自动切换到工频电源运行。该控制电路多样,使用者可自行设计。

注意事项:

(1)切换电路中的接触器要有电气互锁。

(2)变频器的保护功能动作时,可切断供电电源或对变频器进行复位。

(3)当停止变频器工作时,应延时等待电机停止后,才切换到工频电源运行,需装设时间继电器用于延时切换。

(十三)工频电源自动切换到变频器运行

为了不使电机停止运转,由工频电网自动切换到变频器运行。

注意事项:

(1)变频器内藏专用选用件,如安装在外部则可能干扰而产生误动作。

(2)切换电路的接触器要有电气互锁。

(3)工频电网与变频器输出的相序必须一致。

(4)对于自由停止快的负载需注意变频器复位的时间不能太长。

(十四)瞬停再启动运行

瞬停再启动分两种:一种是发生 15 ms 以上的瞬时停电,复电时可以不使电机停止而自动再启动运行;另一种是复电后使电机一度停止再启动运行。

注意事项:

(1)变频器内藏专用选用件,如安装在外部则可能干扰而产生误动作。

(2)对于在瞬停时间+复位时间内自由停止的负载,电机将一度停止,经复位时间后以通常的加速时间自动再启动。

任务实施

变频器的检测与应用

(一)实施准备

了解变频器的原理和操作,熟悉变频器的应用。

(二)实施所用设备及仪器

(1)台达 VFD-M 型变频器(0.4 kW,230 V,1/3PHASE)。

(2)三相异步电机。

(3) PLC。

(4)计算机。

(5) DQ02-K 电器控制Ⅰ。

(6) DQ02-F 适配接口。

（三）实施过程及方法

1.变频器的出厂恢复设置

VFD-M 的面板如图 6-49 所示。

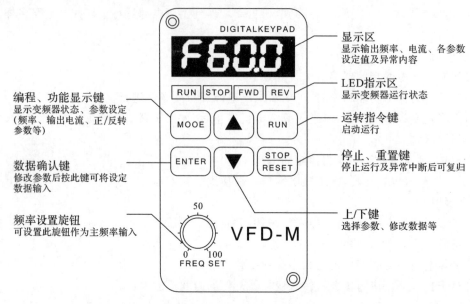

图 6-49　VFD-M 的面板

VFD-M 的显示项目说明见表 6-12。

表 6-12 VFD-M 的显示项目说明

显示项目	说　明
F60.0	显示变频器目前的设定频率
H60.0	显示变频器实际输出到电机的频率
u600.	显示用户定义之物理量($v = H \times$ P65)
A 5.0	显示变频器输出侧 U、V 及 W 的输出电流
1 50	表示变频器目前正在执行自动运行程序
P 01	显示参数项目
01	显示参数内容值
Frd	表示目前变频器正处于正转状态
rEu	表示目前变频器正处于反转状态
End	若显示"End"约 1 s,表示数据已被接收并自动存入内部存储器
Err	表示设定的数据不被接收或数值超出

通过查阅 VFD-M 参数说明书即可得到 P76 参数说明,见表 6-13。

表 6-13　　　　　　　　　　　　　　　P76 参数说明

参数号	功　能	说　明
P76	参数锁定/重置设定	00:所有的参数值设定可读/写模式 01:所有的参数设定为只读模式 08:键盘锁定 09:所有的参数值重置为 50 Hz 的出厂设定值 10:所有的参数值重置为 60 Hz 的出厂设定值

恢复出厂设置过程如图 6-50 所示。

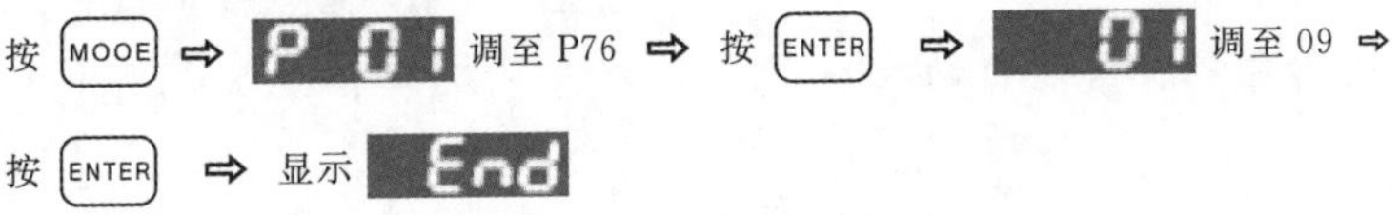

按 MOOE ⇨ P 01 调至 P76 ⇨ 按 ENTER ⇨ 01 调至 09 ⇨

按 ENTER ⇨ 显示 End

图 6-50　恢复出厂设置过程

2. 变频器连接电机进行单向运转

设置过程如图 6-51 所示。

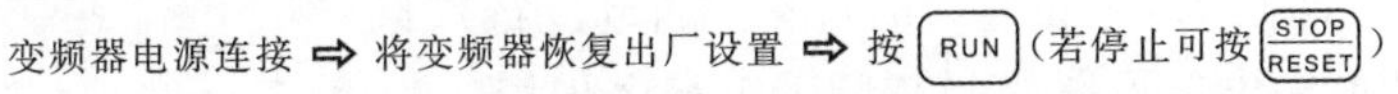

变频器电源连接 ⇨ 将变频器恢复出厂设置 ⇨ 按 RUN (若停止可按 STOP/RESET)

图 6-51　变频器连接电机进行单向运转设置过程

3. 利用变频器进行电机正、反转运行

(1)设置方法一

电机运行方法如上,在运行过程中可进行如图 6-52 所示设置。

目前电机正处于正转状态。

进行如图 6-53 所示设置。

按 MOOE ⇨ 按 ▲ 或 ▼ Frd 　　　⇨ 按 ▲ 或 ▼ ⇨ Frd

图 6-52　电机正转运行设置　　　图 6-53　电机反转运行设置

目前电机处于反转状态。

(2)设置方法二

利用外部端子 M0、M1 进行设置。首先将变频器恢复成出厂状态,再设置相关参数 P01、P38,参数设置值分别为 01、00。外部端子接法:二级式运转控制(模式一),限定参数 P38,设定 00,限定端子 M0、M1,如图 6-54 所示。

FWD/STOP　SB₁　　M0 开:停止;闭:正转运转

REV/STOP　SB₂　　M1 开:停止;闭:反转运转

GND

VFD-M

图 6-54　二线式运转控制

4.利用变频器的数字旋钮进行电机转速控制

在进行运行前先查阅参数说明书中与数字操作旋钮有关的参数,结果见表 6-14。

表 6-14　　　　　　　　　　数字操作旋钮相关参数说明

参数号	功　能	说　明
P00	主频率输入来源设定	00:主频率由数字操作器控制 01:主频率由模拟信号 0～10 V 输入(AVI) 02:主频率由模拟信号 4～20 mA 输入(ACI) 03:主频率由通信输入(RS-485) 04:主频率由频率设置旋钮输入

将 P00 参数值设置为 04。具体频率变化可操作 [MODE] ➡ **H 00** 显示。

5.利用变频器进行电机多段速自动控制

(1)相关参数

P17～P23、P39～P42、P45、P46、P78、P81～P87。

(2)参数功能

P17～P23:第一～第七段速设定(设定每一段速的频率值)。

P39～P42:多功能输入端子设定(16:可程序自动运行)。

P45、P46:多功能输出端子设定(09:程序运行中指标;10:程序运行阶段完成指标;11:程序运行完成指标)。

P78:可程序运行模式设定。

P79:第一～第七段速运行方向设定(设定每一段速的运行方向)。

P81～P87:第一～第七段速运行时间设定(设定每一段速的运行时间)。

P78 参数说明见表 6-15。

表 6-15　　　　　　　　　　P78 参数说明

参数号	功　能	说　明
P78	程序运转模式选择	00:自动运行模式取消 01:自动运行一个周期后停止 02:自动运行循环运转 03:自动运行一个周期后停止(STOP 间隔) 04:自动运行循环运转(STOP 间隔)

在设置过程中可分别设置 P78 参数值为 01～04 观察其具体运行情况。

(3)具体操作

参数设置参考值如下:

P17:10 Hz　　　　P18:20 Hz　　　　P19:30 Hz　　　　P20:40 Hz

P21:50 Hz　　　　P22:25 Hz　　　　P23:15 Hz　　　　P42:08

P45:09　　　　　　P46:10　　　　　　P78:03　　　　　　P81～P87:10 s

外部端子接线如图 6-55 所示。

图 6-55　利用变频器进行电机多段速自动控制外部端子接线

6.利用变频器外接端子进行电机多段速控制

（1）相关参数

P17～P23、P40～ P42、P45、P46。

（2）参数功能

P17～P23：第一～第七段速设定（设定每一段速频率）。

P40～ P42：多功能输入端子（选择默认值）。

P45～P46：多功能输出端子设定（09：程序运行中指标；10：程序运行阶段完成指标；11：程序运行完成指标）。

（3）具体操作

恢复出厂设置，参数 P76 设为 09，对相关参数进行设置，参考值如下：

P17:10 Hz　　　P18:20 Hz　　　P19:30 Hz　　　P20:40 Hz　　　P21:50 Hz

P22:25 Hz　　　P23:15 Hz　　　P40:06　　　　　P41:07　　　　　P42:08

P45:09　　　　　P46:10

外部端子接线如图 6-56 所示。

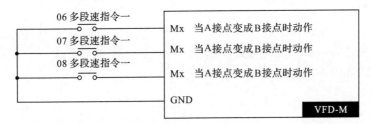

图 6-56　利用变频器外接端子进行电机多段速控制外部端子接线

电机七段速运行曲线如图 6-57 所示。

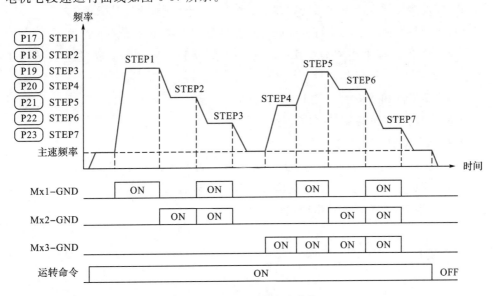

图 6-57　电机七段速运行曲线

7.变频器与 PLC 连接进行电机多段速运转

（1）相关参数

P01、P17～P23、P38、P45～P46、P78。

（2）参数功能

P01：运转信号来源设定（00：运转指令由数字操作器控制；01：运转指令由外部端子控制，"STOP"键有效；02：运转指令由外部端子控制，"STOP"键无效）。

P17～P23：第一～第七段速设定（设定每一段速的频率值）。

P38：多功能输入端子（M0，M1）功能选择（00：M0 正转/停止，M1 反转/停止；01：M0 运行/停止，M1 反转/停止；02：M0、M1、M2 三线式运行控制）。

P45～P46：多功能输出端子设定（09：程序运转中指标；10：程序运行阶段完成指标；11：程序运行完成指标）。

P78：可程序运行模式设定。

（3）具体操作

参数设置参考值如下：

P01：01　　　　P17：10 Hz　　　P18：20 Hz　　　P19：40 Hz

P20：50 Hz　　P21：40 Hz　　　P22：20 Hz　　　P23：15 Hz

P38：02　　　　P45：09　　　　　P46：10　　　　　P78：02

（四）检查评估

（1）总结变频器的使用方法。

（2）写出变频器与电机的接线与操作方法。

（3）写出本任务的心得与体会。

巩固训练

6-1 查资料，列举 5 种不同厂家生产的变频器。

6-2 观察日常生活中使用变频器的场合，举一个例子，简述其原理。

6-3 变频调速在电机运行方面的优势主要体现在哪些方面？

6-4 变频器有哪些种类？其中电压型变频器和电流型变频器的主要区别是什么？

6-5 单极性和双极性 PWM 有什么区别？

6-6 说明 PWM 控制的基本原理。

6-7 PWM 逆变电路有何优点？

6-8 交-直-交变频器主要由哪几部分组成？简述各部分的作用。

6-9 什么是异步调制？什么是同步调制？两者各有什么特点？

6-10 说明 SPWM 的基本原理。

参考文献

[1] 李雅轩,杨秀敏,李艳萍. 电力电子技术[M]. 2版. 北京:中国电力出版社,2007.

[2] 冯玉生,李宏. 电力电子变流装置典型应用实例[M]. 北京:机械工业出版社,2007.

[3] 黄俊,王兆安. 电力电子变流技术[M]. 3版. 北京:机械工业出版社,1999.

[4] 王兆安,黄俊. 电力电子变流技术[M]. 4版. 北京:机械工业出版社,2000.

[5] 赵良炳. 现代电力电子技术基础[M]. 北京:清华大学出版社,1995.

[6] 陈坚. 电力电子学[M]. 北京:高等教育出版社,2002.

[7] 丁道宏. 电力电子技术[M]. 修订版. 北京:航空工业出版社,1999.

[8] 阮毅,陈伯时. 电力拖动自动控制系统[M]. 4版. 北京:机械工业出版社,2009.

[9] 康晓明. 电机与拖动[M]. 北京:国防工业出版社,2005.

[10] 王文郁,石玉. 电力电子技术应用电路[M]. 北京:机械工业出版社,2001.

[11] 刘毓敏. 实用开关电源维修技术[M]. 北京:机械工业出版社,2004.

[12] 康华光. 电子技术基础[M]. 4版. 北京:高等教育出版社,1999.

[13] 莫正康. 电力电子应用技术[M]. 3版. 北京:机械工业出版社,2000.

[14] 黄家善,王廷才. 电力电子技术[M]. 北京:机械工业出版社,2000.

[15] 石玉,贾书贤,王文郁. 电力电子技术题例与电路设计指导[M]. 北京:机械工业出版社,1999.

[16] 佟纯厚. 近代交流调速[M]. 2版. 北京:冶金工业出版社,2004.

[17] 陈国呈. PWM变频调速及软开关变换技术[M]. 北京:机械工业出版社,2001.

[18] 苏玉刚,陈渝光. 电力电子技术[M]. 重庆:重庆大学出版社,2003.

[19] 宋书中. 交流调速系统[M]. 北京:机械工业出版社,2000.

[20] 陈伯时,陈敏逊. 交流调速系统[M]. 北京:机械工业出版社,1998.

[21] 李宏. 电力电子设备用器件与集成电路应用指南(第一册)[M]. 北京:机械工业出版社,2001.

[22] 王维平. 现代电力电子技术及应用[M]. 南京:东南大学出版社,2001.

[23] 徐立娟. 电力电子技术[M]. 2版. 北京:人民邮电出版社,2014.

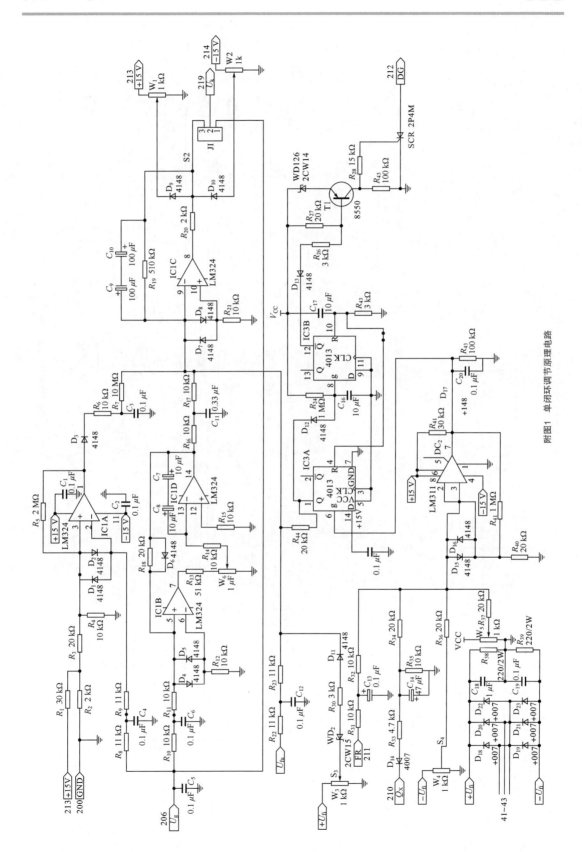

附图1　单闭环调节原理电路

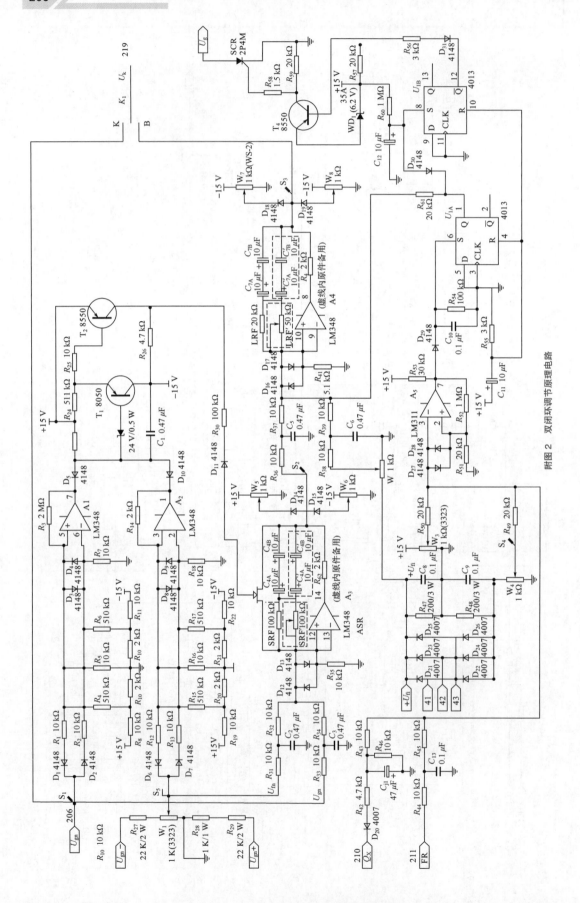

附图 2 双闭环调节原理电路